儿科医生的育儿事典

抓住孩子0-3岁成长关键期

（日）细部千晴　主编

苏昊明　译

化学工业出版社

·北　京·

原 书 名：この1冊であんしん　はじめての育児事典
主编者名：细部千晴

KONO 1SATSU DE ANSHIN HAJIMETE NO IKUJI JITEN supervised by Chiharu Hosobe

Original Japanese edition published by Asahi Shimbun Publications Inc.
This Simplified Chinese language edition is published by arrangement with Asahi Shimbun Publications Inc., Tokyo in care of Tuttle-Mori Agency, Inc., Tokyo through Beijing Kareka Consultation Center, Beijing.

北京市版权局著作权合同登记号：01-2017-5905

图书在版编目（CIP）数据

儿科医生的育儿事典：抓住孩子0-3岁成长关键期/（日）细部千晴主编；苏昊明译. —北京：化学工业出版社，2018.6（2020.5重印）
ISBN 978-7-122-31979-1

Ⅰ.①儿…　Ⅱ.①细…②苏…　Ⅲ.①婴幼儿-哺育-基本知识　Ⅳ.①TS976.31

中国版本图书馆CIP数据核字（2018）第077801号

责任编辑：马冰初　　文字编辑：王　琪
责任校对：王　静　　装帧设计：尹琳琳

出版发行：化学工业出版社（北京市东城区青年湖南街13号　邮政编码100011）
印　　装：北京宝隆世纪印刷有限公司
787mm×1092mm　1/16　印张14½　插页1　字数316千字　2020年5月北京第1版第2次印刷

购书咨询：010-64518888　售后服务：010-64518899
网　　址：http://www.cip.com.cn
凡购买本书，如有缺损质量问题，本社销售中心负责调换。

定　　价：68.00元　

Part 5 婴儿疾病与家庭护理、应急处置 169

漫画　育儿生活要开始喽！

本以为生完孩子任务就结束了……
7个月
8个月
9个月
临盆
啊！终于生出来啦！
出生
GOAL!
我想错了……
只不过是又站到了另一个起点。
站在了育儿的起跑线上！
一直哭个不停……
呜哇呜哇
刚刚吃过奶，是不是尿了呢？
啊？
粑粑溅了一身！
噗噗噗
啊？

粑粑突然飞射过来！
呼呼！
终于睡了……

粑粑居然也会飞……
就这样妈妈们慢慢地培养出了对粑粑的忍耐力。
干净清爽

终于好好睡觉了。
呼呼大睡
赶快利用空闲时间忙忙家务事吧！
啊！
还好！有气息。
呼呼

好担心宝宝，根本没法离开宝宝。
啊，软软的，好可爱，好小啊。

*生理微笑是指宝宝在出生后1个月左右会出现的本能反应。即使没发生任何事情，脸部的肌肉也会自动地舒缓，看起来就像在笑的样子。

本书的使用方法

本书中收录了从婴幼儿生长发育到各种常见疾病的众多基础知识。对于初次育儿并对育儿抱有不安和担心的爸爸妈妈是一个很好的帮助。

Part1 3岁前的生长发育和护理

1～96页

对应月龄宝宝的身高和体重

为您提供各个月龄宝宝的身高和体重的参考。数值只是标准值，不要因为每个月宝宝的数值变化忽喜忽忧，请根据每个宝宝不同的情况来关注生长发育。

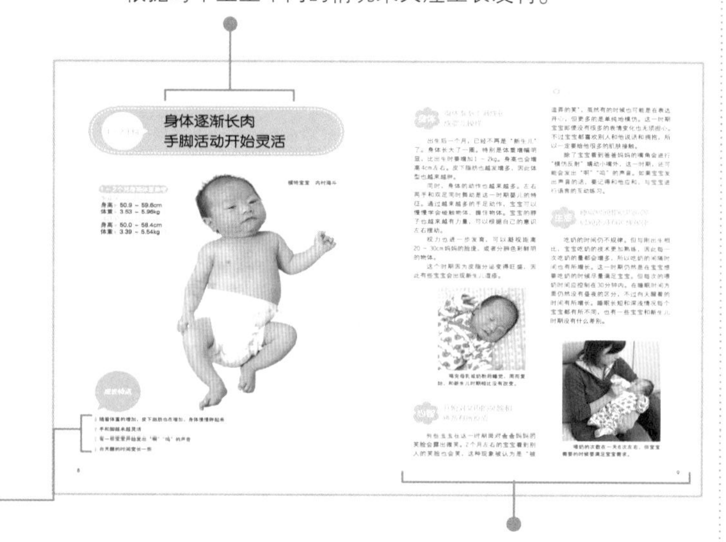

对应月份宝宝生长发育的特点

为您解读各个月份宝宝的成长。每个宝宝的成长都存在个体的差异，并不一定完全一致，仅供参考。

从三个方面解读宝宝生长发育

从体格发育、运动和认知发育、生活能力成长三个方面解读各个月龄宝宝的生长发育。用相片记录下宝宝每个月份的样子，也能够让父母内心充满温柔。

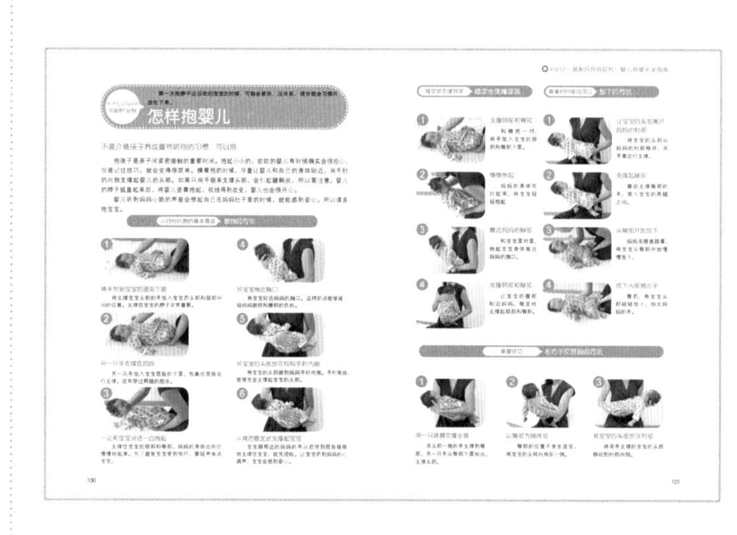

Part2

97～116页

了解这些后就不再害怕！宝宝护理基础

对抱孩子的方法、换尿布、沐浴、洗澡、牙齿护理、内衣和衣服的选择方法、穿衣方法、带孩子外出等注意事项进行详细易懂的说明。在这里也可以查询到宝宝背带的正确使用方法！

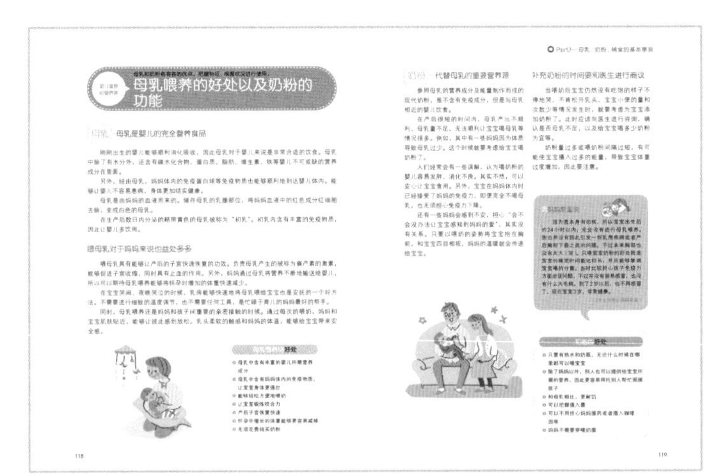

Part3

117～146页

母乳、配方奶、辅食添加基本事项

对支撑宝宝成长的“食物”进行详细的讲解。不擅长喂奶的妈妈，读完本章节后也一定会做得更好。

Part4

147～168页

婴幼儿健康检查与预防接种

在本章节将对于宝宝出生后1个月到3岁间的多次婴幼儿健康检查以及保护婴幼儿远离疾病的预防接种进行详细的介绍。预先熟悉后，能够更安心地进行。

Part5

169～219页

疾病与家庭护理、应急处置

不明白“什么时候应该带孩子去看医生”的爸爸妈妈一定要仔细阅读本章节。本章节详细充分地介绍了平时孩子的健康检查和孩子容易患的疾病，相信一定能够满足需求。

Part1

0 ～ 3岁婴幼儿生长发育与育儿法

刚出生的宝宝全身软绵绵的，没有支撑。不过从宝宝出生后，爸爸妈妈的育儿生涯就开始啦。本章节从身体、心灵和生活三个方面介绍了孩子从出生到3岁的成长。

0～1个月

宝宝一整天都在睡觉是在适应新环境

成长特点

- 总是睡2～3小时后醒来，如此反复
- 出生后大约到一周这一时间段内，会出现短时间的体重下降（生理性体重下降），但很快就会恢复
- 面对外界刺激进行原始反射，身体会无意识地抖动
- 哭是宝宝自我表达的唯一手段

0～1个月身高体重参考

男孩子
身高 ▸ 44.0 ～ 57.4cm
体重 ▸ 2.10 ～ 5.17kg
女孩子
身高 ▸ 44.0 ～ 56.4cm
体重 ▸ 2.13 ～ 4.84kg

模特宝宝　小林航太郎

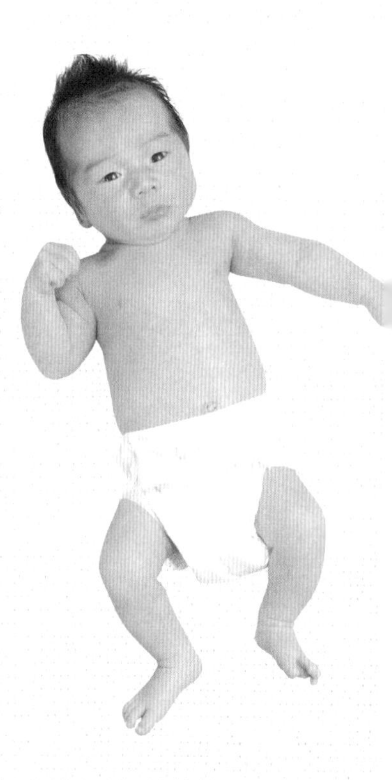

头部

头顶部会有软软的凹陷

颅骨与颅骨之间的闭合还没有完成，因此头顶部会有被称为“囟门”的软软的凹陷部分。

眼睛

只能模糊地看到大概20～30cm的距离

宝宝的眼睛可以感知到光，但是视力还没有完全成熟，只能模糊地看到近处的东西。

腹部

脐带残端，出生后大概1周左右会脱落

宝宝出生时脐带残端，大概1周左右会脱落。

手臂、腿

宝宝的手臂呈W形，腿呈M形，不停地舞动手足

手臂在肘部弯曲，小手紧紧握住。腿部在膝盖部位弯曲呈M形。

*各个月份宝宝身体情况的参考是根据厚生劳动省发表的“2010年婴幼儿身体发育调查报告”制成，采取了3～97的百分位数值。也就是100位婴儿中从第3位到第97位的范围。

鼻子

鼻腔狭窄，容易出现鼻塞

让空气通过的鼻腔比较狭窄，分泌物也较多，因此经常出现鼻塞症状。

耳朵

能够区分出妈妈的声音

听觉十分敏感。高频段的声音更能引起宝宝的兴趣，对于低频段的声音宝宝会反应迟顿一些。

嘴巴

出生后很快就可以吸吮妈妈的乳头

出生后不久的婴儿，用乳头或者是手指碰触婴儿嘴部周围的话，婴儿能够出于本能用较强的力度吸住乳头。

背部、屁股

可以看到被叫作蒙古斑的青斑

出现在婴儿的屁股和背后的青斑被叫作蒙古斑，几乎每个日本婴儿都会有。

性器官

会出现不正常的情况

如发现男孩子的阴囊不明显、女孩子的阴蒂较为突出时，请及时到儿科就诊。

用身体去适应外界环境

我们一般将出生后1个月以内的婴儿叫作“新生儿”。一直生活在妈妈的肚子里，终于来到这个世界上的宝宝们，脑袋的形状还没有发育好，手脚也还很纤细，身体也是小小的、软软的。即使是这样的宝宝们也在利用与生俱来的本能努力地适应新的环境。

对于宝宝来说，声音、光亮、气味、肌肤的触感，所有的一切都是初次体验。对于这些刺激身体会无意识地扭动，这种原始反射也是新生儿的一个特征。

在这一时期，宝宝还不能区别昼夜，仅仅是反复地重复“睡觉”“哭泣”“吃奶”三件事。睡眠时间不定，吃奶和排泄无规律。

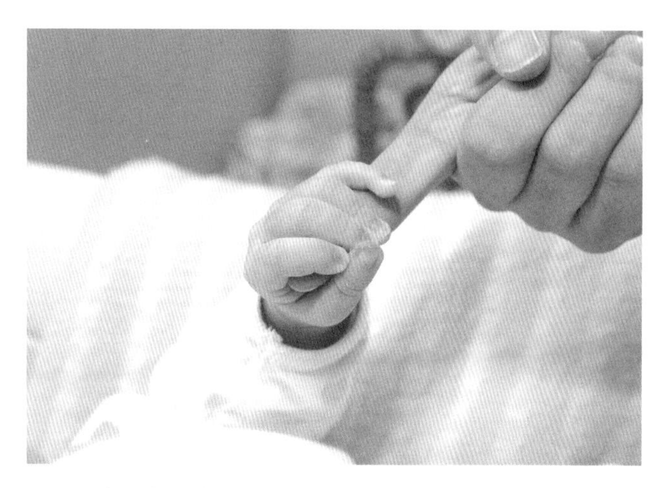

用小手紧紧攥住妈妈的手，这种“握持反射”是低月龄婴儿才有的现象。

原始反射是什么?

所谓的原始反射是指处于新生儿时期的婴儿对于外界的刺激做出的反射性、无意识的身体动作。其中，被大的声音和动作刺激时，伸展双臂，呈拥抱状的“拥抱反射”，物体碰触嘴唇，婴儿会用很大力气吸住物体的“觅食反射”，以及用物体碰触手心时，用力回握的“握持反射”，都是具有代表性的。原始反射在大脑发育到3～4个月后，会自然消失。

出生后不久，会出现暂时的体重下降，但很快就会恢复

婴儿出生后到2个月内的这段时间，一般来说，体重会以每天30 ~ 40g也就是差不多一个月增长1kg的速度增长。但是因为个体差异很大，所以只要体重一点一点慢慢增长就没有问题。

但要注意，刚出生的婴儿因为没办法顺利吃奶，但排泄的量和出汗的量又大于摄入的量，因此会出现暂时体重下降的现象。不过这只是出生后3 ~ 4天期间内的生理性体重减少，之后体重会恢复正常，因此不用担心。

通过哭泣传达饥饿和不快

在婴儿感受到因为饥饿以及“尿布湿了不舒服”“热”等引起的不适的时候，会通过哭来进行表达。在婴儿哭泣的时候，可以通过喂奶、换尿布、减少衣被等措施消除令婴儿不适的原因，营造舒适的环境。

被拥抱以及听到妈妈的声音时，婴儿会非常安心。在此基础上建立起与为自己创造舒适状态的人之间的信任关系。

在这段期间宝宝们基本上是没有表情的，但偶尔也会“噗嗤”地笑起来，虽然只是无意识的生理微笑，但是也会有很多的父母因为婴儿的微笑倍感幸福。

睡眠时间不定，吃奶和排泄无规律

新生儿的一天大都是在睡觉中度过的，但是这种睡眠仅仅是2 ~ 3小时的浅睡眠。有的时候看着宝宝迷迷糊糊要睡着了却突然哭起来要吃奶，刚开始吃奶却又睡着了，这样的情况很多。婴儿的睡眠时间不定，也没有昼夜的区分。吃奶的次数也很多，有的一天可能会吃奶10次以上。

排泄次数多，刚出生的婴儿一天会小便10 ~ 20次。大便的次数不等，有的婴儿一天大便1 ~ 2次，有的则7 ~ 8次。

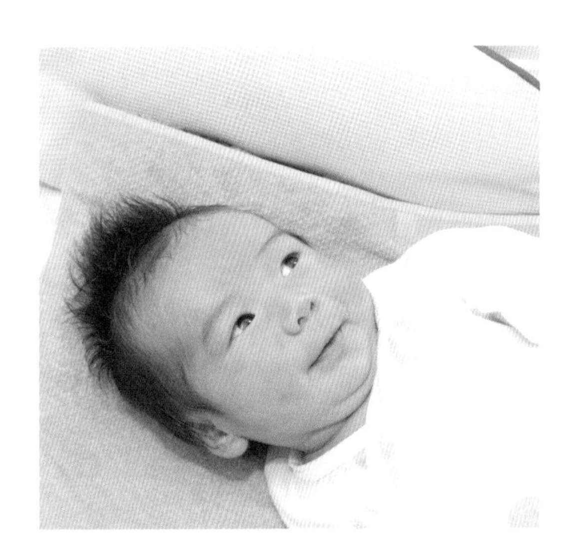

宝宝偶尔会微笑，这对于父母来说是补偿照顾孩子辛劳的一剂良药。

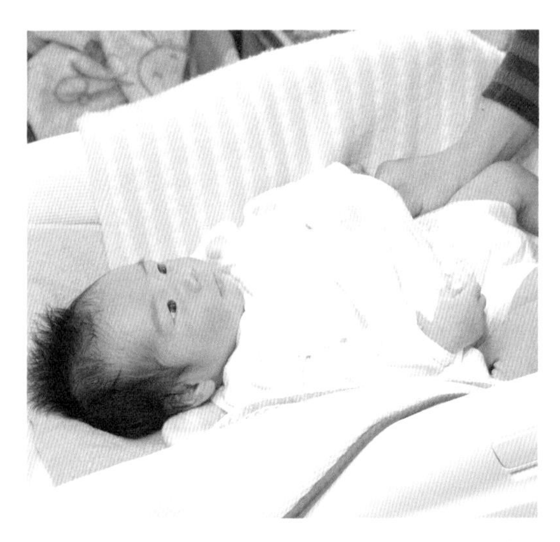

虽然频繁地更换尿布是一件很辛苦的事情，但请在为宝宝换尿布的时候和宝宝进行沟通，比如说“宝宝，干爽的尿布是不是很舒服”等。

0～1个月
照顾重点

孩子哭的时候妈妈的笑容是最好的抚慰

在吃完奶后，婴儿可能会同时排泄大小便。这个时期，就是喂奶、换尿布、抱孩子、哄孩子入睡的重复，照顾婴儿非常辛苦，但是一定要做好心理准备，开始“以宝宝为中心的生活”，在宝宝有需要的时候及时满足。

虽然婴儿的视力较弱，但是是可以看到近处的物体的，并且据证实婴儿喜欢红色。他们能够识别爸爸妈妈的脸庞、两眼及红色的嘴唇，并且感受到上扬的嘴角表现出的心情愉快，因此，爸爸妈妈的笑容对于婴儿来说是最大的幸福。所以在照顾宝宝的时候微笑是最好的抚慰。

宝宝哭起来的时候可以和他说话，如果宝宝听到说话声音停止哭泣，就没有问题。与其觉得“怎么又得抱起来”而板着一张脸，倒不如用较高的声调和宝宝说说话，或是碰触一下孩子的身体，这样更能让宝宝感到安心。

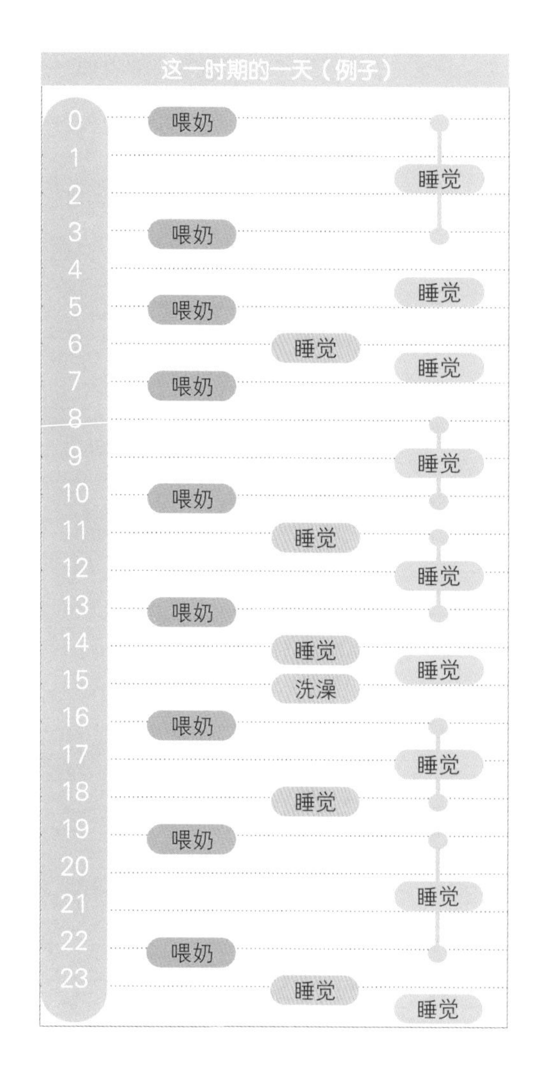

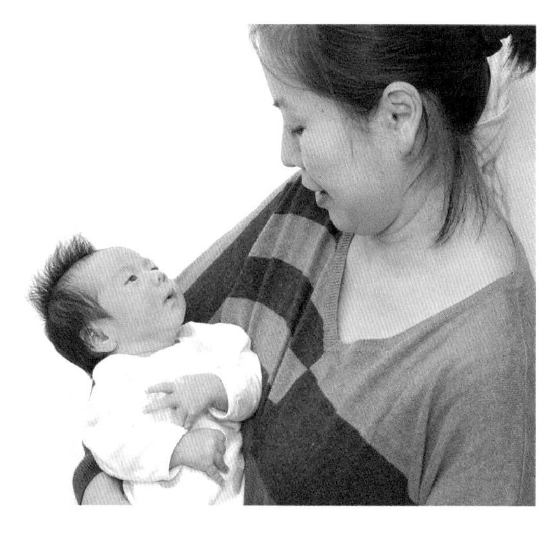

每次被抱起的时候，眼前微笑着的妈妈的脸庞会让宝宝感到愉快。

听妈妈前辈说

一直以来宝宝都成长得很顺利，不过最近不知道是不是学会了偷懒，总是吃着奶就睡着了，真让人头疼。另外，和上一个孩子相比，我抱孩子的时间减少了，但是也总是觉得是不是因为抱他的时间减少让他变得更爱哭了。平时，爸爸回家总是很晚，所以，我从晚饭到洗澡的这段时间简直忙得如同打仗一般，但也确确实实感觉到了“两倍的幸福”。

（新生儿男宝宝的妈妈春昱）

Q 最想问的 & A

Q 母乳够不够？宝宝大概需要多少量？

A 如果宝宝吃奶情况很好，并且睡得也很好，那就可以确定母乳的量是够的。

只要孩子吃奶情况很好，而且睡得很香，就不需要担心。判断母乳够不够的一个标准就是体重。体重有没有增加，抱起宝宝就能大致感觉出来，没有必要每天称体重，1 ~ 2周称一次体重就可以了。

Q 宝宝总是面朝一侧睡觉，这样会不会不好？

A 在做完满月后的健康检查后，可以试着让宝宝朝相反的方向睡觉。

因为宝宝的头部形状不同，所以可能会出现偏向一侧睡的情况。在满月后的健康检查中如果没有发现斜颈等情况，可以让宝宝身体整体向侧面倾斜躺下，这样还可以防止宝宝颅骨的变形。

Q 明明是女孩子，可是汗毛很多，会一直这样吗？

A 有的孩子出生后体毛很浓，不过会渐渐变少的。

有时我们可能会看到汗毛比较多的婴儿，但是这种状态不会一直持续下去。就像担心宝宝的后脑勺和枕头摩擦会不会导致后脑勺变秃一样，这些问题都会渐渐得到解决的。

Q 宝宝吃完奶没有打嗝，可以直接睡觉吗？

A 有的时候宝宝没有打嗝，但会放屁将空气排出。

打嗝是由在吃母乳或者牛奶的时候将空气一起吸入引起的。所以，吃奶方法得当的宝宝可能不会有嗝，也会有一些宝宝不是通过打嗝排气，而是通过放屁将空气排出。竖着抱一会儿后没有打嗝，也没有必要一直抱着宝宝。如果宝宝吐奶的话，要让孩子略微侧卧，防止宝宝吐出来的东西阻塞气管。

Q 大便是绿色的！需不需要就医？

A 绿色的大便是没有问题的，如果是发白的话，那就要注意了。

由于肝脏所产生的胆汁的色素的影响，健康的大便一般呈黄色。不过滞留在肚子里的大便和空气接触后会变成绿色，这也是正常的颜色，所以无须担心。但是要注意的是，如果大便的颜色比母子健康手册上的便色卡中第四种颜色还要淡的话（参照196页），家长们就要提高警惕了。因为这有可能是新生儿胆道闭锁（参照196页）的症状，请及时到儿科就诊。如果出现便色卡中第四种颜色的大便，并且皮肤和眼白发黄，小便呈深黄色的话，也请及时就诊。

Q 额头上出现黄色结痂，是怎么回事？

A 这是婴幼儿脂溢性皮炎，在洗澡前注意护理。

在头皮和眉毛的边缘出现的黄色结痂，是婴幼儿时期特有的症状，被称为脂溢性皮炎（参照207页）。皮肤分泌的油脂和皮屑混和会形成黄色的结痂，但这并不是可怕的疾病。在给宝宝洗澡前可以在患处轻轻涂抹橄榄油或山茶油，症状会渐渐消退。如果不断有液体渗出的话，可以请医生（儿科、皮肤科皆可）进行诊断。

Q 本是盼望已久的宝宝，可为什么我总会看到宝宝就难过想哭呢。

A 产后抑郁的症状是许多妈妈生产后都会经历的，一定要找到一个诉说的对象。

产后抑郁症是指生产后不久的妈妈一段时间内由于情绪及身体状况的变化而导致的易哭、紧张、失眠、食欲缺乏的症状。这时需要一个可以倾诉的对象（丈夫、妈妈、婆婆、朋友等），如果没有可以倾诉的对象的话，可以向生产时的妇产科医生或者是经常就诊的儿科医生、护士、地方保健医等寻求帮助。产后抑郁症并不是罕见、令人羞耻的事情。建议每个妈妈提前预约好产后经常就诊的医生。

1～2个月

体重逐渐增长，手脚活动开始灵活

模特宝宝　内村海斗

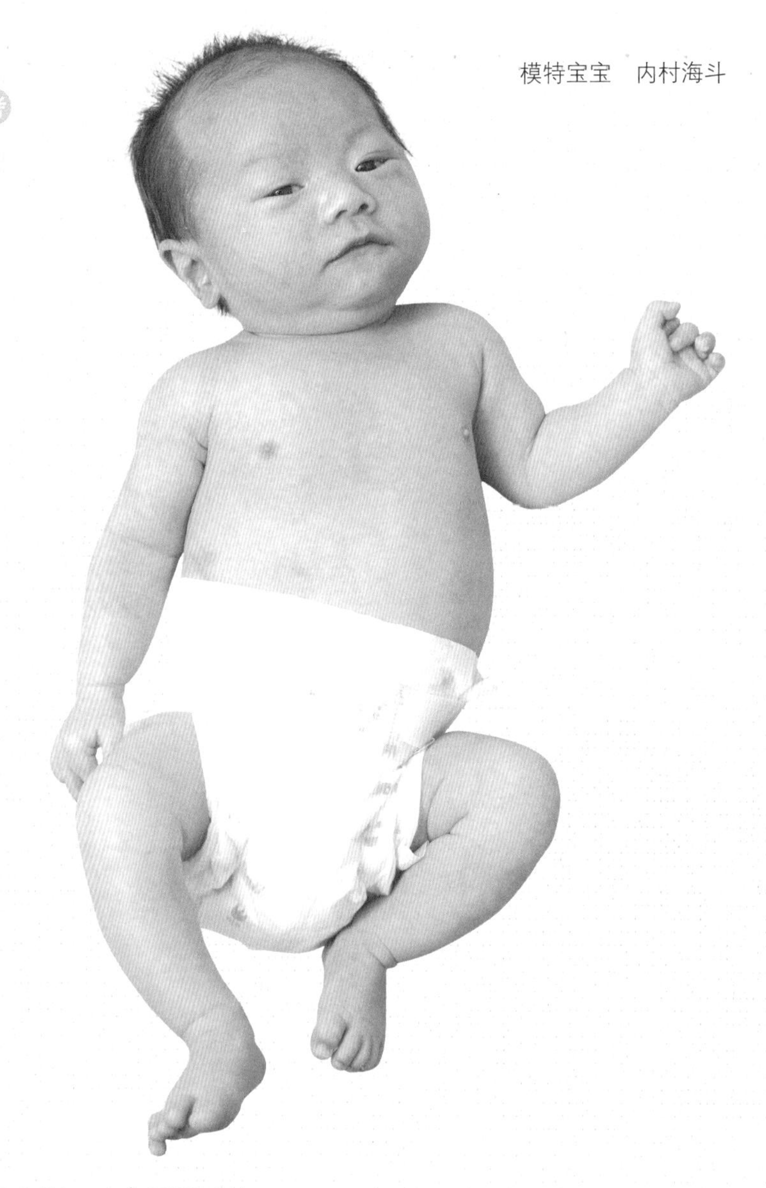

1～2个月身高体重参考

男孩子

身高 ▶ 50.9 ～ 59.6cm

体重 ▶ 3.53 ～ 5.96kg

女孩子

身高 ▶ 50.0 ～ 58.4cm

体重 ▶ 3.39 ～ 5.54kg

成长特点

- 随着体重的增加，皮下脂肪也在增加，身体慢慢胖起来
- 手和脚越来越灵活
- 有一些宝宝开始发出“啊”“哦”的声音
- 白天醒的时间变长一些

身体渐渐丰满成长成婴儿模样

出生后一个月，已经不再是“新生儿”了。身体长大了一圈。特别是体重增长明显加快，比出生时要增加1 ~ 2kg。身高也会增高4cm左右。皮下脂肪也越发增多，因此体型也越来越胖。

同时，身体的动作也越来越多。左右两手和双足同时舞动是这一时期婴儿的特征。通过越来越多的手足动作，宝宝可以慢慢学会碰触物体、握住物体。宝宝的颈部也越来越有力量，可以根据自己的意识左右摆动。

视力也进一步发育，可以凝视距离20 ~ 30cm妈妈的脸庞，或者分辨色彩鲜明的物体。

这个时期因为皮脂分泌变得旺盛，因此有些宝宝会出现新生儿湿疹。

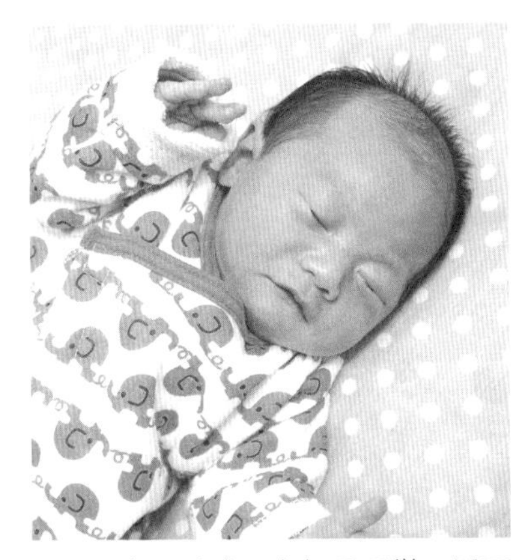

喝完母乳或配方奶后睡觉，周而复始，和新生儿时期相比没有改变。

开始对父母的笑脸和声音有所反应

有些宝宝在这一时期面对爸爸妈妈的笑脸会露出微笑。2个月左右的宝宝看到别人的笑脸也会笑，这种现象被认为是“被逗弄的笑”，虽然有的时候也可能是在表达开心，但更多的是单纯的模仿。这一时期宝宝即便没有很多的表情变化也无须担心。不过宝宝都喜欢别人和他说话和拥抱，所以一定要给他很多的肌肤接触。

除了宝宝看到爸爸妈妈的嘴角会进行“模仿反射”蠕动小嘴外，这一时期，还可能会发出“啊”“哦”的声音。如果宝宝发出声音的话，要记得和他应和，与宝宝进行语言的互动练习。

睡眠时间和吃奶间隔时间还没有形成规律

吃奶的时间仍不规律。但与刚出生相比，宝宝的吃奶和消化功能增强，因此每一次吃奶的量都会增多，所以吃奶的间隔时间也有所延长。这一时期仍然是在宝宝想要吃奶的时候尽量满足宝宝。但每次的喂奶时间应控制在30分钟内。在睡眠时间方面仍然没有昼夜的区分，不过白天醒着的时间有所增多。睡眠长短和深浅情况每个宝宝都有所不同，也有一些宝宝和新生儿时期没有什么差别。

喂奶的次数在一天6次左右，但宝宝需要的时候要满足宝宝需求。

促进大脑发育的游戏和互动

注意观察由“反射”引起的宝宝的动作

刚出生后不久的这一时期，宝宝并不是通过自己的意志让手脚进行活动，而是通过本能所具有的“反射”来逐渐地记住自己身体的动作。

因此，父母们没有必要刻意地让宝宝活动。爸爸妈妈应该做的是观察由反射引起的宝宝的动作，和宝宝说话，为宝宝营造舒适的环境。

可以对宝宝的大脑进行一定的刺激，但是像一下抱紧宝宝这样的过度刺激是要不得的。比如在换尿布的时候，可以柔声地和宝宝说话，同时和宝宝进行肌肤的碰触，都是非常好的做法。

游戏 1 大脑刺激 抚摸身体

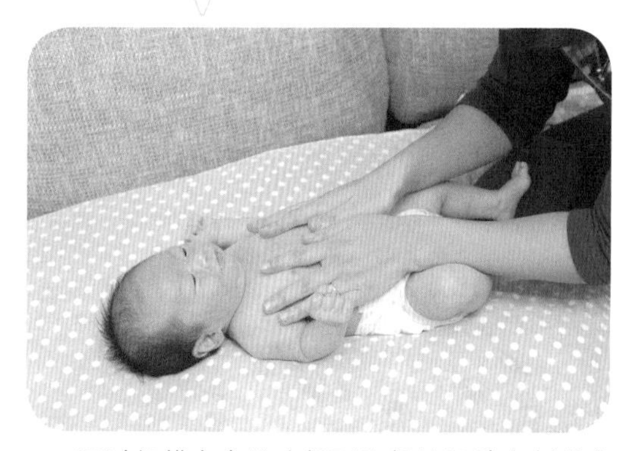

通过抚摸宝宝从头部到脚部的肌肤来刺激宝宝的大脑。换尿布的时候，可以轻轻地抚摸宝宝的腰部到膝盖再到脚掌的肌肤。

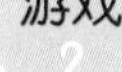游戏 2 视觉刺激 对视

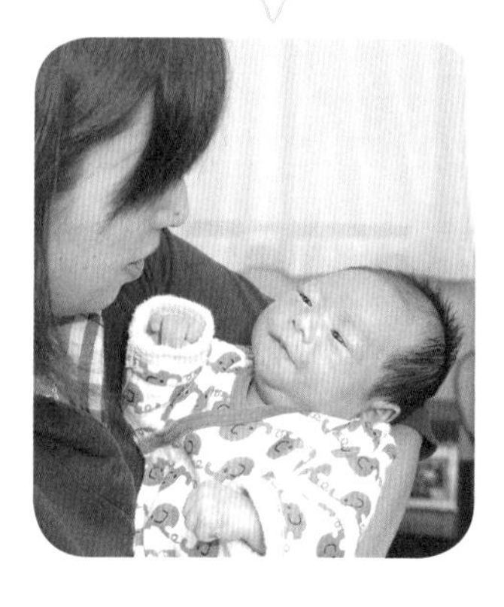

可以在离宝宝20 ~ 30cm的距离，看着宝宝的眼睛，告诉宝宝“我是妈妈”。与此同时嘴角上扬的微笑也是刺激宝宝视觉发育的好办法。

即便宝宝没有反馈也要坚持和宝宝说话

有的时候即便爸爸妈妈努力和宝宝说话，勤于和宝宝肌肤接触，有可能宝宝会大哭，或没有反应。即便如此也不要灰心丧气，一定要坚持和宝宝说话，和宝宝有更多的肌肤接触。大人不断地努力，将会促进宝宝大脑的发育。

听妈妈前辈说

宝宝刚出生的时候手脚还没有什么力气，现在手脚上已经是肉乎乎的了。可能是因为多少有了一些昼夜的意识，所以和刚出生相比醒着的时间越来越长，傍晚的时候哭闹也越来越多。有的时候困了也不肯放开乳头，所以哄宝宝睡觉的时候可以试着用一下安抚奶嘴*，效果出奇的好！

（1个月男宝宝的妈妈明日香）

* 安抚奶嘴的使用请参照67页。

Q&A 最想问的

Q 宝宝在睡觉的时候为什么有的时候好像在用很大的力气？

A 用力是为了将大便运送到肛门。

宝宝用力将大便运送到肛门处是非常重要的，并不是宝宝有什么地方不舒服。所以在这个时候请轻轻地对宝宝说“加油哦”。

Q 体重不怎么上升，是不是应该辅食一些配方奶？

A 妈妈的身体情况直接影响着宝宝，如果妈妈睡眠不好的话，即使添加配方奶，宝宝的体重也不会上升的。

在这个月龄期，不建议因为母乳少就立刻放弃母乳喂养。母乳会因为宝宝的吸取而逐渐变多，所以可以试着增加母乳喂奶的次数。

妈妈的身体情况是最重要的，如果妈妈过度紧张导致睡眠不足，对宝宝毫无益处，那就得不偿失了。如果宝宝在晚上不睡觉的话，可以暂时补充一些配方奶，配方奶的量大约为间隔3小时喂一次的母乳的量。

宝宝吃饱后能够熟睡，这样得到休息的妈妈母乳也会越来越好。随之，宝宝的体重自然就会上升。如果遇到担心的问题，可以到医院门诊对母乳问题就诊，或向经常就诊的儿科医生、地方保健医等进行咨询。

Q 宝宝每次哭都要抱起来，会不会形成总想让人抱的毛病？

A 宝宝被抱起来的时候会想起在妈妈肚子中的环境，会感到安心。

在这个月龄阶段不要考虑抱得太多宝宝会形成总想让人抱的毛病。宝宝被抱着的时候，会想起在妈妈子宫时候的环境，然后感到安心，才能渐渐适应新的环境。同时在被抱着的时候，宝宝更容易打嗝、排气，也是好的事情。

但是毕竟妈妈也只有两只手，如果实在没办法抱起宝宝的时候，可以轻轻摇动宝宝的身体，这样也可以让宝宝体验到接近于子宫内的环境。

专栏 不同代育儿观念居然有这么大的不同146页

2～3个月 开始发出“啊”“哦”的声音，表情也丰富起来

模特宝宝　铃木志帆

2～3个月身高体重参考

男孩子
身高 ▶ 54.5 ~ 63.2cm
体重 ▶ 4.41 ~ 7.18kg
女孩子
身高 ▶ 53.3 ~ 61.7cm
体重 ▶ 4.19 ~ 6.67kg

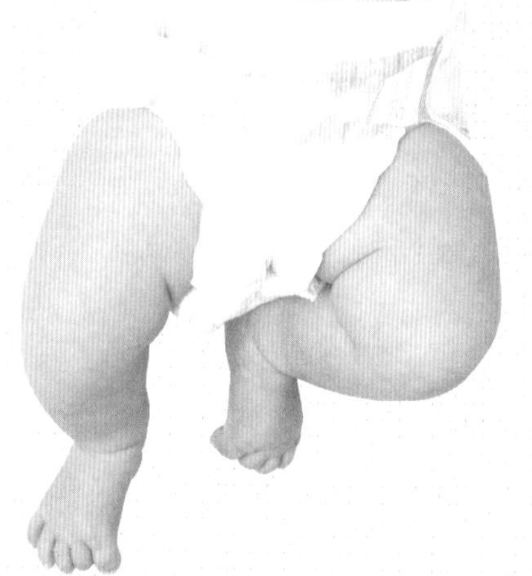

成长特点

- 对自己的小手产生兴趣，会盯着手看或者吃手
- 会追着看眼前动的东西
- 心情舒畅的时候会发出“啊”“哦”的声音
- 吃奶越来越有规律

开始意识到手的存在，有的孩子会吮吸手指

宝宝手脚的动作越来越灵活，而且更加有力量。开始意识到自己的手脚能够根据自己的意识活动，将手放到自己的嘴边，用嘴舔拳头或者吮吸手指。对于宝宝来说这样的动作是确认自己手的存在的具有重大意义的行为。因此让宝宝尽情地玩耍吧。宝宝的颈部还不能直立，但也慢慢稳定下来。趴着的话，有的宝宝可以把头略微抬起来几秒钟。

宝宝的体型越来越丰满，体重急剧地增长到刚出生时的两倍。之后体重增幅减缓，慢慢增长。

宝宝的皮脂分泌仍然很旺盛，在脸等部位很容易出现新生儿湿疹，请注意保持皮肤的清洁。

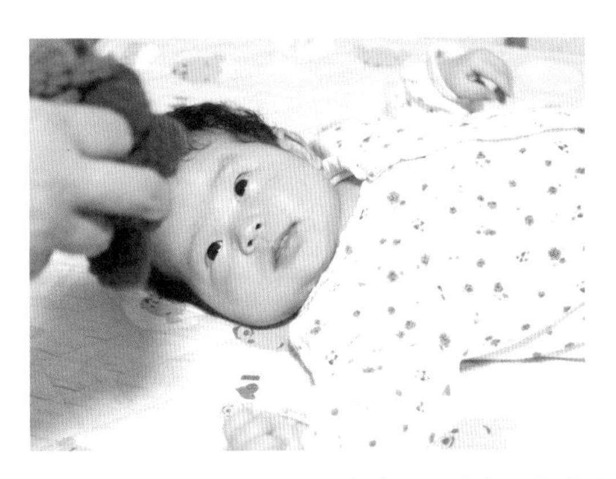

在宝宝眼前慢慢摇晃玩具，宝宝的视线会跟着移动。

宝宝会向爸爸妈妈反馈笑容

宝宝对于被爸爸妈妈抱起或者和自己说话感到开心便会笑。宝宝已经能够对爸爸妈妈的笑容做出反应露出笑容，表情也越来越丰富起来。

宝宝开始经常性地发出“啊”“哦”的声音，在宝宝发出声音的时候，也要同样的“啊”“哦”与其对话。通过这样的互动，能够让宝宝感受到自己被重视，能够更加安心。同样对于父母来说也能够感受到其中的快乐。

宝宝的听觉也有了发育。可以将头转向发出声响的方向，对自己感兴趣的东西能够根据自己的意志去看。

晚上的睡眠时间逐渐变长

2个月以后，宝宝晚上的睡眠时间会变长。因此，喂奶的间隔时间也越来越长，所以夜晚醒来的次数也会越来越少。不过也有一些孩子晚上总是频繁地醒来哭闹。睡眠时间和喂奶的次数因为个体差异会有很大不同。这样的话妈妈就会很辛苦，但是请尽量配合宝宝。

这一时期宝宝开始渐渐懂得白昼和黑夜的区别。因此白天宝宝醒着的时候，尽量和宝宝一起玩耍，晚上的时候安静下来，把房间的灯光调暗，慢慢教会宝宝白昼和黑夜的区别。

注意喂奶的时间控制在30分钟内，不要拖拖拉拉一直喂下去。

促进大脑发育的游戏和互动

“趴着玩”能培养宝宝平衡感

宝宝的颈部还没有完全挺立，但逐渐有力起来。这一时期可以每天一次让宝宝趴在床上，然后观察2 ~ 3分钟。在让宝宝趴在床上的同时，妈妈的视线要保持和宝宝持平，然后和宝宝对话，比如“早上好”“起床啦”“我是妈妈哦”等。宝宝努力抬头的动作能够培养宝宝颈部力量和平衡感。在做这种游戏的时候建议在较硬的床上进行。同时不要将视线离开宝宝。

另外，在给宝宝洗澡的时候，能够让宝宝手脚自由摆动的姿势对于宝宝来说也是很好的运动。

游戏1 在浴盆中自由地摆动手脚

将宝宝的两边耳朵堵住，然后将宝宝放入浴盆，使浴盆的水位达到宝宝的颈部。然后让宝宝的手脚自由地摆动。如果宝宝不喜欢的话不要勉强，停下来，抱起宝宝。

游戏2 趴着玩提高平衡感

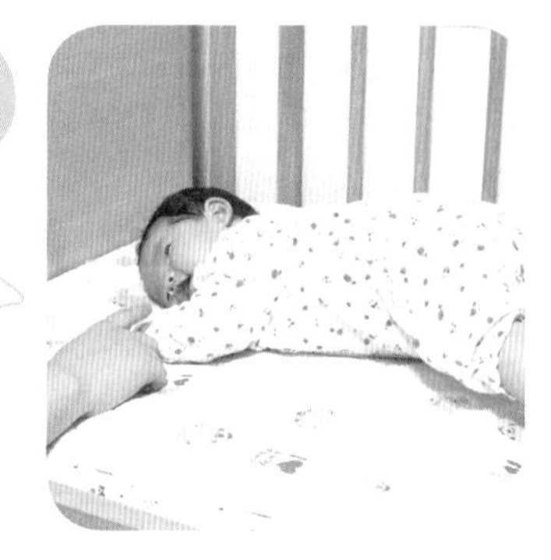

“趴着”不仅能够给予宝宝大脑新的刺激，同时能够提升宝宝平衡感。每天一次，每次时间在2 ~ 3分钟为宜。这个时候，请一定不要将视线离开宝宝，如果妈妈要离开宝宝一会儿的时候，一定要让宝宝仰卧。

“趴着睡”很危险吗?

这个时期的宝宝还不会翻身，因此如果趴着的时间不长，或者被子捂住宝宝的口鼻，会有窒息的危险。“趴着睡”是不可取的，不过短时间的“趴着玩”是没有问题的。但切记要在不会捂住宝宝脸的较硬的寝具上进行，同时妈妈的视线一定不能离开宝宝。

听妈妈前辈说

第一个宝宝还是婴儿的时候，哄他睡觉真的是让我头痛不已。第二个宝宝出生后，可能因为哥哥白天总是跑来跑去弄出声响而睡不着，所以总是好像宣称着要“无论发生什么事情，我也要在晚上21点睡觉”一样，睡得非常好。两个宝宝的生长速度不同，同时也会有一些新的发现，所以我正在享受着第二次育儿。

（2个月女宝宝的妈妈真希）

Q&A 最想问的

Q 宝宝洗完澡后可不可以给宝宝喝一些白开水?

A 想让宝宝习惯除母乳、配方奶外的其他味道，可以在给宝宝洗澡后进行尝试。

如果不是天气炎热、发热、腹泻等会引起宝宝脱水的情况，母乳或者配方奶能够给宝宝补充足够的水分，因此不需要补充白开水。如果想让宝宝尝试除母乳和配方奶以外的味道的话，可以洗澡后进行尝试。将白开水倒入羹匙里，然后将羹匙放在下嘴唇上即可。

Q 宝宝把母乳和配方奶直接吐了出来，是不是喂得太多?

A 建议将宝宝抱起喂奶，同时宝宝感到吃饱的话，就可以不用喂了。

您是不是还在像宝宝刚出生的时候一样让宝宝躺在床上喂奶? 请用手支撑宝宝的头部将宝宝抱起来，面对面地喂母乳或者配方奶。在喂奶的同时宝宝可能会吸入空气，这时候奶水可能伴随打嗝一起被吐出。一般间隔3小时喂一次奶，不要刻意地要求每次喂奶要达到一定量，当宝宝停止吸吮并将奶头吐出，就不要再喂了。如果在喂奶的量和方法上都没有什么问题的话，宝宝出现吐奶，请到儿科就诊。

Q 母乳喂养的过程中会不会怀孕?

A 即便月经没有恢复，只要进行排卵，就有可能怀孕。

母乳喂养可能会造成月经的恢复推迟，但怀孕与否是与有无排卵有关的。即便月经已经恢复，但如果不排卵的话，也不会怀孕。月经来之前会先排卵，所以即使月经没有恢复，还是有可能怀孕。所以首先应该测量基础体温，确认有无排卵。因此如果没有考虑再添一个宝宝的话，即便月经没有恢复，也需要进行避孕。

宝宝哭是很自然的事情。有的时候即便试了很多办法仍然哭或者是找不到哭的原因也没有关系。

孩子哭闹不停怎么办

在学会说话之前，哭是宝宝交流的唯一手段

有人说爱哭是孩子的天性，孩子就是总哭的。在学会说话之前，哭是宝宝传达自己的情绪和要求的唯一手段。特别是出生后的1 ~ 2个月，是宝宝最爱哭的时候，父母无论怎么做，宝宝总是哭个不停。宝宝并不是因为谁做错了什么而哭，但听到宝宝的哭声感到手足无措也是自然的。宝宝出生后3个月，哭的时间就会慢慢变短，但是爸爸妈妈如果觉得无法忍耐，请找经常就诊的医生进行咨询。

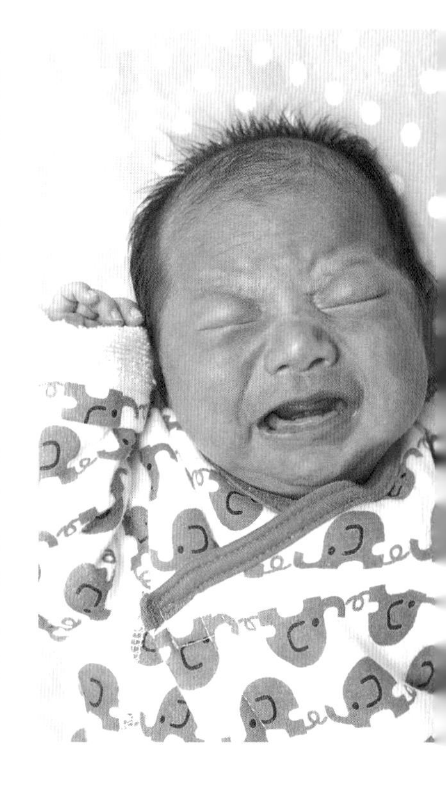

哭泣的方式增多，是宝宝心智发育的表现

宝宝哭泣的原因来源于身体或心情。如果抱起后宝宝仍然在哭，但在喂奶、换过尿布后停止哭泣的话，那是因为身体上的不适导致的哭泣。相反的，如果抱起宝宝后宝宝很快就停止哭泣或者睡着，那可以认为是精神上的不愉快导致的哭泣。宝宝有的时候会因为子宫外的环境令其不安而哭泣。随着宝宝的成长，让宝宝哭的原因也会越来越多。虽然每次被宝宝哭得很烦躁，但是这只是宝宝婴儿时期短暂的现象，妈妈们要做好这样的心理准备。

哭闹的方式
随着发育而变化

0 ~ 2个月	尚未适应环境，因为不安而哭闹
3 ~ 5个月	黄昏哭闹
6个月以后	因为陌生人、陌生地方而哭闹
	黏人哭
	晚上哭
1岁以后	假哭
	发脾气哭

深呼吸，冷静下来找出宝宝哭闹的原因

在宝宝哭个不停的时候，首先应考虑宝宝需要什么。不过有的时候，宝宝会因为大人的不安和焦虑而大哭。在宝宝哭个不停的时候，需要做的是深呼吸，稳定自己的情绪，然后到宝宝近前，确认一下宝宝是不是饿了，或是有其他需求。如果下列事项都不相符，那可能只是宝宝借由哭闹“表达意见”，这时候试着问宝宝“怎么了”，宝宝听到妈妈的话后会慢慢平静下来。这才是“育儿”的态度，即便找不到宝宝哭的原因也没关系。

宝宝哭个不停，确认下列项目！

宝宝哭的时候，请先确认宝宝的身体是否不舒服。请参考下面表格，对照您所想到的情况开始确认。

□肚子饿了
如果宝宝大声哭闹，有很大的可能是因为距离上一次喂奶的时间过长导致宝宝肚子饿。所以请喂给宝宝足够的母乳或配方奶。

□困了
宝宝很困却又没办法顺利入睡的时候，会有揉眼睛、挠头部等动作。这个时候可以抚摸宝宝的手脚，或者轻拍宝宝。

□尿了
使用纸尿布的话，有的宝宝即便尿布湿了也没有什么反应，也有一些宝宝一尿就会通过哭闹来通知大人。

□有疼、痒的地方
很有可能是宝宝打不出嗝觉得不舒服，或者是便秘导致肚子疼。还有可能是因为口水疹或者尿布疹引起发痒。

□热
婴儿的体温调节机能还不发达，因此比大人更容易感到不适。如果宝宝背部出汗，就要把衣服减少一层。

□身体不舒服
孩子哭哭啼啼不开心的时候，可能是身体出了问题。为了以防万一，要给宝宝测量一下体温，注意宝宝有没有食欲，以及大便的情况。

□冷
如果宝宝的手脚比平时温度低的话，那可能是宝宝很冷。寒冷的季节要把室内温度调节到20℃左右，注意增减被褥和衣服。

□衣服紧
有的时候宝宝可能因为手脚、脖子不能自由地摆动、袖口过紧而哭闹。所以要定期检查宝宝衣服的大小。

如果宝宝一切安好却不停地哭的话，暂时离开宝宝视线也是一种办法。

除了上一页对照项目以外，下面为您列举一些“让宝宝停止哭泣的办法”。如果试过了这些办法后宝宝仍然在哭，那可以把宝宝放在安全的地方，稍事休息。如果宝宝很健康，和平时哭的状态也没什么不同，那么可以安心地让宝宝哭一会儿也没关系。

宝宝总是哭并不是父母照顾得不好。但爸爸妈妈钻牛角尖认为孩子不能哭，因为孩子哭而自责，这才是问题。这个时候请喝喝茶或听听音乐，放松一下，然后再去看看宝宝的情况。

一定不要摇晃宝宝

即使宝宝哭个不停，也一定不要用力摇晃宝宝。因为婴儿的大脑非常柔软，过度摇晃可能导致血管或神经受损伤。用力晃动不仅可能导致失明或走路困难等严重的后遗症，最坏的情况甚至会让宝宝丢掉性命。这种情况被称为“婴儿摇晃综合征”。

\笑容越来越多！/ 让宝宝停止哭闹的办法

1 和宝宝进行肌肤接触

- 抱起宝宝，让宝宝能够听到妈妈的心跳
- 抱着宝宝深蹲
- 竖着抱着宝宝在家中走动
- 让宝宝趴在妈妈的胸前

2 让宝宝转换一下心情

- 躲猫猫（用手捂住脸然后放开）
- 吹气泡
- 吹气球
- 唱童谣
- 让宝宝照镜子
- 撕纸
- 妈妈转换心情

3 再现胎内环境

- 用毛巾、婴儿背带或婴儿包等将宝宝包裹住
- 让宝宝听一些除尘器或者吹风机发出的声音
- 将宝宝放在婴儿车中
- 揉搓塑料袋，使其发出咔哧咔哧的声音

4 改变环境

- 把宝宝抱到阳台
- 出去散步兜风
- 把宝宝衣服脱掉
- 让别人帮忙逗弄宝宝
- 带宝宝去户外儿童乐园

让人头疼的夜晚哭闹

婴儿的多数睡眠属于快波睡眠，因此，在夜晚少许刺激就会使宝宝醒来

睡眠分为快波睡眠和慢波睡眠两种。所谓的快波睡眠是指身体处于睡眠状态但大脑仍然是清醒的。与此相对的慢波睡眠是指身体处于清醒状态而大脑处于睡眠状态。婴儿与大人相比，快波睡眠占比会更高。宝宝处于快波睡眠时，稍微有一点刺激就会醒来，因此很容易发生夜晚哭闹的情况。要注意的是，如果每次宝宝夜晚哭闹的时候都把宝宝抱起来哄着入睡或者喂奶的话，渐渐地会使宝宝形成不抱起或者不喂奶就睡不着的习惯。所以，在宝宝夜晚哭闹的时候，先尝试着轻轻拍打宝宝的肩膀哄他入睡即可。

大脑的发育和生活作息的规律是防止宝宝夜晚哭闹的关键

大脑额叶发育不完全也被认为是宝宝夜晚哭闹的原因之一。拍手歌能弥补左右脑的不平衡，同时能够促进大脑额叶的发育，是非常不错的游戏。另外，在睡觉前进行按摩等能够放松的入眠辅助活动，可以抑制大脑兴奋，有助于顺利哄宝宝入眠。

因宝宝夜里哭闹而烦恼时可咨询儿科医生

宝宝夜晚哭闹时，爸爸妈妈不必每次都去哄。只要不是生病或身体上的不舒服，让宝宝哭一会儿也没有关系。妈妈们不要独自一个人烦恼，可以找儿科医生、地方保健医咨询，或是到育儿论坛与其他妈妈们进行交流。最重要的是爸爸妈妈自身也要心态平和。

3～4个月

宝宝时常大哭或开心地笑，表情愈加丰富

3～4个月身高体重参考

男孩子
身高 ▸ 57.5 ～ 66.1cm
体重 ▸ 5.12 ～ 8.07kg
女孩子
身高 ▸ 56.0 ～ 64.5cm
体重 ▸ 4.84 ～ 7.53kg

模特宝宝　早坂直启

成长特点

- 体重是刚出生时的2倍，身高增长了10cm左右
- 颈部也越来越有力量
- 吃奶的时间越来越规律
- 经常大哭或开心地笑，表情也越来越丰富

体重约为刚出生时的2倍，手臂和腿部轮廓逐渐清晰

虽然体重一度下降，但到这一阶段宝宝体重大约为出生时的2倍，身高也增长了10cm，很明显能感觉到宝宝在长大。圆滚滚、肉乎乎的小身体，越发可爱，在这一时期宝宝的手臂和腿部的轮廓也越来越清晰。

宝宝的视野越来越宽广，视力也越来越好。另外颈部也越来越有力量，可以根据自己的意志摆动头部，转动头部一直盯着感兴趣的东西，或者用眼睛追逐会动的东西，开始能够“追视”。

有些宝宝开始吸手指，一些身体比较柔软的宝宝甚至能够吃到自己的脚趾头。这些都是宝宝大脑发育的迹象。通过舔咬手脚，慢慢理解并确认手脚的存在。

在这一时期，新生儿时期表现出来的各种原始反射已经消失不见了。

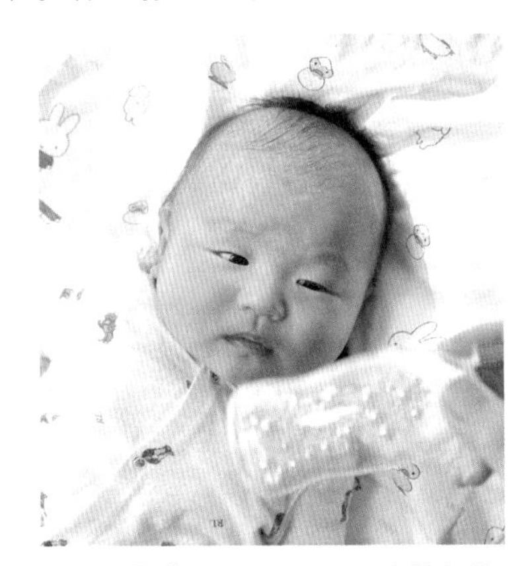

把珠子装进瓶子里，再用胶带把瓶口封起来，是宝宝最爱的沙铃玩具。注意一定要封好。

开始意识到爸爸妈妈是特殊的存在

宝宝的视觉得到发育，能够区分开总能看到的爸爸妈妈和其他人。开始明白爸爸妈妈总是和自己玩，是能够保护自己的人。逗弄宝宝的话，宝宝可以笑出声音，通过摆动手脚来表达开心。有的宝宝能够发出很多声音。

宝宝的颈部有了力量，趴着的时候能够用胳膊支撑肩膀以上的部位。东张西望地观察周围的环境，看感兴趣的东西，摸感兴趣的东西，宝宝好奇心越来越强。因为宝宝的情感也越来越丰富，所以如果有不满意的事情或者不高兴的话，会用更激烈的哭声来表达。

天气晴朗时，抱着宝宝一起散步30分钟左右，对于妈妈来说也是调整心情的好机会。

吃奶节奏终于规律起来

白天醒着的时间和夜晚睡整觉的时间越来越长。睡觉的时间和起床的时间规律起来的话，吃奶也会更规律。这一时期吃奶的次数平均是一天5～6次。吃奶间隔时间大约是4～5小时。不过有的宝宝可能在睡觉前吃饱奶后可以安睡一整夜，有的宝宝夜里还要醒来吃好几次奶，每个宝宝的情况都不尽相同。

还有一些宝宝一到傍晚就会开始哭闹，这种现象被称为“黄昏闹”。孩子傍晚哭闹的原因还不清楚，但这种情况会渐渐消失，因此不必担心。

3～4个月
照顾重点

妈妈也需要放松一下

刚刚出生时虚弱的婴儿，到现在身体越加强壮，表情也越来越丰富。爸爸妈妈也逐渐适应了和宝宝一起的生活，所以可以松一口气了。这一阶段和宝宝每天的玩耍让爸爸妈妈心情舒畅，但也会出现新的担心和不安，同时育儿的疲劳也会增加。因为育儿任重道远，所以照顾宝宝时，在可以偷懒的时候适当偷个懒，不要让精神一直处于紧绷状态，这对于爸爸妈妈来说也很关键。

在宝宝心情愉快地舔着手脚或是认真地玩着玩具的时候，妈妈也不妨让宝宝一个人玩耍一会儿。这个时候妈妈们可以喝上一杯玫瑰茶好好享受一下短暂放松的时光。

虽然不能让视线离开宝宝太久，不过把宝宝放在自己能够看到的地方，妈妈们做一些其他的事情也无妨。时不时和宝宝说说话或者是哼上一小段歌让宝宝听见，宝宝就会感到安心。

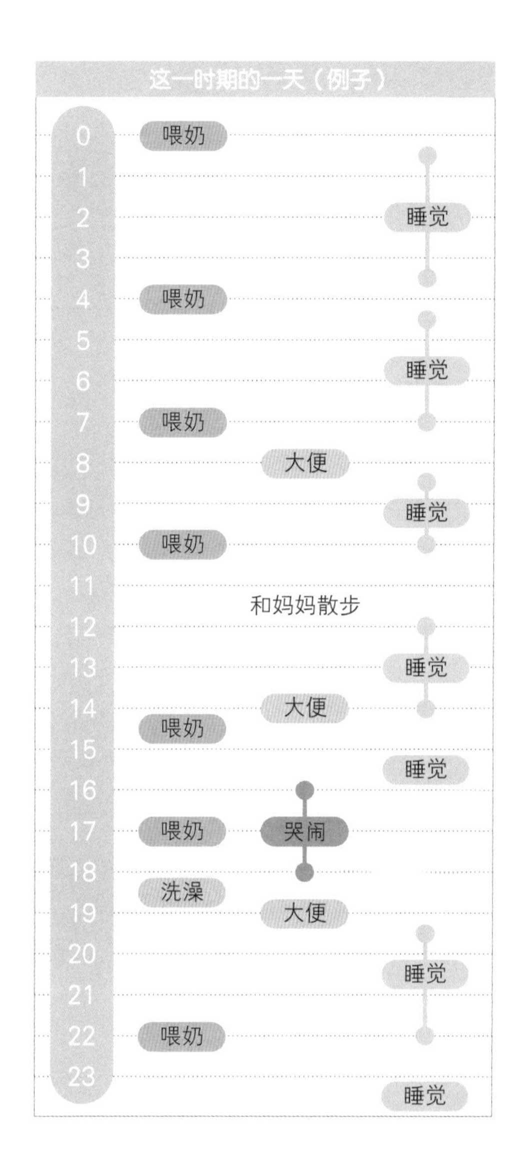

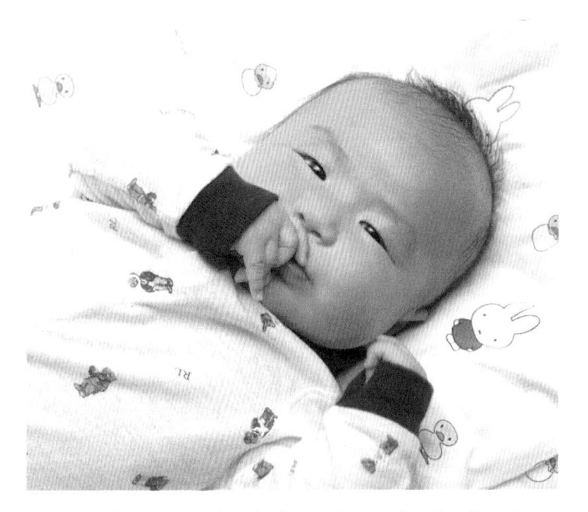

知道手可以活动自如以后，“手手”成为好玩的玩具。

听妈妈前辈说

宝宝刚刚3个月体重就超过了7kg，一下就变得很重。宝宝每天都会有一些新的表情，所以我的照相机也在不停工作。

我家宝宝属于不怎么哭的类型，不过最近一到傍晚就会哭闹。怎么哄也哄不好的时候，那就做他最喜欢的事情——洗澡，宝宝一下子就会变得心情大好。

（3个月男宝宝的妈妈英里）

促进大脑发育的游戏和互动

通过“躲猫猫”培养宝宝的好奇心

随着宝宝视觉和听觉的发育，逐渐地能够区分人们表情和声调的不同。在接受外界刺激后，大量学习的这一时期，来做一些培养宝宝好奇心的游戏吧。

虽然是比较老的游戏，但是“躲猫猫”能够刺激宝宝的视觉和听觉，宝宝会预测“下一个会是什么样呢”，逐渐培养宝宝的好奇心。

“哇”，看到大人捂住脸然后又放开，宝宝会开心地笑或者发出声音，这是因为宝宝能够认得对方到底是谁，而且会意识到“虽然消失了一下，不过很快又能见到”，宝宝会变得很开心。同时这个游戏还能够培养宝宝的短暂记忆能力。

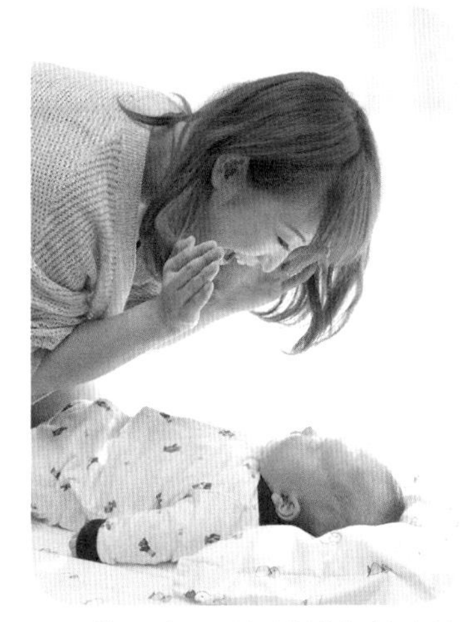

第一次玩“躲猫猫”游戏的时候，不要让宝宝因为“妈妈不见了”而变得不安，所以妈妈要很快地松开手，向宝宝露出笑脸。和宝宝一起玩“躲猫猫”游戏，宝宝和妈妈一起欢笑就是妈妈最大的成功。

让宝宝更多地接触容易握住的如细柄拨浪鼓或者是牙胶等玩具。通过晃动能够发出声音的玩具能让宝宝觉得“一晃动就可以发出声音啦”，让宝宝更有成就感，就会表现出更多的兴趣。

游戏 2 培养宝宝手心的触觉
手握玩具

宝宝的颈部已经很有力量，趴着的时候，会通过两臂的支撑抬起上半身。所以“趴着玩”游戏可以增加到一天2～3次，当然每次2～3分钟就可以。通过这种游戏可以增加颈部和背部力量。

Q&A 最想问的

Q 趴着睡是不是不好？

A 不要趴着睡觉，在宝宝醒着的时候可以让宝宝趴着玩。

因为趴着睡有导致婴儿猝死综合征的危险，所以不建议让宝宝趴着睡觉。但是，因为宝宝还在妈妈的子宫里的时候，身体团作一团紧贴着子宫壁，所以有很多宝宝在出生后趴着更容易入睡。

在爸爸妈妈时刻保护的情况下，可以让宝宝在像熨衣板那样质地比较硬的垫子上趴着玩一会儿（参照14页）。如果爸爸妈妈要离开一会儿的话，一定要记得把宝宝翻过来仰卧。

Q 怎么判断宝宝的颈部是否可以直立？

A 在立着抱起宝宝的时候，如果头部不再晃动，那么说明宝宝的颈部已经可以直立了。

儿科医生会通过将宝宝两手拉起观察宝宝能否将头抬到前面的“拉起反射”来确认宝宝的颈部是否能够直立。爸爸妈妈想要进行确认的话，可以将宝宝立着抱起来，观察宝宝的头部是否晃动。如果宝宝的头部有晃动时，在立着抱宝宝的时候用手支持宝宝的后头部，一定要注意防止宝宝的头部突然向后弯曲。

Q 跟宝宝互动宝宝不笑。

A 被逗弄后发出微笑是婴儿非常重要的反应。如果宝宝怎么逗都不笑，请及时到儿科就诊。

在宝宝出生1个月左右，即便大人不做什么，婴儿面部的肌肉也会自发地放松，看起来就像在微笑一样。这种情况被称为“自发性微笑”，是婴儿的本能反应。2个月后，宝宝会对爸爸妈妈的行为动作有所反应，开始出现“诱发性微笑”。也就是说宝宝的微笑不再是无意识的，而是因为心情愉快所产生的微笑。被逗笑对于婴儿来说是非常重要的反应，如果宝宝不笑的话，很有可能存在问题，请务必到儿科就诊。

Q 应不应该制止宝宝吃拳头？

A 通过宝宝可以握住的玩具或者奶嘴等能够轻易改变宝宝吃拳头的习惯。

有一些宝宝在妈妈子宫里的时候就开始吃拳头，这是宝宝智力发育的表现，所以没有必要制止。宝宝通过这个动作在调节嘴和手的位置关系，同样也是在练习用手抓东西吃。在宝宝肚子饿的时候或者困的时候，很自然地会吸手指或舔拳头。这一时期吃手指或拳头不会影响宝宝牙齿的发育，因此在宝宝3岁前不需要制止。

Q 妈妈不在身边，立马就哭怎么办？

A 偶尔放任不管也没关系。

依赖妈妈，依赖妈妈的声音、依赖妈妈的气味，宝宝们非常喜欢妈妈。可是在妈妈抽出时间打算做些家务时，宝宝却哭起来，这让妈妈束手无策。不过不用烦恼，这个时候可以背起宝宝。宝宝习惯了被背着的话，妈妈就不用烦恼啦。

另外，让宝宝哭一会儿，也不会对宝宝的心灵有什么坏的影响，所以也是可以试一试的。妈妈觉得非常辛苦的时候，也可以将宝宝脸朝上放在不会有掉落危险的地方，确认没有东西会捂住宝宝的脸后，暂时离开一会儿也是可以的。

哭能够促进宝宝的肠蠕动，让宝宝吃奶更加顺利，有的时候宝宝哭累就会直接睡着，并非毫无益处。

Q 总也弄不明白宝宝为什么一到傍晚就哭？

A 宝宝傍晚哭泣是因为室内的光线逐渐变暗使宝宝感到不安，过一阵子自然会停止。

“黄昏哭闹”是指婴儿在傍晚时间段突然开始心情不愉快，然后哭泣。这种情况可以认为是宝宝在室内光线变暗后，感受到与白天的不同，所以不安而引发的哭泣。在宝宝适应新的环境后，哭闹自然会停止。这个时候可以带宝宝去外面散散心，或者如果宝宝的颈部已经可以直立的话，妈妈可以背着宝宝做一些家务，通过这些办法来减少宝宝的哭闹。

4～5个月 宝宝脖子能挺直了，视野也较广，对环境的好奇程度增加

模特宝宝　原田凑斗

4～5个月身高体重参考

男孩子
身高 ▶ 59.9 ～ 68.5cm
体重 ▶ 5.67 ～ 8.72kg
女孩子
身高 ▶ 58.2 ～ 66.8cm
体重 ▶ 5.35 ～ 8.18kg

成长特点

- 宝宝的颈部可以直立，能够环顾四周，对周围的事物也越来越有兴趣
- 让宝宝趴在床上的话，宝宝能够用两只手牢固地支撑上半身
- 开始带有感情的哭笑
- 睡眠变规律，一天的睡眠时间大约是12～15小时

颈部基本可以直立，身体也越来越结实

到5个月的时候，大多数的宝宝颈部都已经可以直立。头部不再晃动以后，可以立着抱起宝宝或者背着宝宝，让宝宝的视野更宽阔，宝宝会非常开心。宝宝开始能够伸出手碰触或者抓住自己感兴趣的物体。同时也开始了解手臂伸缩的感觉和手掌碰触物体的感觉。将手里握住的东西放在眼前观察，或者放到嘴边吃，都是这个时期宝宝的行为特征。宝宝唾液的量也在不断增加。

颈部能够直立后，宝宝能够趴在床上并用两臂支撑起上半身，也可以保持这样的姿势玩上一会儿。这样的姿势能够让手臂、胸部和背部的肌肉得到锻炼。

宝宝的手和脚开始频繁晃动。在晃动手脚的过程中，宝宝会发现自己能够让双腿交叉、能够扭动腰部，慢慢地宝宝就能学会翻身。

一抓到玩具，宝宝会迫不及待塞进嘴里，一直盯着玩具看。

好奇心很强，什么东西都要通过嘴来确认

宝宝的颈部能够来回转动后，能够看到周围的物体，视野也越来越宽阔，所以开始对很多东西感兴趣，强烈地刺激着宝宝的好奇心。每当看到宝宝把手里握着的东西送进嘴里的时候，妈妈们都会担心的不得了，但是也不需反应过度，不要马上就拿走宝宝要往嘴里塞的东西。只要对宝宝的安全不构成威胁，尽可能地满足宝宝的好奇心也是很重要的。

这一阶段，宝宝的情感表现也越来越丰富。如果有不满意的事情会扭过身体，生气得哭起来，或者在不开心的时候难过得哭起来。这些都将发展成宝宝的交流能力。

已经能够很好地区别白天和黑夜

睡眠的规律较之前已经非常稳定。每天的睡眠时间大约是12 ~ 15小时。早上睡一会儿，中午要睡1 ~ 2次午觉，晚上能够睡整觉。但每个宝宝的睡眠时间存在着差异，这一时期仍然有夜里还需喂奶的宝宝。白天的时候，醒着的时间越来越长，所以白天要多陪宝宝玩耍。天气晴朗时，可以抱着宝宝或者让宝宝躺在婴儿车里出去散个步。外面的空气对宝宝的感官形成刺激，宝宝也会感到适度的疲惫感，到了夜里能够安稳地睡个好觉。这样，生活作息也会越来越规律。

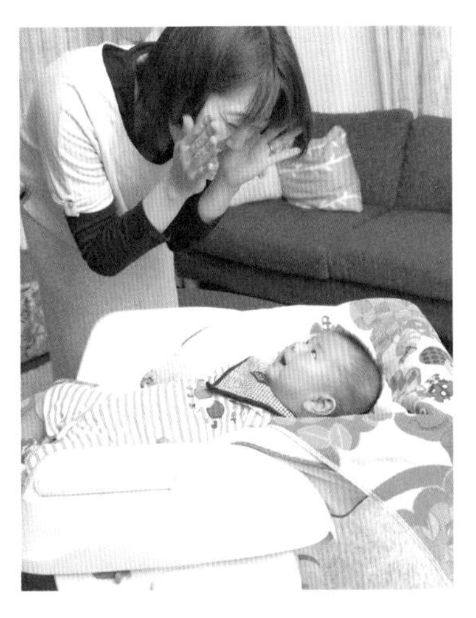

逗弄宝宝的时候，丰富的表情反应也是宝宝成长的表现。

促进大脑发育的游戏和互动

通过开阔视野的游戏刺激宝宝的好奇心

宝宝的颈部完全可以直立后，可以通过“举高高”将宝宝高高举起，让宝宝从更高的地方去看周围的环境，能够体验到以前从没有过的视觉体验，宝宝也会非常开心。

除此以外，眼睛追逐活动物体的“追视”也能开阔宝宝的可视范围。在宝宝眼前来回晃动他喜欢的玩具，能够激发宝宝积极观察物体的欲望。

宝宝的视野开阔，能够看到和一直以来躺着看到的完全不同的世界。和宝宝进行一些积极扩展视野的游戏，能够刺激宝宝在求知方面的好奇心。

刚开始的时候可以小幅度进行，注意不要突然将宝宝举很高。在宝宝适应后，可以逐渐将宝宝举高。然后问一下“宝宝都看到了什么”。

游戏 2 开阔视野 “举高高”

从傍晚到夜里这段时间，母乳的分泌量越来越少

宝宝有想吃奶的时候，也有不想吃奶的时候。在宝宝想要吃奶的时候，妈妈的乳汁能够满足宝宝是最好不过了。但是如果妈妈的乳汁从傍晚到夜里的一段时间分泌量很少的话，宝宝可能没有吃饱就睡着了。如果想要两次喂奶时间间隔长一些的话，可以给宝宝补充一些配方奶。

游戏 1 视觉刺激 玩具滚滚

将一些软球或者是能够滚动的玩具放在床上，滚动给宝宝来看。在进行游戏的同时可以告诉宝宝“球球要动了，宝宝快看”。

听妈妈前辈说

宝宝被逗弄的时候会咯咯地笑，然后有各种各样的反应。黄昏哭闹也越来越厉害，所以在做晚饭的时候，我会把儿童摇椅放在我可以看到的地方，让宝宝坐在里面，或者背着宝宝做家务。假日，有的时候我会把宝宝交给爸爸，然后自己一个人出去放松一下，让爸爸一个人单独照顾宝宝，爸爸似乎也觉得信心大增。

（4个月男宝宝的妈妈英里）

Q&A 最想问的

Q 想知道纸尿裤更换大一号的大致时间?

A 纸尿裤很紧或者宝宝的大小便溢出的话，就应该换大一号的纸尿裤了。

宝宝经常会靠双腿玩很多游戏，所以纸尿裤要能够让宝宝的两条腿自由地活动，这样的纸尿裤的大小才合适。不要因为小号还有存货就仍然给宝宝穿小号纸尿裤，这样很容易引起髋关节脱臼。不要简单地根据宝宝的体重来决定纸尿裤的大小，还要考虑宝宝穿上后的舒适度，一般来说应该给宝宝穿宽松一点的纸尿裤。另外，当发现纸尿裤内的大小便出现漏出的情况，就应该更换具有更强吸收能力的大一号的纸尿裤。

Q 家人如果感冒，会不会传染给宝宝?

A 宝宝对一些病毒还缺少免疫力，可能被传染，所以要勤洗手、戴口罩。

宝宝出生后6个月以前，免疫力来自于妈妈和母乳，如果妈妈得了感冒，意味着妈妈本身没有对此类病毒产生抗体，因此宝宝也无法获得免疫力。咳嗽、鼻涕都带有大量的病毒，所以在照顾宝宝前，妈妈一定要洗手、戴口罩，防止病毒的传播。不过也不必太担心，宝宝自身也具备免疫机能，所以不是一定会传染给宝宝，但如果出现症状的话，请及时就诊。

Q 宝宝不喜欢趴着，还能不能学会翻身?

A 已经适应了仰卧的宝宝被趴着放的话，可能会因为受到惊吓而排斥。

需要每天让宝宝玩几次“趴着玩”(参照14页)，让宝宝适应。每一次持续2～3分钟，然后逐渐增加次数。注意要把宝宝放在不会引起窒息的较硬的床垫上进行，如果爸爸妈妈也和宝宝一起趴着玩的话，并且和宝宝讲话，宝宝会更加安心。这样在不久的某一天，你一定会发现宝宝学会翻身啦。

如果父母心中产生“就是不觉得宝宝哪里可爱”“哄孩子太痛苦了”等想法，这是育儿疲劳的信号。

当情绪失控将做出虐待宝宝的行为的时候该怎么办

日本儿童福利咨询中心收到的儿童虐待咨询一年突破7万件

分布在日本全国各地的儿童福利咨询中心2013年处理的儿童虐待相关的案件达73765件（初步数据）。自开始统计的1990年以来，23年间增长67倍，增长3万件以上。

另外，日本警方在2013年破获的儿童虐待案件达467起。与历史最高纪录的2012年相比有所下降，但是仍居高不下。

以上数据被认为是受到了2010年在大阪发生的两起幼儿遗弃致死案影响所造成。社会关注度提高，除了引发人们反省自己的行为“算不算是虐待”，从而进行咨询的人增多，还促进了儿童福利咨询中心和警方的合作进一步加强。

越是想要努力地养育孩子，觉得痛苦的时刻就会越多。虐待儿童就发生在我们的身边。

2010年的案件数受到东日本大地震的影响，数值内不包含福岛县。2013年的数值为初步数据。

资料来源：日本厚生劳动省《平成25年度（2013年）儿童福利咨询中心处理儿童虐待咨询件数等》。

在孩子面前实施家暴和威胁的“心理虐待”倾向增加

虐待儿童可分为“躯体虐待”“忽视”“心理情感虐待”“性虐待”四种。其中，这几年急剧增长的是心理情感虐待。“要是没有生下你就好了”等言语暴力和威胁也属于儿童面前的暴力行为。

1. 躯体虐待

向儿童施加殴打、踢踹、大力摇晃等暴力行为。

2. 忽视

不给予儿童食物、长时间不管儿童等放弃抚养儿童的行为。

3. 心理情感虐待

言语暴力、威胁、兄弟姐妹差别对待等伤害儿童心灵的行为。

4. 性虐待

实施性暴力、拍摄儿童色情照片或强迫儿童观看色情图片等行为。

与孩子同游的好去处！

儿童乐园

在这里孩子不但能尽情地玩到和月龄相符的玩具，而且还有很多交流会等活动。

亲子咖啡馆

可以带着孩子愉快玩耍的咖啡馆。同时设有喂奶和换尿布的空间，并可提供各种辅食。

购物中心

购物中心设有婴儿休息室，在购物的同时可放松身心。

可带孩子的古典音乐会

不满周岁也可作为观众入场的音乐会在全国各地举行。

兴趣班

儿童按摩、儿童舞蹈、儿童游泳等。

殴打只是纯粹的暴力行为！

婴儿连话都还不会说，所以不必急着训练或教育。殴打或体罚只是纯粹的暴力，完全没有教养的功能可言。请爸爸妈妈下定决心，告诫自己“千万不要对宝宝动手”，而且要尽可能满足宝宝的需求。妈妈也要尽量把自己的精神状态调整好，例如保持充足的睡眠、给自己留一些休息时间等。

觉得自己快要对宝宝动粗了

在你育儿倍感疲惫时试着带宝宝一起出门

一天24小时、一年365天无休地照顾孩子，总是让妈妈不停地放弃自己想做的事情。

你有没有想过，如果没有孩子的话，是不是可以有不同的人生？有没有感到，早上没办法完全清醒过来，判断力和注意力都变得迟钝？这些都是育儿疲劳的信号。育儿不仅是妈妈的责任，每天在屋子里和宝宝两个人独处的时间太长，也会让人感到喘不过气来。这个时候，建议到外面去走一走。

带着宝宝出门，要去的就是地方的儿童馆或者是儿童乐园。在那里会举行不同年龄孩子的交流会，还可以结识附近的妈妈朋友们。除此以外，还添设了更多能够和宝宝一起愉快玩耍的兴趣班，如儿童按摩、儿童舞蹈等。这里有带着宝宝的妈妈才能享受到的乐趣，不去寻找是不会发现的。

如果觉得育儿很痛苦的话，一定不要一个人硬扛

在你的周围有没有一个人愿意听你诉说育儿的辛酸？当你的意识里想着反正周围也没有可以交心的人，都习惯了，也不觉得非有不行的时候，你就要注意了。当你不知道怎么照顾宝宝，或者是遇到困难的时候，能够有一个倾诉的对象非常重要。如果有对家人或者朋友不好说的问题的话，也可以咨询经常就诊的医生或者地方保健医等。另外还设有接受电话咨询和邮件咨询的窗口。当你一个人觉得不安的时候，不要独自承担，一定要向别人寻求帮助。

5 ~ 6个月

宝宝动作变得越来越活跃，进入准备翻身的阶段

模特宝宝　山崎阳葵

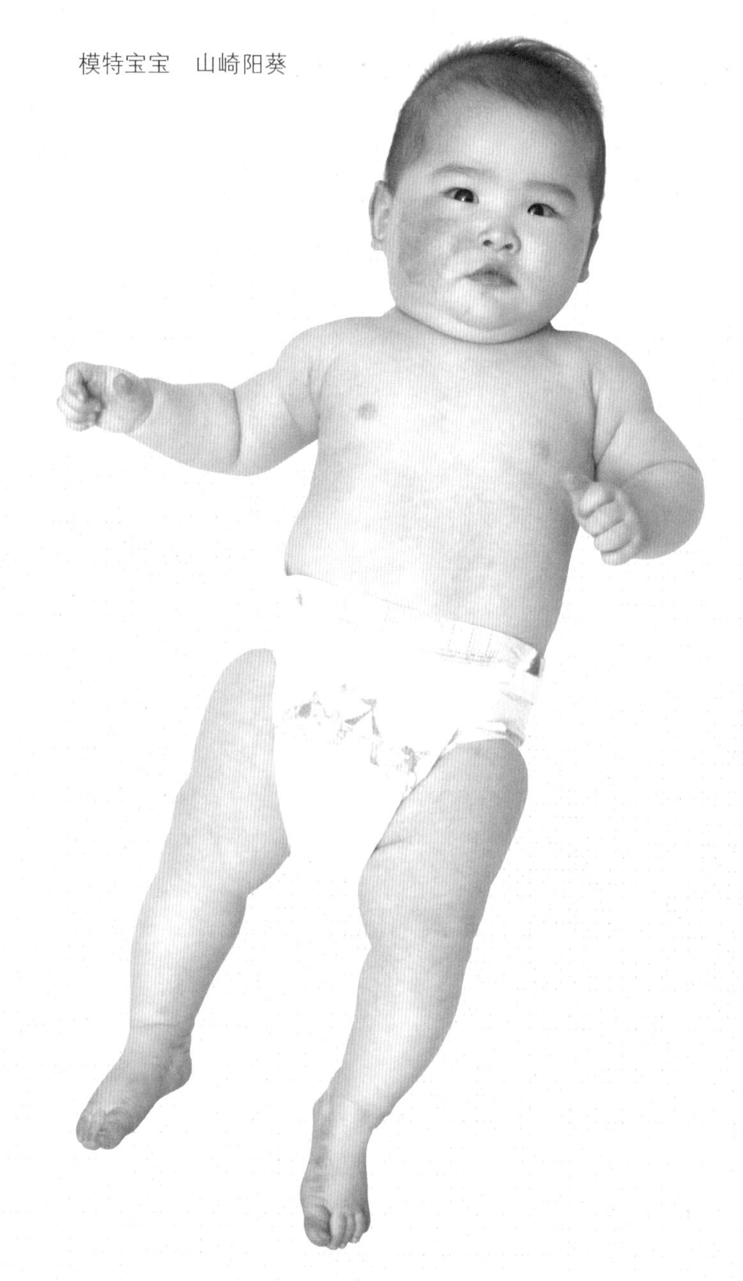

5~6个月身高体重参考

男孩子

身高 ▸ 61.9 ~ 70.4cm

体重 ▸ 6.10 ~ 9.20kg

女孩子

身高 ▸ 60.1 ~ 68.7cm

体重 ▸ 5.74 ~ 8.67kg

成长特点

- 颈部能够完全直立，有的宝宝能够翻身
- 手、腿和腰部的力量增强
- 情感更加丰富，哭的状态和行为能够传递自己的心情
- 开始对大人的食物产生兴趣，很快能够进入添加辅食阶段

宝宝手脚力量也在增强，有的宝宝能够翻身

宝宝已经能活动身体，所以这一时期的体重和以前相比，并没有太大增加。不过或许是因为运动机能的发达和肌肉的生成，宝宝看起来更加结实。

宝宝躺在床上时，晃动双腿，扭转腰部，慢慢地身体能够完成半翻转，有很多宝宝都是这样学会翻身的。翻身对于宝宝来说是由天到地的颠覆性体验，会带来很大的震撼。宝宝学会翻身后会非常得意。翻过身去趴着玩，或者来回不断地翻身，动作也越来越丰富。

与此同时，宝宝手脚的力量也在增强。能够在右手握住物体的情况下，伸出左手去够东西，开始能够两只手分开使用。如果妈妈支撑住宝宝的两臂让宝宝站立的话，有的宝宝会用两脚咚咚地跺地面。

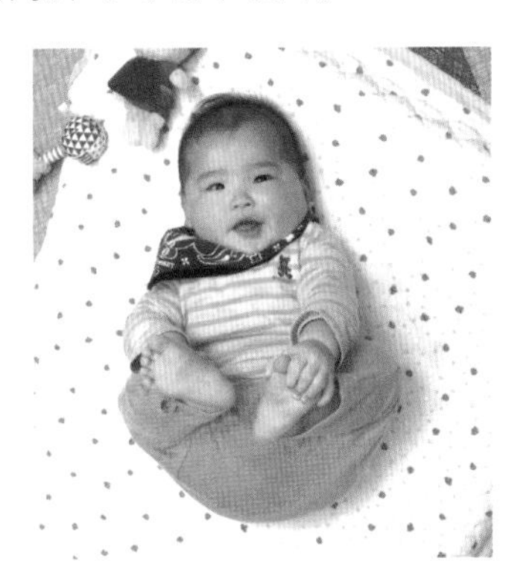

把脚抓起来摸的动作，在即将进入翻身阶段的宝宝身上很常见。

通过哭声和动作来表达自己的情绪

可以根据自己的意志伸出手去碰触或者握住感兴趣的东西，因此宝宝的好奇心越来越旺盛。

宝宝非常喜欢和爸爸妈妈一起玩耍，在开心的时候，经常能够发出笑声。到了这个阶段，宝宝已经能够将笑容和自己的感情更好地结合，慢慢懂得“开心所以笑”。

另外，宝宝通过哭来表达难过、恐惧、不开心等负面情绪。爸爸妈妈也慢慢地能够通过哭声来判断宝宝的心情。仔细地观察宝宝的情绪，为宝宝提供更加舒心的环境。

可以根据宝宝的情况开始添加辅食*

在大人们吃饭的时候，要一边和宝宝说“好香啊”，一边让宝宝看到大人们吃饭的样子。如果宝宝看到大人们吃饭的样子表现得很有兴趣，或者是蠕动小嘴的话，那差不多就可以开始为宝宝添加辅食了。初期从每天一次开始。如果过早开始添加辅食的话，对宝宝的肠胃会造成负担，因此不要操之过急。

刚开始的时候，也只是将食物喂一点到宝宝的嘴里，慢慢地让宝宝适应不同的味道。宝宝的主要营养来源还是母乳或者配方奶。所以，在尝试一点辅食后，让宝宝吃饱奶。在这一时期还没有必要考虑辅食的营养搭配。

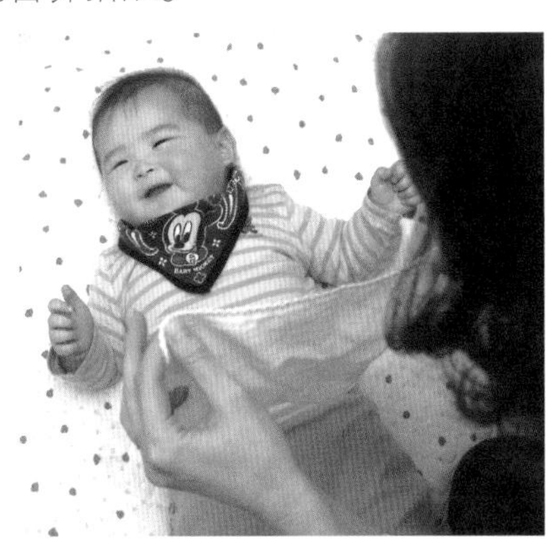

用布玩“躲猫猫”，宝宝被逗得哈哈大笑。宝宝最喜欢和妈妈一起玩耍。

*WHO 推荐，满 6 月龄（出生 180 天）起在母乳喂养的基础上添加辅食。特殊情况需要在满 6 月龄前添加辅食的，应咨询专业人员作出决定。

5～6个月
照顾重点

宝宝拿到手里的任何东西都会塞进嘴里，因此一定要防止误吞

宝宝会翻身后，可以通过自己的能力来扩展活动范围。并且宝宝会用手抓住感兴趣的东西放进嘴里。为了防止发生误吞，在宝宝能够够到的范围内不要放置小的物品和危险的东西（钱币、首饰、小药丸等）。

另外，一定要在儿童床周围装上栏杆。为了防止宝宝从床上掉下来，不要忘记在床下面提前铺好垫子。

宝宝的兴趣越来越广泛。天气好的时候，带着宝宝一起出门散个步，尽量每天让宝宝都接触一下外面的世界。虽然还不能玩公园里的游乐设施，不过可以对宝宝讲一讲对看到的事物的一些感想，比如说“好漂亮的花儿呀”“这是什么虫子呢”等。如果有其他朋友在的话，可以和朋友们打招呼，让宝宝感受一下和在家里时不同的体验，这对宝宝来说也是很新鲜的刺激。

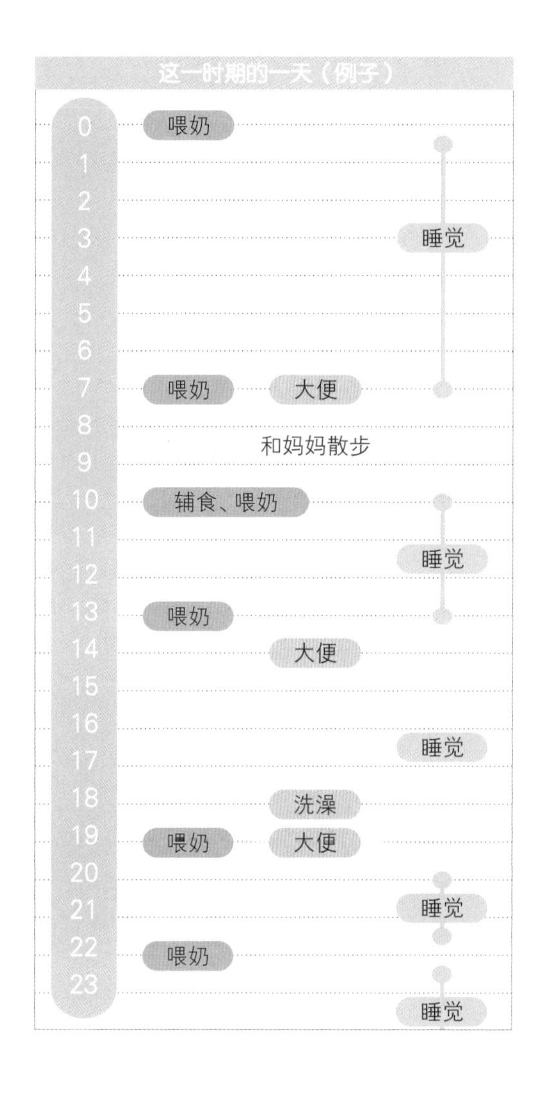

伸手抓取想要的玩具，拿到后会马上舔舔，确认玩具的触感。

听妈妈前辈说

出生时还是小小的宝宝，现在已经长得很大！宝宝有时翻身，有时摆出飞机起飞的姿势，有的时候还会吃手指和脚趾。一起玩耍的时候会笑出声来，表情也越来越丰富。和已经3岁的大女儿小的时候不同的地方也有好多。现在的我每天都在为育儿奋斗着。

（5个月女宝宝的妈妈由里）

促进大脑发育的游戏和互动

可以尝试有力量的动作和各种各样的游戏

对听到的声音做出反应、对看到的东西抱有兴趣，并会伸出手去抓的这一时期，宝宝的视觉、听觉、触觉等都在显著地发育。因为宝宝有着强烈的好奇心，所以通过外界给予的刺激，宝宝能够学习到很多东西。

宝宝的颈部已经完全可以直立，慢慢地可以尝试一些力度较大的动作。手臂荡秋千是能够培养宝宝平衡感的很好的游戏。宝宝也喜欢被轻轻地左右摇晃。

宝宝会翻身以后，接下来会挑战独坐。妈妈要随时准备扶住要倒下的宝宝。如果宝宝表现得很排斥的话，那就不要勉强。

游戏1 培养平衡感 手臂荡秋千

妈妈用两只手托住宝宝的大腿，两条胳膊夹住宝宝的身体进行支撑。保持这样的姿势轻轻地、慢慢地左右摇摆。刚开始的时候晃动的幅度不要太大，在宝宝适应后可以尝试幅度更大的摇摆。

游戏2 做不好也没关系 挑战独坐

这是一项适合学会翻身了的宝宝做的游戏。爸爸或者妈妈坐下，然后将两腿稍稍打开，让宝宝坐在两腿之间。宝宝向两侧倾倒时注意用手扶住宝宝。刚开始时可以从短时间进行尝试。开始做不好也没有关系。

游戏3 一天多次 趴着玩

到了这一时期，一天中多做几次趴着玩（参照14页）的游戏也没问题。将可以动的玩具放在宝宝面前左右移动，宝宝能够自由地扭动脖子进行追视，或者让宝宝握住玩具玩。这时的趴着玩游戏可以试着延长5分钟或者10分钟。

Q&A 最想问的

Q 这个阶段需要练习坐立吗?

A 在宝宝会翻身后，可以慢慢让宝宝坐着玩。

不练习坐立也没关系。首先趴着玩（参照14页），让宝宝习惯趴着。然后在宝宝能够左右来回滚动翻身后，可以让宝宝尝试坐着玩。因为在宝宝吃奶或者吃饭的时候都是用手支撑坐着的状态，所以并不需要刻意练习。即使现在宝宝还不会坐着，爸爸妈妈也无须担心，一定会慢慢学会的。

Q 宝宝口水很多是不是有问题?

A 口水多并不是什么毛病。

这个问题经常会被问到，可能因为宝宝口水比较多而感到困惑的爸爸妈妈有很多，不过口水流得多并不是宝宝生病。如果宝宝得了口腔炎的话，可能因为没办法顺利咽下口水，所以口水很多，但也无须过度担心。口水过多容易使口水巾很快被濡湿，引起胸口部湿疹，或者引起口水疹，不用担心，在给宝宝喂奶或喂辅食后，用湿毛巾擦掉脏东西，然后涂抹凡士林进行护理即可。

Q 为宝宝准备了辅食，但是宝宝吃第一口就吐了，是不是应该先暂停一下?

A 吐出辅食只是因为宝宝更喜欢母乳或配方奶的味道。请妈妈耐心应对。

将辅食吐出，是因为宝宝认为除了从乳头喝到的东西外，其他都是异物。对于羹匙的温度和形状，宝宝都会觉得奇怪。所以宝宝即使是只吃一口或者是只舔一下也没关系，妈妈只需耐心地等待宝宝适应即可。对于宝宝而言，母乳和配方奶是最美味的东西，所以，如果选择一些和母乳相近的有甜味的食物，比如红薯或者南瓜等蔬菜，或许宝宝更容易接受。

Q 宝宝夜里磨人算不算夜哭？

A 宝宝从5个月左右开始夜间哭闹，但一定会有结束的一天。

有的时候宝宝睡得迷迷糊糊，甚至没有睁开眼睛也会发出“呜呜”的声音。身边的妈妈听到宝宝的声音被吵醒也会非常辛苦。轻轻拍打宝宝的肩膀，或者唱支摇篮曲，就能让宝宝回想起自己在妈妈子宫里的时光而感到安心，慢慢又会睡去。宝宝的夜晚哭闹会持续几个月，但是一定会迎来结束的一天。

Q 对于宝宝发出的“啊”“呜”的声音，应该怎么回应？

A 可以和宝宝说说话，也可以对宝宝微笑。但一定不要无视。

当听到宝宝发出“啊”“呜”声音的时候，妈妈即便不在宝宝的身边，也要回应宝宝“妈妈在这里，等一下，妈妈马上就来”，和宝宝进行这样的会话互动非常重要。

虽然5～6个月的宝宝还不能理解妈妈的话，但是在妈妈的肚子中就一直在听的妈妈的声音对于宝宝来说是最温暖的声音，宝宝能够知道妈妈的回应。所以请关掉电视机，让环境更有利于听到宝宝的声音。有的情况下，宝宝能够看到妈妈，但是妈妈不方便和宝宝说话的时候，即便只是向宝宝微微一笑，对于宝宝来说也是非常好的交流。

Q 出生时体重偏轻的宝宝是不是辅食应该晚一点添加？

A 如果宝宝表现出对吃的东西有兴趣的话，那就没有必要一定要推迟辅食的时间。

即便是出生时体重偏轻的宝宝，也没有必要特意推迟辅食添加的时间。在出生后的5～6个月，如果宝宝对食物产生兴趣，而且流口水，那么就可以开始辅食添加了。从最近成为主流的预防发生食物过敏的观点来看，也没有必要推迟辅食添加。

6～7个月

宝宝能够自由地翻身，活动范围变大

模特宝宝　田村心春

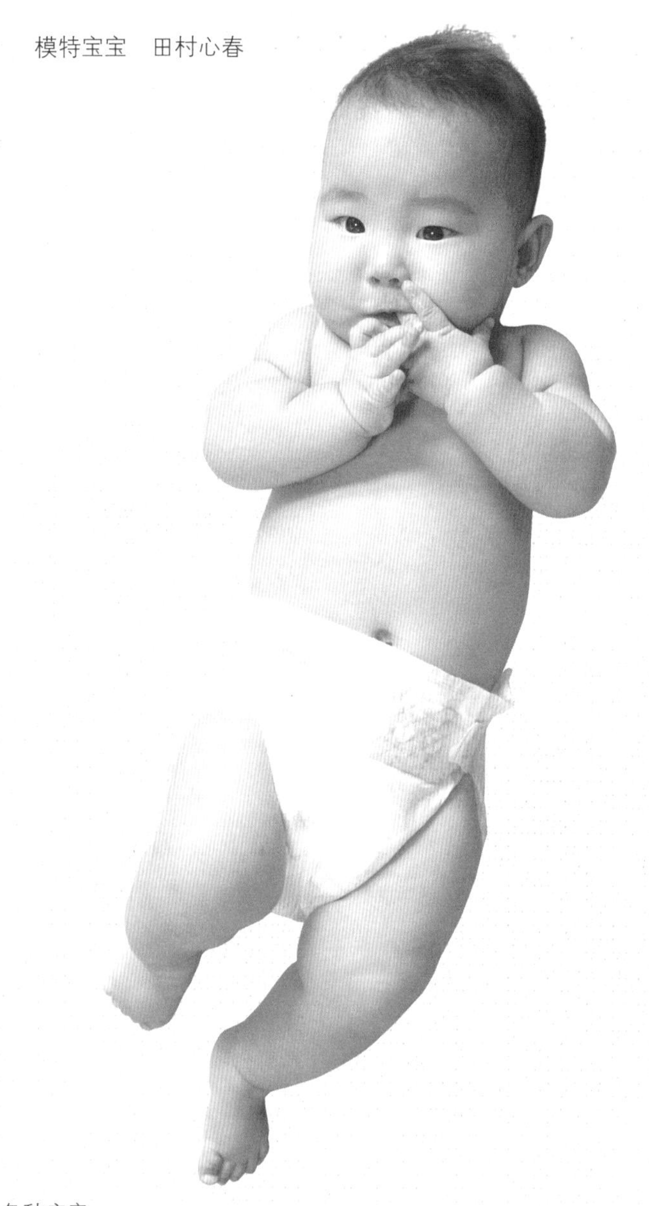

6～7个月身高体重参考

男孩子
身高 ▸ 63.6 ～ 72.1cm
体重 ▸ 6.44 ～ 9.57kg
女孩子
身高 ▸ 61.7 ～ 70.4cm
体重 ▸ 6.06 ～ 9.05kg

成长特点

- 宝宝翻身越来越顺利
- 从妈妈那里获得的免疫力消失，容易感染各种疾病
- 慢慢能够认人
- 习惯辅食后可以增加到一天两次

能够利索地翻身，手也越来越灵活

这个时期的宝宝，无论是从仰卧到趴着还是从趴着到仰卧，无论从左边还是从右边，都已经能够利索地翻身。还有一些宝宝能够趴着的时候利用胳膊慢慢向前爬。虽然宝宝的腰部力量不够，还会摇摇摆摆，但是这一时期越来越多的宝宝能够短时间坐着。这样，宝宝可以根据自己的意愿活动的范围越来越大，对于感兴趣的东西都会去摸或者放进口中。所以一定要确保宝宝所处环境的安全。

宝宝手的发育非常显著。不仅能够触摸物体或者是握住物体，还可以进行用右手抓起然后放进左手等动作。

宝宝出生后半年左右，出生时从母体中获得的免疫力渐渐消失，外出活动的次数也在增多，因此，这一时期也更易感染各种疾病。

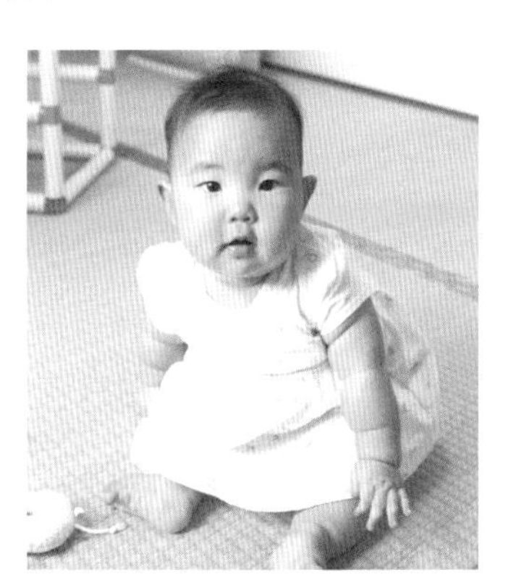

宝宝腰部有力气，可以在没有支撑的情况下坐一会儿。

记忆力发育，开始“认人”

见到爸爸妈妈以外的人时，宝宝会没有表情，或者哭起来，这说明宝宝已经开始“认人”，这也是宝宝记忆力发育的表现。正是因为宝宝记住了总是在一起生活能让自己感到安心的人，才会见到陌生人感到恐惧。不过“认人”也会有个体差异，有的宝宝见到陌生人会大哭，也有的宝宝不会哭。还有一些宝宝在看不到爸爸妈妈身影的时候会一脸认真的表情到处找爸爸妈妈。如果宝宝哭了，那就抱起宝宝，让宝宝能够感到安心。到1岁左右，这种状况就会改善。

虽然宝宝还不能说话，但在想要表达自己的心情时可以发出很多简单的声音。

辅食在开始1个月后，可以将次数增加到一天2次

辅食开始1个月后，将次数增加到1天2次，食材的种类也可以更丰富。第一次吃辅食和第二次吃辅食至少间隔3～4小时。在吃辅食的时候，妈妈也和宝宝一起吃，或者和宝宝说话，这样能够让宝宝感受到吃东西的快乐。

晚上宝宝也能睡较长时间的整觉，中午休息的时间也逐渐固定下来。所以喂奶和吃辅食也要和宝宝的睡眠时间配合，注意尽量在每天的同一时间进行。这样的话，能够培养宝宝一天的生活作息。

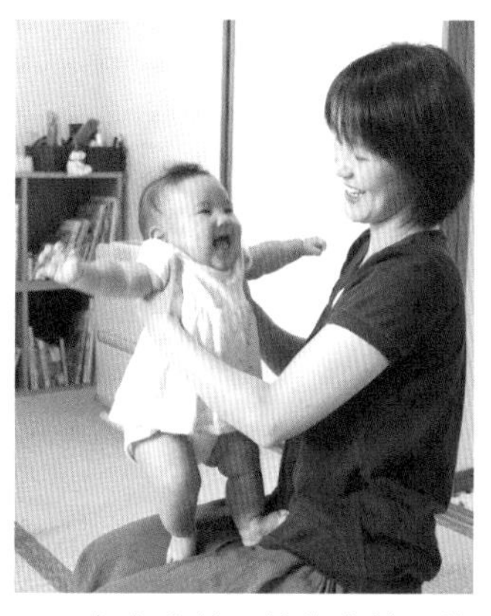

宝宝在被支撑住身体的情况下，会在妈妈的膝盖上跳动。

促进大脑发育的游戏和互动

让宝宝尽情地趴着玩或翻身

翻身是在宝宝学会爬之前成长的第一步。宝宝在用整个身体学习通过自己的力量让身体动，所以不要阻止宝宝，要让宝宝自由地翻身。

常常让宝宝趴着玩也是一件好事。除了在宝宝面前滚动球体，让宝宝用视线追逐外，让宝宝伸出手去抓球也是非常有趣的游戏。这样的游戏可以让宝宝将眼睛获得的信息传达到手部，并且活动手部，锻炼视觉和手部动作的协调。

即便在宝宝学会坐立以后，也建议让宝宝常常翻身或者趴着玩耍。不过，如果宝宝表现出抗拒的话，那请立即停止。

游戏1

记住手的感觉
拉出

将纱布手帕等比较容易抓住的东西塞进保鲜膜芯筒中露出一角，然后让宝宝拉出。可以让宝宝体会抓住东西并拉拽的感觉。

游戏2

趴着
抓球

趴着也可以快乐地做很多游戏，比如让宝宝抓取来回滚动的球，或者让宝宝拿起散落在周围的玩具等。如果宝宝做得很好并获得妈妈大声的表扬时，宝宝就会觉得很幸福。

特别推荐仍不会翻身的宝宝做趴着玩游戏

能够“翻身”经常被认为是判断宝宝成长的一个重要标准，但其实每个宝宝都存在着差异。为了预防SIDS（婴儿猝死综合征）（参照212页），已经不建议让宝宝趴着睡觉，宝宝趴着的机会也越来越少，因此宝宝学会翻身也越来越晚。所以，要让宝宝趴着玩很有必要。

听妈妈前辈说

我家宝宝非常喜欢洗澡，从出生以来没有因为洗澡哭闹过。每次把宝宝放进浴盆，宝宝的小屁股就会腾地浮起来，可爱得不得了。需要注意的是，宝宝的指甲每隔3天就要修剪一次。宝宝的指甲生长得很快，不注意的话，可能会划伤宝宝的脸部。妈妈抱起宝宝的时候也会被抓伤。

（6个月女宝宝的妈妈亚砂美）

Q&A 最想问的

Q 宝宝经常便秘，怎么样才能解决？

A 如果是接受母乳喂养的宝宝，可以在妈妈的饮食中增加一些油脂。

这种情况时，建议进行母乳喂养的妈妈换一些油脂丰富的饮食。不过在宝宝恢复排便后，就恢复到之前清淡的饮食。喝奶次数多且量比较大的宝宝，肠胃的运动就会变得缓慢，所以会导致排便困难。养成宝宝吃奶的规律，每隔3小时喂一次奶。另外，如果夏天补充水分不及时的话，宝宝也容易出现排便困难。这种情况下，可以给宝宝喝点水补充水分。

Q 宝宝认生很厉害，该怎么办？

A 宝宝认生是发育的重要表现。妈妈们不需要担心，到宝宝更大一些会渐渐适应。

到了这个月龄阶段，如果宝宝还不会认人，那才是需要担心的。会认生说明宝宝能够辨认出是妈妈还是陌生人，这是宝宝智力发育的重要表现。不过，如果宝宝认生很厉害的话，妈妈就会很为难。直到宝宝面对陌生人能够不哭不闹的月龄之前，可以在带宝宝散步的时候，请周围的朋友或邻居和宝宝打招呼，等待宝宝慢慢适应。

Q 宝宝调皮的时候，是不是训斥一下比较好呢？

A 不要训斥宝宝。爸爸妈妈应该创造一个宝宝没办法调皮的环境。

这个月龄的宝宝即便调皮捣蛋，也不需要加以训斥。因为宝宝还不能理解自己被训斥的理由，所以即便被训斥后，还是记不住。所以建议爸爸妈妈在看到宝宝调皮的时候简短轻声地告诉宝宝“不可以哦”，然后为宝宝打造以后不能调皮的环境就可以了。比如，如果宝宝把抽纸都抽出来，那么下次就把抽纸放到宝宝看不到的地方。

7～8个月

宝宝学会坐立，牙齿开始萌发

模特宝宝　铃木波璃

7～8个月身高体重参考

男孩子
身高 ▶ 65.0 ～ 73.6cm
体重 ▶ 6.73 ～ 9.87kg
女孩子
身高 ▶ 63.1 ～ 71.9cm
体重 ▶ 6.32 ～ 9.37kg

成长特点

- 宝宝能够独自坐立，并且能够坐稳
- 下面的两颗门牙开始长出
- 能够发出表达感情的声音
- 也有的孩子开始夜里哭闹

体格发育 宝宝能够坐立，两手也能自由支配

宝宝坐得越来越稳。有的时候会因为背部没有伸展开来，会向前弯曲并用两手支撑身体。不过慢慢地宝宝背部的肌肉会变得有力，也会更加挺直。

宝宝的视线比之前要更高，能够看到的范围也大幅度扩展。对所看到的任何东西都表现出满满的兴趣。所以可能会不管是什么东西都要伸出手去碰一下或者抓一下。宝宝会坐立后，就会用两手拿住玩具，手的动作也会变得更多。不光能够用手握住东西，而且还能用手指拿东西，越来越灵活。宝宝在趴着的时候抬高两手和两脚摆出飞机起飞的姿势正是宝宝要会爬的信号。

到这一时期，宝宝的牙齿也终于要长出来了。虽然出牙的顺序并不一定，但一般来说比较多的情况是下面的两颗门牙最先出来。不过每个宝宝的牙齿生长都存在着很大的差异，即便出牙的顺序不同，或者是1岁左右还没有出牙，都不需要过多担心。

宝宝趴着的时候，如果有办法把手伸长去拿玩具，马上就会爬过去。

运动和认知 会生气，会撒娇，尝试用声音表达自己的感情

这一阶段正是宝宝认生十分厉害的阶段。不经常见面的人逗弄宝宝时宝宝会大哭，这是因为宝宝能够辨别出爸爸妈妈和陌生人所引起的。同时这也是宝宝和父母之间已经建立起绝对信赖关系的证据。这个时候爸爸妈妈需要抱起宝宝让宝宝能够安心。

虽然宝宝还不会说话，但是发音变得多种多样，如“呜呜呜”“吧噜噜”，声音里能够表现出生气、撒娇等很多的感情。请尽量去读取宝宝的心情并予以回应。这样宝宝的情绪就会稳定下来，为今后的沟通打下良好的基础。

生活能力 有的宝宝开始睡觉不踏实、夜里哭闹

虽然这一阶段宝宝渐渐地能够区分白天和黑夜，但是既有晚上能够长时间安稳睡觉的宝宝，也有因为哭闹醒来好几次的宝宝，还有一些宝宝感觉到困了就能够很快入睡，但是也有一些宝宝明明很困但是却不睡觉，宝宝的入睡情况也各不相同。如果晚上哭闹和睡不踏实每天晚上都会发生的话，父母会感到十分疲惫，不过这只是短时间的现象，在宝宝大概到1岁多一点的时候情况就会好转。在这之前可以夫妻两人轮流照看宝宝，一起克服这段困难。

辅食增加到一天2次。如果宝宝渐渐适应且食用的量增加的话，可以适当增加食物硬度和嫩豆腐差不多的食物。

在此时期宝宝所需营养有60%～70%来自母乳或配方奶。

7～8个月 照顾重点

宝宝的活动范围扩大，因此要把宝宝能够放入口内的东西清理干净

宝宝会坐立以后，会把手伸向四周，有的时候就会把手够到的东西放进嘴里。过不了多久，宝宝就会爬了。因此，为了防止宝宝误吞或受伤，妈妈一定要养成习惯，把过小或危险的东西放到宝宝看不见的地方。

如果宝宝认生特别强烈的话，妈妈会担心引起对方的不快，这个时候不妨明确地告诉对方，宝宝正处于认生比较强烈的时期，请不要介意。这样的话应该能够获得对方的理解。妈妈也无须过度在意。

宝宝开始长牙对于父母来说是非常高兴的事情，不过与此同时对于蛀牙一定不能掉以轻心。如果宝宝对牙刷感到有兴趣的话，不妨让宝宝拿着玩一下，不过宝宝还不能自己刷牙。可以用蘸过温开水的纱布轻轻地擦拭宝宝的牙齿。

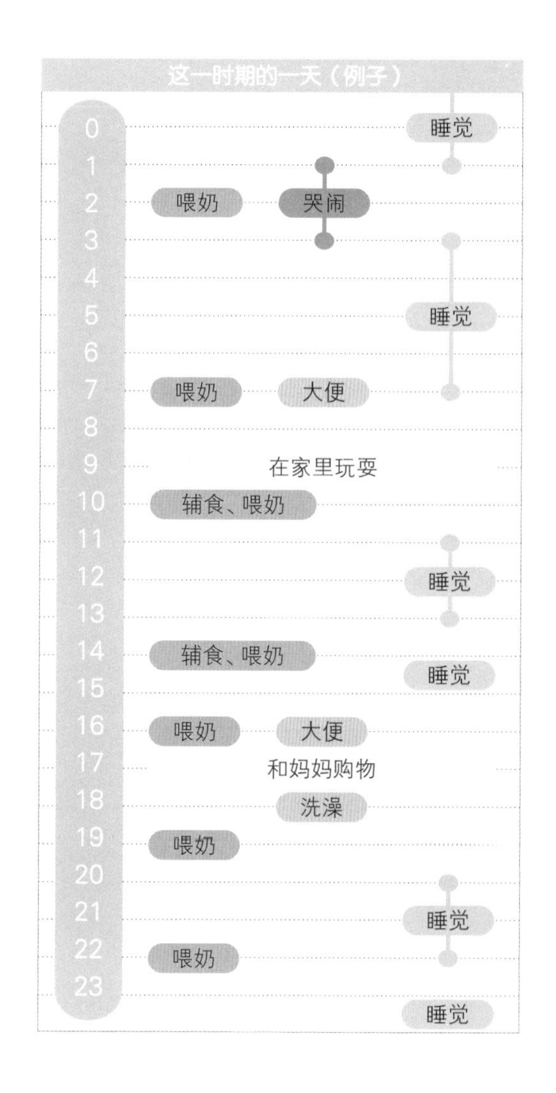

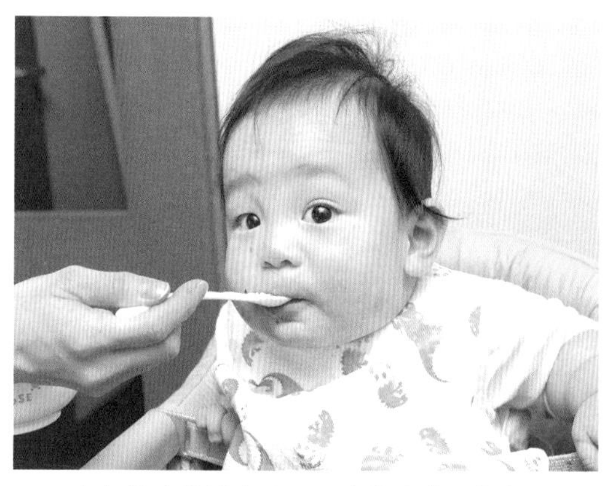

吃完美味的辅食后，口腔的清洁工作也不能马虎。要用蘸过温开水的纱布把牙齿擦干净。

听妈妈前辈说

宝宝学会了爬，活动范围也越来越大，所以最近我每天都担心稍微一疏忽宝宝会发生什么危险。我买回来一个装东西的容器，然后制作了一个投蹦蹦球的玩具，宝宝玩得非常开心。宝宝晚上会醒来两次，不过每次只要我轻轻拍一拍，他就会很快又睡着。

（7个月男宝宝的妈妈惠）

促进大脑发育的游戏和互动

让宝宝练习握、抓，做一些充分练习手指的游戏

宝宝坐得越来越稳，两只手也可以灵活地使用，所以玩具就突然变得非常有意思了。坐立本身能够让腰部和背部的肌肉变得强壮，宝宝在专注地玩游戏的同时也在提升好奇心和专注力。所以让宝宝多以坐着的姿势玩耍。

宝宝坐得还不是很稳，大人要从背后支撑住宝宝的身体。

如果把玩具放在宝宝能够拿到的距离稍远一点的地方，那么宝宝就会伸手去拿玩具。宝宝朝着目标支配身体最后拿到东西时的成就感促成宝宝进行下一次动作的意愿。如果宝宝能够握住小的软球了，那么接下来可以多做一些“捏”的游戏，来刺激宝宝的大脑。

游戏 1

培养宝宝的预测能力
猜猜藏在哪只手

用单手握住一个体积小的玩具，然后让宝宝猜一猜“藏在哪只手里”。进行的时候，妈妈的动作要慢，让宝宝看到妈妈藏在哪里，让宝宝容易明白。可以从指缝稍微露出一点玩具。这样的游戏可以锻炼宝宝的预测能力。

游戏 2

眼睛追逐动作
小球滚动

让宝宝坐起来，在宝宝手快要够到的地方让一颗软球来回滚动。宝宝的视线追着球动，同时伸出手去抓球，大脑也随之运转。如果宝宝抓住球，那么妈妈记得要多多夸赞宝宝。

游戏 3

学会“抓”的动作
取放瓶盖

将两个饮料瓶的瓶盖对粘在一起，做成一个小玩具，宝宝刚好能够握住的大小。让宝宝一只手抓住瓶盖放进开好洞口的容器内或者布袋中，这样的游戏可以锻炼宝宝大拇指和其他手指的协调性，让宝宝学会“抓”这个动作。

Q&A 最想问的

Q 不知道是不是大便比较干燥的关系，宝宝排便的时候会哭。

A 如果改变饮食后仍不见好转，那就需要到医生处就诊。按摩也是有效的方式。

首先请反复确认宝宝食用的食物。如果食用主食较多，摄入如南瓜、香蕉等膳食纤维过少的话，大便会很干燥。如果状况一直持续的话，请及时就诊。如果宝宝肛门处黏膜出现破裂并出血，可以将凡士林涂抹在患处，可以减轻宝宝的疼痛。同时涂抹凡士林的过程对于宝宝来说也是一个按摩的过程，将会有利于排便。

Q 宝宝不会站在大人膝盖上蹦跳。

A 宝宝学会翻身、独坐、爬以后，自然就会站在膝盖上蹦跳了。

宝宝在大人的膝盖上蹦跳，是一种反射动作。这种反射有时候在宝宝学会翻身、独坐、爬等动作之后才会出现，妈妈不需要担心，只需耐心等待即可。

Q 可以玩举高高游戏吗？

A 仅仅是1～2次的话是没有问题的，但是不可以摇晃。

将宝宝突然举起、突然放下、左右摇晃，这样的动作容易引起“婴儿摇晃综合征”（参照18页）。大人可以和宝宝玩1～2次的举高高游戏，不要过多。

Q 宝宝后脑勺的头发很少，还会再长吗？

A 因为和枕头摩擦造成的头发稀少不需要担心，一定会再长出来的。

宝宝后脑勺的头发变少，或者头发团在一起，都是因为仰卧睡觉和床单或枕头摩擦造成的。随着宝宝学会坐立，坐着的时间会越来越长，后面的头发也会逐渐长出。即使宝宝整体头发偏少，以后也一定会增多，所以不需要担心，请耐心等待。即使长得很慢，到2～3岁也会长齐的。

Q 宝宝什么东西都会塞进嘴里，是不是有问题？

A 这只是宝宝在辨别什么东西能吃的一个行为，爸爸妈妈只需要注意让宝宝不要发生误吞就好了。

将东西放进嘴里进行确认的行为是宝宝智力发展不可缺少的。通过把东西放进嘴里，宝宝在学习什么东西是可以吃的。不过也有的宝宝只是单纯地喜欢把东西放入嘴里的感觉。为了防止宝宝发生误吞，妈妈可以比出OK的手势，然后将能够通过0形圈的东西全部收好，不要让宝宝碰触，并确认房间内的所有物品。如果看到宝宝把拖鞋放进嘴里，拖鞋虽然很脏，但是宝宝的胃液具有杀菌作用，妈妈也无须过度担心。

Q 为什么宝宝会发出奇怪的“嘎”的声音？

A 如果宝宝的听力不太好，并且感觉宝宝不好带，请及时向专家咨询。

如果宝宝发出很大的声音是因为觉得周围的人反应很有意思，那么这种现象慢慢就会减少。不过，有的时候发出奇怪的声音是因为宝宝的听力不好或者是智力问题，所以一定要多加注意。专业诊断可以确认宝宝的听力是否正常，如果觉得宝宝不好带的话，请及时向“儿童心理咨询医生*”等专家进行咨询。

*是指对儿童心理问题有一定的研究积累，并由日本儿科医学会认定的儿科医生。

Q 宝宝不认生，我反而很担心。

A 生长在家人很多的大家庭的宝宝，有可能不会表现出认生。

宝宝认不认生不仅由宝宝的性格决定，而且也受到家庭环境的影响。生长在成员较多的家庭中的宝宝有可能不会表现出认生。如果妈妈抱起大哭的宝宝后，宝宝渐渐不哭，那么说明宝宝能够准确地辨认妈妈，可以认为是没有问题的。

有一点需要注意，患有自闭症的儿童也不会认生。所以一定要让宝宝接受健康诊察。

8～9个月

宝宝学会爬，认生更加强烈

模特宝宝　村田悠理

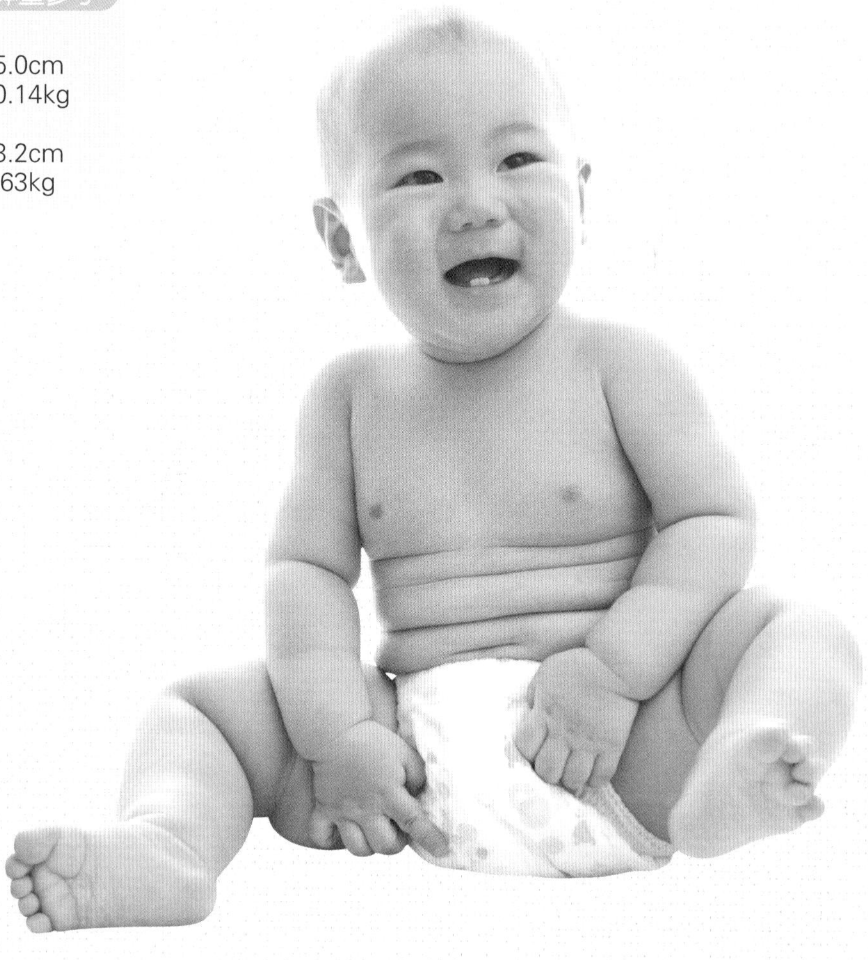

8～9个月身高体重参考

男孩子

身高 ▸ 66.3 ～ 75.0cm

体重 ▸ 6.96 ～ 10.14kg

女孩子

身高 ▸ 64.4 ～ 73.2cm

体重 ▸ 6.53 ～ 9.63kg

成长特点

- 宝宝学会稳稳坐立，能够一个人玩耍
- 渐渐地学会爬，有的宝宝能够扶住物体站立
- 认生趋于强烈
- 一天固定吃2次辅食，生活规律

由坐发展到爬，有的宝宝能够扶着物体站立

能够以坐立的姿势转身望向发出声音的地方，不需要手臂支撑也能够较长时间坐立，这说明宝宝已经基本上学会了坐立。当宝宝进一步对与桌子等高的地方的物品显现出更多的兴趣，伸出手臂去触摸物体时，宝宝慢慢地要开始站立了。这一时期已经有一些宝宝可以扶着物体站起来。

宝宝爬得越来越熟练。最初爬得比较缓慢，熟练之后，右手、左脚、左手、右脚交替向前爬行，动作也越来越利索，速度也会越来越快。能够自由活动后，宝宝的活动范围一下子就扩大了。学会从爬转换到坐也只是时间的问题。因为宝宝不停地在动，所以体重增长会变得缓慢。到了这个月龄，宝宝的体型已经发育得各不相同，有微胖型，偏瘦型、高大型、矮小型等不同体型。

宝宝会爬着去拿会动的玩具。

越来越认生，如果妈妈不在的话会感到不安

宝宝认生的现象在9个月前后表现得非常明显。因为宝宝对爸爸妈妈的依赖感已经形成，因此才会表现出认生。一会儿看不到妈妈就会大哭，或者妈妈走到哪里就追到哪里，开始“黏人”。妈妈爸爸可能也会感到十分疲惫，但是要知道宝宝是因为非常喜欢爸爸妈妈才会有这样的行为。所以爸爸妈妈应该认识到这是宝宝成长过程中的一个阶段，更加耐心地对待。

这一阶段宝宝的好奇心越来越旺盛，通过各种不同的游戏可以大幅度增强宝宝的专注力和思考能力。

宝宝适应了辅食，排便的时间也稳定

宝宝已经渐渐适应一天2次的辅食，随着运动量的增加，食量也会越来越大。虽然辅食的摄入会比较零散，不过如果每天在差不多的时间喂宝宝辅食的话，宝宝吃饭的时间也会固定下来，排便的时间也会随之稳定。这一时期宝宝的大便会根据摄入的饮食不同而容易发生变化。从初次摄入食物到适应该食物为止，宝宝的大便可能会比较稀。有的时候即便宝宝大便的形态和排便的时间不稳定，只要宝宝看起来有精神，也不需要过多担心。

晚上的睡眠时间越来越长，不过还有一些宝宝仍然晚上会哭闹。

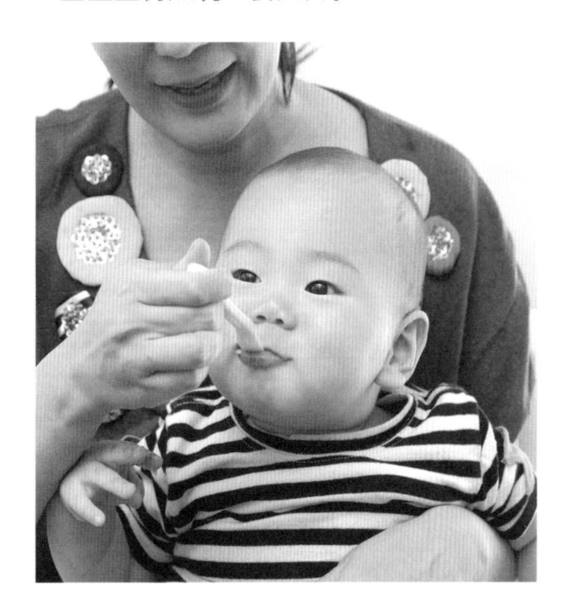

促进大脑发育的游戏和互动

让宝宝多爬行来刺激大脑

宝宝会爬以后，爸爸妈妈就会期待宝宝能够站立，不过不要着急。很快宝宝就能很好地站立，所以现在并不需要着急让宝宝站立，让宝宝尽情地爬吧。爬是让手脚左右分别活动的协调运动，不但能够充分刺激大脑，也能够让宝宝学会平衡身体。实际上在宝宝爬的同时，大脑也是在高速运转的。

当然，如果宝宝在爬行过程中，想要扶着物体站立的时候，妈妈需要在身边静静地予以支持。

游戏1 刺激大拇指的感觉 插吸管

这是一种在容器上面开几个小孔，然后将吸管插入容器内的游戏。在将吸管顺利放入容器内的这段时间，不仅能够让宝宝集中注意力，而且能够让宝宝学会大拇指的运用方法。也可以将吸管的两端斜剪下一块，这样会更容易放进孔眼。

游戏2 利用玩具 吸引宝宝快爬

让刚开始会爬的宝宝看到他喜爱的玩具，告诉他“在这边哦”，来诱导宝宝快爬。妈妈也请蹲下来，和宝宝的视线保持同样的高度。如果宝宝顺利地爬过来，那么请多表扬一下宝宝“爬得好棒”。

宝宝会将一些意想不到的东西放进嘴里，注意防止误吞和窒息

宝宝的动作越来越灵活之后，无论看到什么都会放进嘴里，一定要注意防止宝宝误吞和窒息。不论是硬币、香烟、纽扣电池等小的东西，还是宝宝拳头大小的东西，宝宝都会试着放进嘴里。这一时期让宝宝玩小型的玩具还为时尚早。

听妈妈前辈说

宝宝开始辅食已经有3个月了。宝宝非常喜欢吃东西，每次都能高兴地吃下一整碗，让每次为宝宝做辅食的我非常开心。宝宝特别喜欢撒娇，总是让大人抱，体重已经超过10kg了，每天我的腰都会很痛。所以每逢假日，就让爸爸带宝宝玩耍，我去做一下推拿进行放松。

（8个月男宝宝的妈妈千春）

Q&A 最想问的

Q 宝宝晚上总是哭闹，该怎么办?

A 向生过宝宝的妈妈请教一下减少宝宝晚上哭闹的方法，坚持几个月。

宝宝晚上哭闹一定会停止，不过也要知道会持续几个月，所以要做好心理准备。看到妈妈不在身边、屋子光线比平时暗等，宝宝都会通过哭来表达。宝宝醒来迷迷糊糊的时候，可以抱着宝宝到阳台稍微吹吹风，告诉宝宝“这是我们的家哦”，让宝宝安下心来，或许会很快入睡。不要烦恼，多向有经验的妈妈请教。

Q 宝宝很黏人，什么也做不了，该怎么办?

A 带宝宝去儿童乐园等地方，慢慢就会改善。

爸爸们一定听到过妈妈们的怒吼“关个厕所门也不让”。宝宝黏人也是智力发展的一种表现，可能会持续一段时间，不过一定会结束的。带宝宝到育儿广场等地方，置身于人群之中，妈妈和宝宝都会感到被解放。宝宝会觉得玩具比妈妈更有意思，慢慢地兴趣就会转移到玩具上。在家里的

话，妈妈就和宝宝黏在一起吧。等到孩子长到青春期的时候，这会成为妈妈非常怀念的时光。

Q 宝宝半夜咳醒，该怎么办?

A 睡觉时将宝宝上半身垫高，还要注意给宝宝补充水分。

宝宝在睡觉的时候，鼻涕可能会流到咽喉部，身体为了防止鼻涕进入支气管会出现反射，所以会引起咳嗽。为了让鼻涕顺利流下，将宝宝上半身稍稍垫高，并且及时为宝宝补充水分，注意室内加湿。睡前控制喂奶量也可以有效防止宝宝咳嗽引发呕吐。如果宝宝出现食欲缺乏、夜晚哭闹、咳嗽睡不好等症状，请及时到儿科就诊。

最近包括婴幼儿在内的多媒体依赖已经成为一大问题。多媒体会对婴幼儿有什么样的影响，让我们来了解一下。

不要让多媒体帮你照顾孩子

包括婴幼儿在内的多媒体依赖百害而无一利

宝宝通过和父母的接触，建立起与父母间的情感，同时学习各种各样的事物。在如此重要的时期，如果让宝宝的所有视线都被电视、DVD、智能手机等吸引，会直接造成父母与孩子间的沟通减少，并且会对孩子的语言能力以及沟通能力造成不良的影响。

有数据显示，每天观看使用多媒体4小时以上的孩子，语言能力提升迟缓发生的概率是观看使用多媒体不满2小时的孩子的4.6倍，表现出表情匮乏、与朋友间无法进行情感沟通等特征。另外，接触多媒体的时间越长，患依赖症的概率越高，很有可能沉浸其中不能自拔。

为了宝宝健康成长着想，在宝宝2岁之前尽量减少宝宝视听电视、DVD等。另外，也要避免吃饭和喂奶时看电视等。

请和宝宝面对面，眼神相对和宝宝进行沟通。

多媒体视听时间及对应宝宝语言迟缓发生的频度

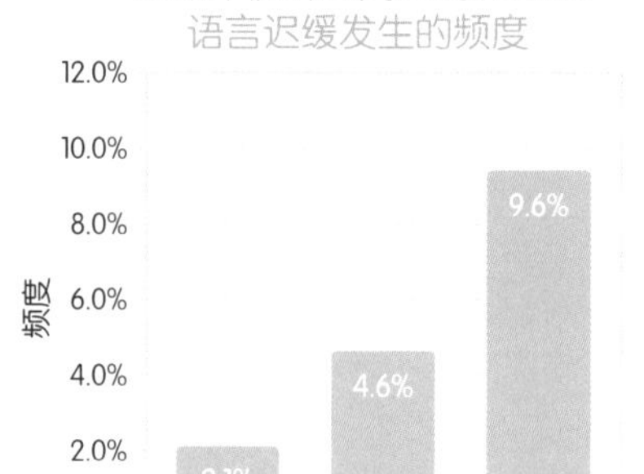

*以1岁6个月接受儿童健康诊断的儿童的父母为对象进行的问卷调查。资料来源：日本小儿科学会杂志第108卷第11号（2004）。

＼ 注意这些状况 ／

检查婴幼儿是否沉湎于多媒体各事项

- □ 大人逗弄却不会笑，表情很少
- □ 不愿意大人关掉电视或DVD
- □ 学会说话晚
- □ 生活作息不规律
- □ 不愿与人对视
- □ 自己操作电视或DVD
- □ 妈妈叫也不转头
- □ 饭量小，容易便秘，晚上不睡觉
- □ 突然发出奇怪的声音
- □ 没办法老实呆着，不停地乱动

宝宝生活作息不稳定或许是受到电视影响

如果宝宝不容易入睡，也可能是因为电视的声音和光的刺激导致的。在晚饭过后，最好关掉电视，把照明灯调暗，开始进行睡眠的准备。白天的时候去外面玩或者散步，让宝宝在室外尽情玩耍也非常重要。

忙着做家务脱不开身的时候，才更应该让宝宝远离多媒体

虽说多媒体对宝宝的发育有害，但很多妈妈都会觉得在做家务的时候，只能让多媒体暂时充当宝宝的“保姆”。但是在有学龄前儿童的家庭里，妈妈做家务的时间可能会达到一天5 ～ 8小时。如果在这些时间里一直让宝宝看电视或DVD的话，就会让宝宝沉溺于多媒体。

在此建议妈妈做家务时带着宝宝。在宝宝未满1岁之前可以背着宝宝做家务，这样不仅让宝宝和妈妈亲密接触而感到安心，同时也能满足宝宝从高处观看景色的好奇心。宝宝过了1岁，能够自己玩耍之后，妈妈可以把宝宝放在近处让宝宝自己玩耍。妈妈在做家务时别忘记回应宝宝，可以和宝宝形成良好的沟通。2岁以后，如果宝宝有意愿想做，可以让宝宝帮忙做家务。妈妈一定要记得微笑着对宝宝说一声“谢谢”。

这样做！做家务的时候也可以

1岁以前

背着宝宝做家务，宝宝也会很开心。妈妈在背着宝宝做菜的时候，宝宝的感官可以得到锻炼，对于宝宝也是开心的事情。

1岁多

让宝宝在妈妈的近处玩耍，煎锅、炖锅、汤勺都可以成为宝宝的玩具，不要忘记时不时和宝宝说话哦。

2岁以后

简单的家务可以让宝宝帮忙，例如擦桌子、递轻便的东西。宝宝做好了一定要多多夸奖。

远离多媒体 孩子接触多媒体的基本原则

远离多媒体后，可以发现平时没有注意到的孩子的成长，家人之间的聊天也会增多。能够感受到很多的变化。可以快乐地挑战一下。

2岁以前的基本原则

1. 不让孩子看电视或DVD。
2. 爸爸妈妈喂奶和吃饭的时候不要看电视和DVD，不要玩智能手机。

进入幼儿期后的基本原则

3. 将看电视或DVD和玩手机或游戏的总时间控制在一天2小时内。特别是游戏要控制在一天30分钟内。
4. 不要在孩子房间内放置电视、DVD放映机、电脑等。
5. 看电视或DVD的时间以及观看的节目和家人一起商量决定。
6. 观看电视或DVD时要和家人一起在光线明亮的房间观看。
7. 吃饭的时候关掉电视，重视家人一起交谈。
8. 和电视或DVD相比，要更重视和孩子度过的愉快的时光，因此挑选一些玩具、图画书和娃娃等。

9～10个月

宝宝开始小心翼翼地扶着东西站起来，双脚更加有力

模特宝宝　大井健吾

9～10个月身高体重参考

男孩子
身高▸ 67.4 ～ 76.2cm
体重▸ 7.16 ～ 10.37kg
女孩子
身高▸ 65.5 ～ 74.5cm
体重▸ 6.71 ～ 9.85kg

成长特点

- 爬得越来越快，活动范围扩大
- 会抓住椅子等试着站立
- 情绪起伏强烈
- 渐渐习惯一天2次辅食后，可以试着3次

爬得越来越好，时刻不能疏忽大意

腿部和腰部的力量增强。爬行速度加快，爬得越来越好。活动的范围扩大后，爸爸妈妈一刻也不能疏忽。还不会爬的宝宝也终于能够开始慢慢爬动。

在爬行越来越熟练的过程中，有的宝宝就会扶着椅子或者矮的桌子尝试站立。也有的宝宝还不会爬的时候，从坐立直接扶着物体站起来，并且能够蹒跚走路。如果宝宝能够自己做到，那么说明宝宝身体已经发育到这一阶段，并没有什么问题。但如果不是宝宝自己自主站起，而是父母勉强让宝宝站起的话，会对宝宝的骨骼和关节造成影响，应予避免。

由于运动量增多，原本肉乎乎的小身体渐渐结实起来。身材也长高，从婴儿体型慢慢向幼儿体型发育。

宝宝在家里到处爬来爬去，爸爸妈妈要做好万全的准备，以免误食的情况发生。

扶物站立有新发现，好奇心更加强烈

宝宝能够扶物站立后，看到与之前趴着和爬的时候不同的景色，宝宝的好奇心会越来越强。虽然还不能说话，但是宝宝会努力地用声音和动作表达自己的要求。

宝宝的情绪起伏也变得强烈，会撒娇、耍赖、微笑、生气。有的宝宝非常黏人，这是宝宝智力正常发育的证据。

妈妈因为要做家务，得不到休息而倍感疲惫，但是请拿出更多的耐心来照顾宝宝。

生活作息越来越稳定

这一时期宝宝的睡觉时间、起床时间、吃奶或吃辅食的时间都差不多固定下来，生活作息也渐渐稳定。虽大致如此，但有的宝宝夜间需要起来吃奶，有的宝宝夜间哭闹，还有的宝宝午觉时间不固定，每个宝宝生活作息都有着很大的差异。早上在固定的时间叫醒宝宝，白天开心玩耍，晚上保持安静，如果不破坏这样的生活方式，其余方面可根据每个宝宝不同的个性进行应对。如果宝宝能够咀嚼了的话，可以考虑将辅食增加到一天3次。另外，虽然在吃完辅食后喂奶也很必要，但是这一时期应该更倾向于以辅食为主。

边吃边玩，真让妈妈伤脑筋，这是宝宝的成长过程。

9～10个月 照顾重点

家中全面考虑安全对策，创造宝宝自由玩耍的空间

宝宝每天的辅食增加到3次时，尽量让宝宝和家人在同一时间段进食，培养和家人一致的生活节奏。

宝宝会爬后能够自由活动，因此要充分考虑家中可能发生的危险的对策。不仅不能将容易被宝宝误吞的物品放在低处，同时要注意防止宝宝的头部被家具的边角或者是门撞到、宝宝的手指被门夹住等，做好一切预防事故的对策。当宝宝在沙发或床上的时候，一定要注意防止宝宝掉落，同时为防止宝宝一旦掉落时受伤，可以在下面铺好垫子。

另外，尽量保证每天1次带宝宝到外面玩耍或散步，接触外面的空气。如果宝宝能够扶物站立的话，可以带宝宝去试一试借助公园里的健身设施站立。如果高度和宝宝身高协调的话，或许宝宝能够迈出人生的第一步哦。

在楼梯、厨房等不希望宝宝去的地方，安装上儿童安全门会更方便。

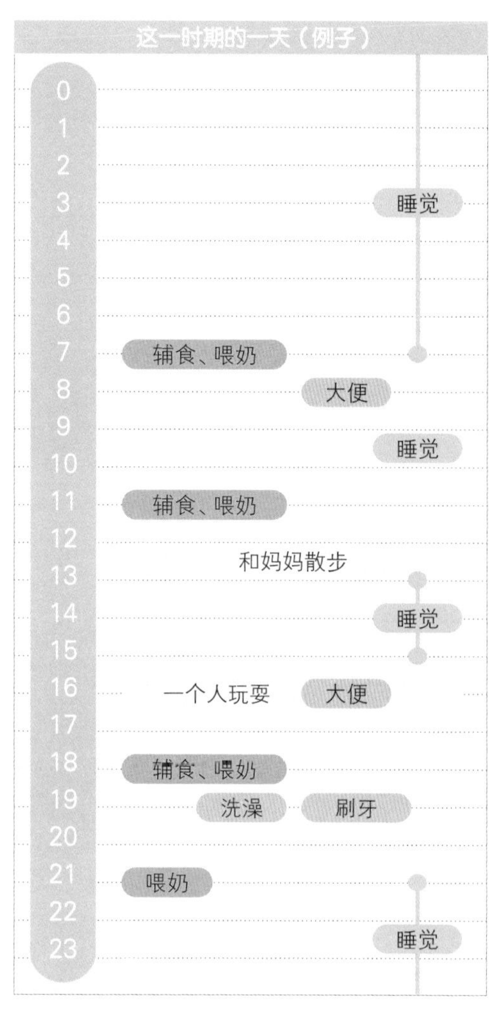

刷牙请参照108页。

听妈妈前辈说

最近爬得越来越好的儿子往哪里爬都是一往无前。有的时候还会毫不客气地往人家的脸上爬，说他“又干坏事”，他还总是一副“我什么也没做呀”的表情看你。有的时候会发出声音吸引别人注意，有的时候叫他，他也会冲你挥手，每当这时候就会觉得宝宝又成长了。

（9个月男宝宝的妈妈优子）

促进大脑发育的游戏和互动

创造一个能够让宝宝扶物站立的环境

当宝宝主动地要去扶住物体站立的时候，已经学会了手脚的活动方法和用力方法，还有保持身体平衡的方法，脑部也受到了足够的刺激。因此爸爸妈妈需要为宝宝创造出一个容易扶物站立的环境。

这一时期正是宝宝爬得越来越灵活的时候。爸爸妈妈也不妨趴在地面和宝宝来一场比赛，看谁爬得快，或者是将被子摞在一起制作出一个倾斜面，然后让宝宝爬，都是非常不错的锻炼。

同时这一时期宝宝能够用两眼来看物体，并且能够感受到物体的立体感，所以滚球游戏也越做越好。

游戏1 手工自制台子 完成扶物站立

如果有一个大约30～40cm高的台子的话，对于宝宝来说，扶物站立的时候能够更轻松地用力。如果家里的椅子或者其他家具高度不合适的话，可以尝试一下手工制作。在纸箱里放入报纸等有重量的东西制作出来的台子，刚好用来给宝宝练习扶物站立。

为宝宝提供扶物行走足够的距离和空间，将屋子收拾整齐，搬走多余的家具，创造一个安全的环境。如果宝宝开始能够扶着物体行走，可以大声地对宝宝说“宝宝看看那边有什么”等，来激发宝宝的好奇心，并鼓励宝宝。

游戏2 提升平衡感 扶物行走大冒险

游戏3 保持坐立姿势 小球滚滚

当宝宝坐着的时候不再晃动，可以让球来回滚动让宝宝抓球。看到滚动的球、抓住球、滚动球这一连串的动作，能够培养宝宝用两眼观察小球，认识立体物体的感觉。

Q&A 最想问的

Q 是不是应该给宝宝换二段奶粉呢?

A 如果宝宝有贫血症状或者是不喝奶粉，可以用二段奶粉来替换。

即使已经出生9个月，也不需要将宝宝喝的一段奶粉替换为二段奶粉。

二段奶粉是作为牛奶的代替品出现的，因此尽量避免过早用来替代母乳和一段奶粉。

不过，如果宝宝对辅食接受程度不高，医生诊断宝宝有贫血倾向时，或者宝宝已经适应辅食，不再喝一段奶粉后，可以换成二段奶粉。

Q 宝宝没有经历爬的阶段，直接学会扶物站立。

A 爬是宝宝很好的运动，家里尽量为宝宝提供可以爬的空间。

近期经常会遇到这样的宝宝。因为没多久宝宝就能一个人走路，所以有一些儿科医生认为这并不是什么问题。不过，在没有经历爬的过程的宝宝中，经常有一些宝宝会在摔倒的时候摔伤脸部。爬不仅能锻炼手脚和腰部的肌肉，同时还是能够促进影响手脚协调性的脑部运动联合区发育

的重要运动。因此尽可能地为宝宝创造能够爬的空间。

Q 宝宝有爱用头撞东西的毛病。

A 有可能是宝宝为了引起注意才做出的行为。尽量让宝宝做一些其他游戏。

有的时候宝宝可能是为了吸引妈妈的注意，或者想听到妈妈大声喊叫“别撞了”，才会有这样的行为。每个宝宝可能都会有不同的理由。

妈妈也可以忽视宝宝的这种行为，但最好还是想办法吸引宝宝做一些其他游戏。宝宝不懂得控制力度，如果真的撞痛了哭起来，妈妈会很棘手。不过因为头部有头盖骨保护，所以不需要担心影响大脑。

Q 要知道什么样的情况是必须去医院的。

A 在接受儿科医生检查后，如果数小时内突然病情加重，请及时前往急诊就医。

有很多妈妈发现宝宝与平时表现不太一样，这有可能是病情加重的表现。如果发现宝宝哭的方式、目光、声音等和以往不同，并且持续2～3小时的话，最好去医院接受诊治。发热、咳嗽、流鼻涕、呕吐、腹泻等症状出现时，宝宝的情况与以往不同，首先在白天带宝宝到儿科门诊诊治。接受诊治时，不光是宝宝的症状，如果能够有宝宝平时喂奶量、小便次数、大便情况等的记录，对于诊治将更加有利。如果宝宝的咳嗽或其他症状很奇怪，用语言不容易描述，可以使用手机进行录像，然后给医生看。如果就诊后几小时内病情逐渐加重，宝宝没有精神，请及时拨打儿童急诊电话（参照187页）进行咨询，必要时可前往急诊就医。

Q 宝宝不喜欢用吸管和马克杯喝水。

A 吸管和马克杯使用起来都比较不方便，所以请耐心地陪宝宝一起适应。

和吸管、马克杯比起来，奶嘴对于宝宝来说喝起来更加轻松。如果宝宝想快一点喝水的话，还没使用习惯的吸管或马克杯会让宝宝觉得不方便而排斥。如果宝宝习惯了的话，慢慢就能顺利地喝水，但是到宝宝习惯为止，妈妈和宝宝都会很辛苦。

虽然宝宝总会慢慢习惯的，但是如果想要让宝宝尽快断奶，就请耐心地和宝宝一起进行练习。

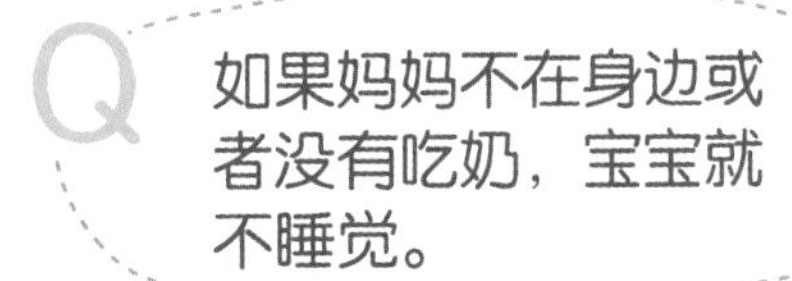

Q 如果妈妈不在身边或者没有吃奶，宝宝就不睡觉。

A 没有必要强制改变，不过也不是不可改变这样的入眠辅助活动。

宝宝已经习惯了妈妈陪着睡觉或者吃着奶入睡，如果没有的话会不睡觉。不过建议让宝宝渐渐养成其他的入睡习惯。比如按摩、听故事、听摇篮曲、轻轻拍打后背等，有很多入睡方式。妈妈可以选择比较容易坚持下去的方式试一试。

不过，对于这个月份的宝宝来说，现在的入睡方式是最轻松的，没有必要强制进行改变。

10 ~ 11个月

宝宝从扶着站，发展到扶着走，手指的运用更灵活

模特宝宝　吉田千纮

10～11个月身高体重参考

男孩子

身高 ▶ 68.4 ～ 77.4cm

体重 ▶ 7.34 ～ 10.59kg

女孩子

身高 ▶ 66.5 ～ 75.6cm

体重 ▶ 6.86 ～ 10.06kg

成长特点

- 能够扶物站立
- 手指越来越灵活，拿东西越来越稳
- 开始模仿大人的动作和说话
- 有的宝宝会用手抓着辅食吃，还有的宝宝每顿饭的饭量不大一样

下半身的肌肉发育使得扶物站立更稳健

脚部的力量更加强劲，很多的宝宝能够扶物站立。刚开始的时候动作还比较缓慢，站起来的时候身体左右摇摆，可能会摔坐在地上，也可能会踮着脚站立。慢慢适应后，宝宝会知道扶着桌子或者椅子能够更容易站立，然后就能够两只脚分开站稳了。渐渐地脚掌里侧也能紧贴地面稳稳站住。如果宝宝松开一只扶着物体的手也能站得很稳的时候，那么很快就能够蹒跚走路了。

宝宝的手也越来越灵活。可以用大拇指和食指捡起掉落在地板上的小东西，能够用手打开玩具的开关等，一点一点学会更多动作。

宝宝的牙齿也在不停地发育。虽然每个宝宝的情况都有所不同，但基本上这一时期两颗门牙已经开始长出来了。

为宝宝提供随处可以扶物站立，而且跌倒了也不会受伤的环境。

非常喜欢模仿大人，记忆力也在发育

宝宝非常喜欢认真地观察大人的动作，然后进行模仿。在做藏猫猫游戏的时候可能会模仿妈妈那样捂住脸部，有的时候还会发出声音模仿大人说话的话尾。虽然时间比较短，但是已经能够记住看到的和听到的事物了。

虽然宝宝还不会回答，但是当自己的名字被叫的时候，宝宝能够听懂，并且将视线与人相对，或者发出“啊”的声音。

这个时候宝宝还非常黏人。突然大声地哭闹是因为宝宝发现妈妈突然消失了。如果妈妈要离开宝宝一会儿的时候，请对宝宝说“妈妈一会儿就回来，等着妈妈”，来消除宝宝的不安。

辅食增加到1日3次，有的宝宝出现挑食的情况

辅食的量开始增加到1日3次。在此之前主要是让宝宝适应辅食，培养吃饭时愉快的心情，接下来将是考虑通过辅食补充宝宝大部分营养的时期了。宝宝适应了辅食后，有的宝宝开始挑食，也有的宝宝每顿饭的饭量相差较大。我们需要做的是考虑宝宝的饭量和营养的均衡，来调整每天的菜单。尽可能让宝宝进餐的时间与大人保持一致，这样才能让家庭的生活节奏更协调。不过一定要注意，晚饭的时间不要太晚，也不要让宝宝养成和大人一样晚睡的生活习惯。

每天在固定的时间喂宝宝3次辅食，调整宝宝的生活节奏。

促进大脑发育的游戏和互动

通过"模仿游戏"来培养宝宝的理解力

这个阶段的宝宝非常喜欢认真观察大人的动作，并且进行模仿。宝宝能够"模仿"说明宝宝能够进行观察、理解、记忆、行动这一系列的行为。在做游戏的同时大脑也在不停地运转，在游戏当中培养宝宝的"模仿能力"。

手部游戏包含着很多能够提高宝宝模仿能力的要素。仅仅是简单的拍手，就可以包含快慢、轻重等很多的变化。有节奏地拍手还能培养宝宝的节奏感。

另外，让宝宝充分发挥他们擅长的"爬"和"扶物站立"。

游戏1 培养平衡感 可以自己站吗

将两手放到宝宝的腋下支撑宝宝的身体，然后试着一瞬间轻轻地放开手。有的时候宝宝可能还不能独自站立，但是这样可以让宝宝有意识地去保持身体的平衡。注意这项游戏要在宝宝能够扶物站立并能蹒跚走路之后进行。

游戏2 培养模仿能力 拍拍手

与宝宝对坐，然后妈妈拍手，让宝宝进行模仿。刚开始的时候可以以简单的节奏进行，然后慢慢地调整拍手的声音和拍手的速度，和宝宝开心地玩耍。同时还可以锻炼宝宝胳膊的力量。如果宝宝做得很好，不要忘记表扬他哦。

宝宝身体成长和发育的程度存在着很大的个体差异

请妈妈们一定要注意，身高和体重、长牙等身体的成长以及扶物站立、蹒跚走路等运动能力的发育都存在着个体的差异。育儿书中所讲的通常是宝宝们的平均发育状况。身体的成长和运动能力的发育即便比较晚也有可能在正常范围。要知道宝宝的发育存在个体差异。

听妈妈前辈说

宝宝已经习惯扶物站立，也开始扶着走。虽然我会因为宝宝行动范围和视野都扩大而担心，但是在我视线所及的范围内，还是会尽量让宝宝尽情玩耍。另外，我可以从宝宝的哭声和表情知道她想表达什么，和孩子的沟通变得更容易。

（10个月女宝宝的妈妈理惠）

Q&A 最想问的

Q 外出的时候是不是可以不加辅食?

A 宝宝的饮食会影响到宝宝的睡眠，请灵活利用婴儿食品，避免宝宝吃不饱。

因为宝宝已经处于一天3次辅食的阶段，所以如果不加辅食的话不太好。即便饮食简单一些也好，一定要让宝宝吃些固体的食物。吃不饱会对宝宝的睡眠产生影响，所以最好要避免。

当外出的时候，妈妈可以选择一些宝宝能用手抓着吃的食物，比如馅饼、面包等，或者盒饭类的婴儿食品也很方便。另外，有很多的家庭餐厅可以提供辅食，外出前先查询清楚。

Q 宝宝总是不停地摔打自己喜欢的玩具。

A 容易被摔坏的东西不要给宝宝玩，给宝宝一些能开心玩耍的玩具。

可能宝宝喜欢摔打能够发出声音的玩具。宝宝还不能听懂妈妈的话，所以不要严厉地训斥宝宝。宝宝还不懂玩具怎么玩，所以怕被摔坏的东西不要给宝宝玩。

可以准备一些能够敲打的玩具，例如儿童专用的小鼓、小锤、木琴等，会更加合适。

Q 宝宝咬妈妈的胳膊时，是不是应该告诉宝宝这样不行?

A 沉下声音对宝宝说不行，妈妈的不高兴就会传递给宝宝。

这个月龄的宝宝喜欢咬人和东西是宝宝长牙时期特有的情况。因为妈妈的胳膊刚好容易咬到，所以很容易就成了磨牙棒的代替品。要制止宝宝做一些不希望他做的事情或者危险的事情时，可以沉下声音用固定的“不行”这句话来告诉宝宝这不是一件让人愉快的事情。如果表情夸张大声喊“疼”的话，宝宝会误认为你非常高兴。

11个月~1岁

宝宝对语言的理解程度增加，更有主见

11个月~1岁身高体重参考

男孩子
身高 ▸ 69.4 ~ 78.5cm
体重 ▸ 7.51 ~ 10.82kg
女孩子
身高 ▸ 67.4 ~ 76.7cm
体重 ▸ 7.02 ~ 10.02kg

模特宝宝　上条瑞喜

成长特点

- 扶物站立越来越稳，学会扶着物体行走
- 随着运动量的增多，身体越来越结实
- 开始能够理解很多大人说的话
- 每天白天只睡一觉，生活节奏越来越规律

体格发育

宝宝学会扶着物体前行

扶着物体站立越来越稳后，就会有很多宝宝扶着物体蹒跚前行。刚开始的时候两只脚可能还会相互阻碍不能顺利迈步，有时还会摔个屁墩就不再试着走路，又像以前一样开始爬行。不过没关系，让宝宝自由地去尝试。爬行是可以锻炼后背、手脚肌肉的非常棒的全身运动，没有必要勉强宝宝扶着物体行走。

扶着物体站立，再往旁边走1～2步就要扶物行走。

语言的理解能力进步，能够用动作进行回应

虽然宝宝还不能清楚地说话，但是对于语言的理解能力却迅速提高。当听到“能不能给我”时，宝宝会把手中的东西递出；妈妈说“好吃呀”，宝宝也会发出微笑。同时能够一点一点记住物品的名称。爸爸妈妈也要用语言或者动作来回应宝宝，这样的话宝宝想要用语言表达的意识就会越来越强，接下来就等宝宝能够发声的时候就可以啦。另外，如果递给宝宝他不喜欢的玩具的时候，宝宝可能会扭过头去表示不喜欢，宝宝表达的意思也越来越丰富起来。可能宝宝会表现得非常挑剔让爸爸妈妈感到为难，但是能够坚持自己的意思也是宝宝智力发育的重要表现。

白天只睡一次觉，睡眠越来越好

白天大量活动，到了晚上很多宝宝都能够睡得非常香甜。不过，也有一些宝宝在睡觉前总是会闹别扭，不愿意入睡。为宝宝创造出容易入睡的环境，将光线调暗，周围保持安静。或者可以给宝宝读故事书、按摩身体、躺在宝宝身边轻轻拍宝宝等，如果养成以上这些习惯，宝宝的入睡将会更加轻松。

白天的睡眠减少到午后的1次。为了不影响晚上的睡眠，最好让宝宝在下午3点前起床。晚上9点左右准时睡觉，养成早睡早起的习惯。

宝宝对“这个”“这个给你”的互动感到乐在其中。

促进大脑发育的游戏和互动

能够让宝宝意识到呼气的游戏，对于促进宝宝说话最为合适。

虽然宝宝还不会说话，但是发声的方法发生了变化，这一时期正是宝宝频繁发出类似于打招呼的声音和动作的时期。平时宝宝总是用鼻子进行呼吸，当宝宝能够学会“通过嘴呼气”，也会对宝宝开始说话有所促进。需要吸气和吐气并能发出声音的玩具能够让宝宝意识到可以使用嘴部呼吸。

人在学习事物的时候，“通过自身的努力和运作完成”的成功体验能够成为动力。同样，宝宝通过“我吹了一下能够发出声音”的这样的体验所获得的成就感能够增加宝宝做更多尝试的意愿。

游戏1 指间运动 穿线绳

这是一个能够让手指变灵活的游戏。通过细致的手部活动让手指的运动机能更加发达。挑战一下用线绳穿有孔的球或者串珠。有一些难度的游戏还能够培养宝宝的注意力。首先需要大人慢慢地做一下示范。

游戏2 吐气练习 吹喇叭

为宝宝准备一些玩具喇叭或者口琴等能够吹出声音的玩具。刚开始可能宝宝还不知道怎么呼气，大人们可以唇部呈圆形做出吐气的样子，让宝宝看清楚。因为是游戏，表现出吹起来很开心的样子很重要。

每天一次外出

即便天气有些不好，也要尽可能地让宝宝呼吸一些户外的空气。可以出去玩耍，也可以到外面散步等。接触户外的空气，听到很多不同的声响和人说话的声音，宝宝的大脑会受到刺激，会促进宝宝各种感官的发育。同样对于妈妈来说也是不错的心情调整。

听妈妈前辈说

虽然初次生宝宝有很多的事情都令我非常不安，但是我想最欣慰的是能看着宝宝快乐地成长。积极配合的爸爸也成了可以依赖的伙伴，什么事情都会听我倾诉的妈妈朋友们也会让我更加有信心！偶尔把所有的事情都交给孩子的爸爸，自己一个人放松一下的时间也非常重要！

（11个月男宝宝的妈妈渚）

Q&A 最想问的

Q 宝宝总是摸小鸡鸡怎么办?

A 动作迅速地换尿布和洗澡，防止宝宝去摸。

可能是宝宝的小鸡鸡感觉发痒，或者是这个凸起让宝宝很好奇，所以去摸。

将小鸡鸡前头的包皮轻轻拉开，如果里面发红，有可能出现了包皮龟头炎，可以涂一些凡士林缓解干燥。如果过2～3天还没有好转，请到儿科就医。在换尿布或者洗澡的时候，快速进行，动作迅速地换好尿布。

Q 不含着安抚奶嘴就不睡觉怎么办?

A 作为宝宝入眠辅助活动可以使用安抚奶嘴，但要避免经常使用。

使用安抚奶嘴容易让宝宝形成依赖，长期使用对宝宝牙齿的咬合以及说话都会有影响，原则上不建议使用。但是，如果用这样的方式能够让宝宝获得安全感，安稳入睡，作为入睡的方式使用到1岁左右也是可以的。如果在宝宝1岁半之前可以戒掉，就不用担心影响牙齿的咬合。

Q 宝宝只吃饭而不吃菜怎么办?

A 可以在菜品上下一些功夫，或者使用料理代替品能够补充营养的话，也没关系。

如果宝宝只吃饭的话，可以将味噌汤中放入肉和蔬菜给宝宝喝，这样就能够补充营养了。另外，虽然宝宝不吃米饭，但是吃面包或者面条等，也没有关系。可以有很多的对策。

宝宝对某种食物特别执着，有可能是“发育障碍（参照78页）”的特征。如果宝宝对某种食物非常执着，并且平时非常难带的话，可以向“儿童心理咨询医生”等专家进行咨询。

1岁~1岁3个月

有的宝宝会走路了，能够听懂的词汇增加

1岁~1岁3个月身高体重参考

男孩子
身高 ▸ 70.3 ~ 81.7cm
体重 ▸ 7.68 ~ 11.51kg
女孩子
身高 ▸ 68.3 ~ 79.9cm
体重 ▸ 7.16 ~ 10.90kg

模特宝宝 佐佐木奏人

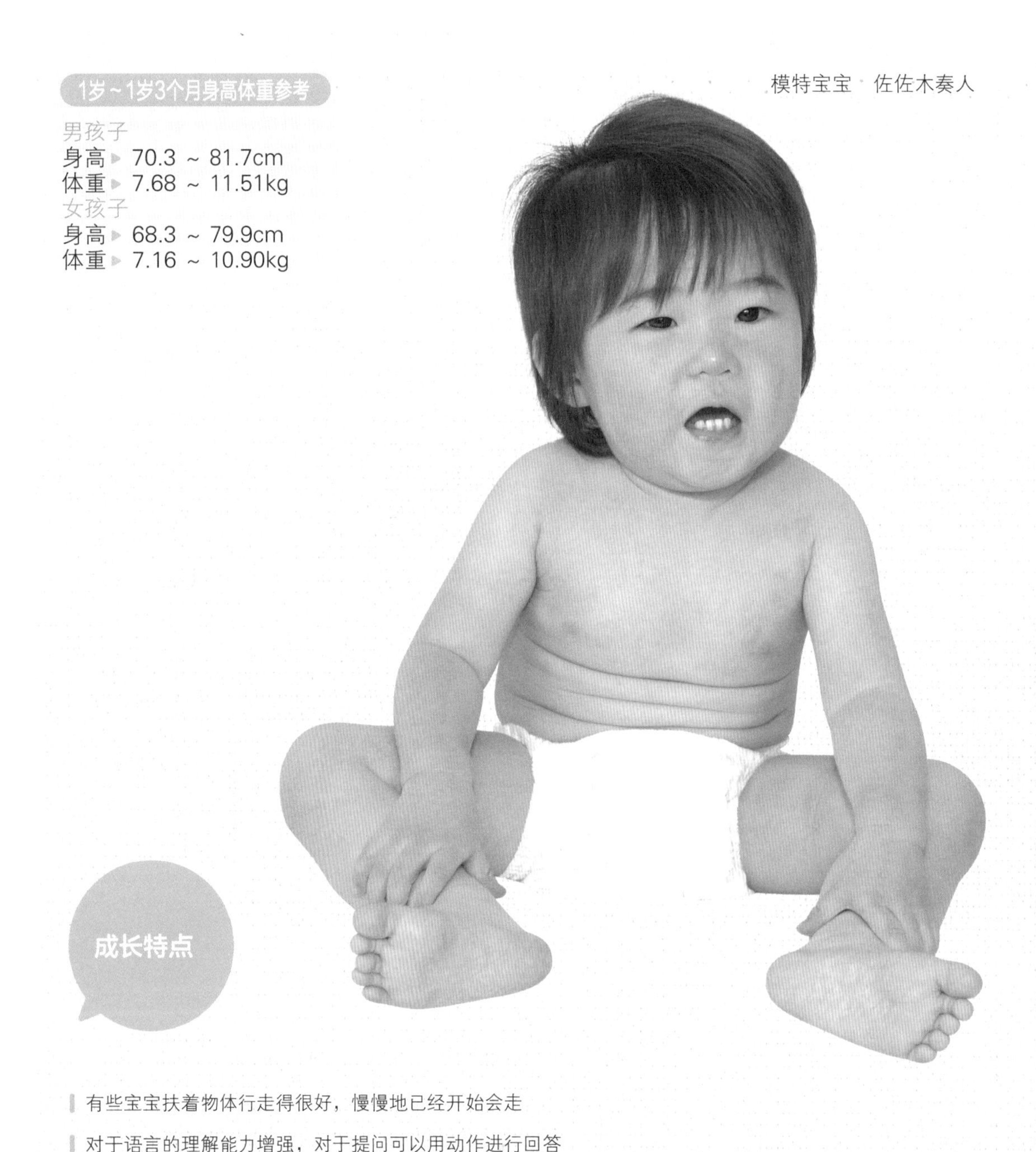

成长特点

- 有些宝宝扶着物体行走得很好，慢慢地已经开始会走
- 对于语言的理解能力增强，对于提问可以用动作进行回答
- 一日三餐开始固定，大部分的营养通过辅食摄取

体格发育 宝宝开始会走，身体也越来越结实

宝宝从出生到现在已经1年了。体重已经是刚出生时候的3倍，身高也增长到1.5倍。爸爸妈妈也能够切切实实地感受到宝宝的成长吧。宝宝越来越活泼好动，身体也越来越结实。

这一时期越来越多的宝宝能够走路了。当然身体的发育存在着个体的差异，如果还不会走，也不需要过度担心。只要宝宝能够扶着物体站立并走动，那就没有太大问题。刚开始走路的时候保持身体平衡比较困难，仅仅是走几步，对于宝宝来说也是一件大事。偶尔会摇晃，也可能摔个屁墩，或者是跪在地上，这样的时候大人一定要陪伴在宝宝的身边，危险的时候保护好宝宝。

上下各4颗门牙已经长齐。另外，辅食的量也增加，差不多到了不依靠母乳和配方奶来摄取营养的阶段。

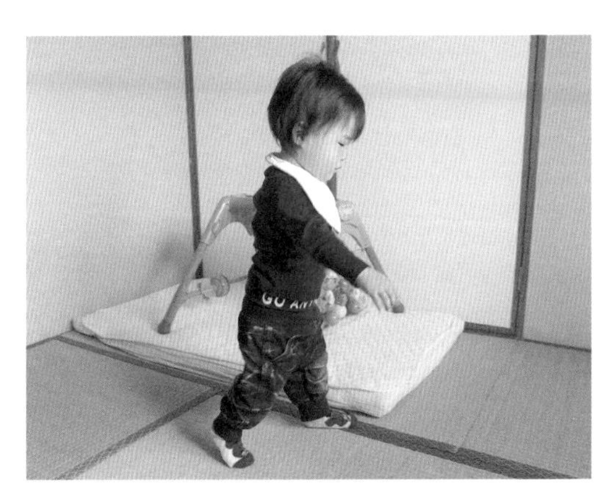

宝宝刚开始走得摇摇晃晃，但习惯后就能掌握平衡感，走得很稳。

已经充分做好说话的准备

对于大人的话已经能够理解很多。分别的时候能够挥手“拜拜”，被问到“是哪个”的时候也能够用手指出。也能够理解“给我”“请”等词语的意思。虽然发出的声音还不能传达意思，但是宝宝想要表达自己的心情时会发出大量还没有成为语言的声音。现阶段正是大量听大人们说话，然后储存在大脑里的时期。爸爸妈妈注意要慢慢地和宝宝说话。

宝宝的好奇心也越来越旺盛。翻抽屉里的东西，或者操作遥控器，做出很多让爸爸妈妈大吃一惊的事情。

每天3次的辅食越来越适应

每天3次辅食的量越来越大，营养的大部分都开始从辅食中摄取，因此，在吃饭后，如果宝宝不再想吃奶，那么差不多可以给宝宝断奶了。虽然如此，但是可能没办法每顿饭吃下足够的量，三餐中可能补充不到的营养，可以用个小的饭团作为零食来进行补充。

有的宝宝因为食欲旺盛或者出于对事物的兴趣，可能直接用手抓着吃，也有一些宝宝学着爸爸妈妈的样子，用小勺或者叉子吃饭。培养宝宝自己吃饭的意识也很重要，所以尽量让宝宝自己选择。不必急于教宝宝正确的餐具使用方法。

晚上可以早早踏实入睡，生活节奏也安定下来。

宝宝用蜡笔乱写乱画，非常喜欢动手的游戏。

1岁~1岁3个月 照顾重点

养成每日固定时间睡觉和起床

睡眠、吃辅食、外出玩耍、洗澡等，每天的日程都基本上确定下来。为了让每天的生活节奏稳定下来，尽可能在每天同一时间段做同样的事情。最好每天3次的辅食和大人们一起进食。如果宝宝挑食或者食量不稳定的情况非常突出的话，可以对宝宝讲“这个很好吃哦”“这个好像很软哦，我们来尝一尝”来引起宝宝的食欲。而且大人们吃得很香的样子也可以有效促进宝宝吃饭的欲望。吃饭的时候可以适当地说话，创造轻松愉快的氛围。宝宝在吃饭的时候经常用手抓着吃，或者撒得到处都是。所以在宝宝旁边放上一块湿毛巾，以便擦拭嘴部和手部，或者铺上一层塑料垫，保持周围的清洁。宝宝活动越来越多，有一些宝宝不太喜欢换衣服或者在睡着的时候换尿布。妈妈可以事先准备一些容易替换的衣物，使用内裤式纸尿裤。

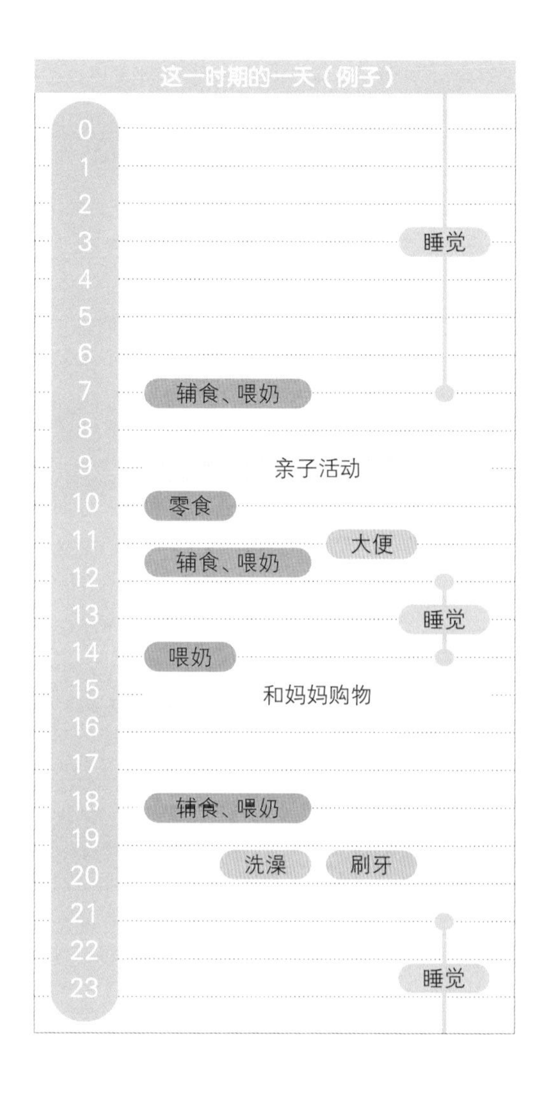

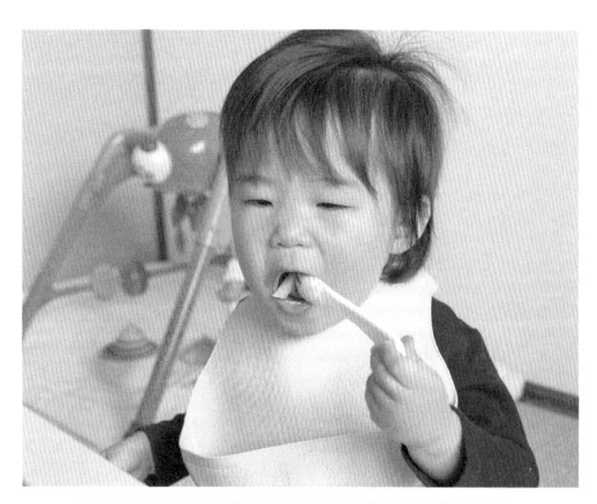

妈妈要多关注孩子想用餐具吃饭的意愿。

听妈妈前辈说

最近可能是因为能够一个人平稳地走路，视野突然开阔起来，宝宝对很多东西都产生了兴趣。而且对厨房、门口等危险的地方宝宝更是喜欢，我每天一时也不敢疏忽。遇到不喜欢的饭菜或者是游戏，他会直接摇头抗议……宝宝每天的成长都让人感到喜悦（笑）。

（1岁2个月男宝宝的妈妈馨）

促进大脑发育的游戏和互动

选择让“走路感到快乐”的游戏

这一时期，有很多宝宝已经能够走得很好，也有一些宝宝刚刚迈出第一步，走的“进程”虽然各不相同，但是也无须太多担心。不过走路能够很好地锻炼平衡感以及大脑额前区。大脑额前区是被称为大脑司令部的额前叶中判断善恶、控制情感的重要部分，也是让人做出正确行为的重要部位。所以请爸爸妈妈配合宝宝走路情况选择一些适合“快乐行走”的游戏。

宝宝已经可以玩一下活动幅度更大的游戏。可以让爸爸帮忙挑战一下倒立。

宝宝已经可以辨识出三角形和四方形等形状。把形状多样的积木投入盒内的“多孔认知游戏”对促进智力的发育以及手部的灵活度都有很大的作用。有的时候简单的形状也可能让宝宝感到困惑，不要着急，宝宝能做多少都可以。

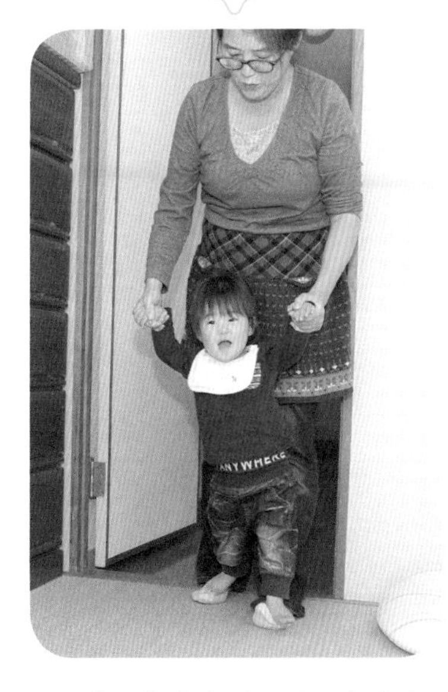

大人将宝宝的手从后部拉起，宝宝踩在大人的脚背上，然后一起走路。还不太会走的宝宝可以通过这个游戏感知到两只脚的交错前行的感觉和身体的平衡感。可以一边喊着“一、二”或者“左、右”，一边和宝宝愉快地玩耍。

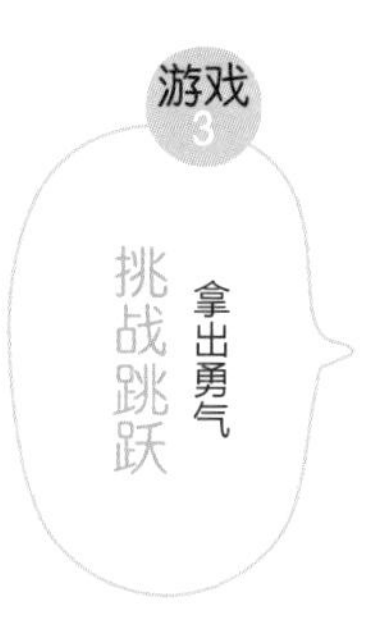

如果宝宝走得很好，接着挑战活动幅度更大的游戏。准备一个低矮的台子让宝宝站上去，握着宝宝的双手，数“一、二、三”就跳下来。宝宝刚开始可能还不敢挑战，但是等到挑战成功，得意的笑容就是获得成就感的证明。

Q&A 最想问的

Q 宝宝怎么还不能说清楚话?

A 如果宝宝已经开始咿呀说话了，即使不能说清楚也不要着急，到1岁半左右再看看。

这个月龄大小的宝宝有的已经能够说话了，但是不会说话也没有什么问题。如果宝宝已经能够模仿大人的话发出类似的声音，那么说明耳朵能够听到，可以等到1岁6个月左右再看看。还有一些宝宝因为耳垢存留，听不清声音导致说话晚。这样的情况可以带宝宝到儿科就诊，清除耳垢。1岁6个月的健康检查对宝宝来说非常重要。

Q 怎么才能让宝宝改掉磨牙的毛病呢?

A 宝宝磨牙是和压力没有关系的。可能只是短暂性的磨牙，可不用太在意。

宝宝磨牙并不是因为压力导致的，而是与牙齿的生长有关系。因此没必要特意采取方法让宝宝停止磨牙。只是短暂的情况，可以不必在意。

Q 宝宝的体重增加不太明显怎么办?

A 如果宝宝体重的增加符合身体发育曲线的情况，只要处于增长状态，幅度不大也没有关系。

这一阶段，宝宝活动大幅度增加，导致体重的增幅减缓。如果体重情况和母子健康手册中的身体发育曲线一致，只要一点一点增长就没有问题。

Q 吃饭的时候总是乱跑怎么办?

A 只要宝宝离开饭桌就立刻停止喂食。吃饭的时候规定出时间，创造出不受影响的环境。

到了吃饭时间，最基本的是要坐下来吃饭。如果周围有玩具或者开着电视的话，宝宝没办法认真吃饭。吃饭的时间一般定

在15～20分钟，如果离开座位的话，请停止喂食。有的妈妈会担心宝宝的营养问题，总是追着喂宝宝，请停止这种做法。两餐之间不要给宝宝零食，直到宝宝饿的时候，再认真准备吃的东西给他。

Q 怎么才能让宝宝不吸手指？

A 如果在3～4岁前停止的话，不会影响牙齿的排列，所以不要着急。

只有含着手指才能入睡的宝宝，让他停止吸手指是非常困难的。不过，如果白天玩游戏的时候吸手指的话，可以通过手指游戏吸引宝宝，缩短吸手指的时间，慢慢戒掉吸手指。3岁前可以不用担心。但是到了4岁以后，吸手指会对牙齿排列等很多发育情况产生影响。如果宝宝的门牙缝隙能放入宝宝的一个手指的话，请及时到牙科就诊。

Q 晚上唯一的一次喂奶也要停止吗？

A 与其在断奶上犹豫，倒不如干脆断奶，这样的话会更轻松。

如果妈妈决定了断奶的时间，并且下定决心的话，那么这段时间一定要坚持一下。因为宝宝哭闹而觉得不忍心时，可以想象一下断奶后宝宝成长的样子，看到晚上睡得香甜的宝宝，想必妈妈也会觉得断奶没有错。如果妈妈的决心动摇了的话，与其犹豫只保留晚上一次或者白天一次喂奶，反不如完全断奶的好。

1岁3个月~
1岁6个月

宝宝可以自己走路后，开始四处活动

1岁3个月~1岁6个月身高体重参考

男孩子
身高▶ 73.0 ~ 84.8cm
体重▶ 8.19 ~ 12.23kg
女孩子
身高▶ 71.1 ~ 83.2cm
体重▶ 7.61 ~ 11.55kg

模特宝宝　岛田希果

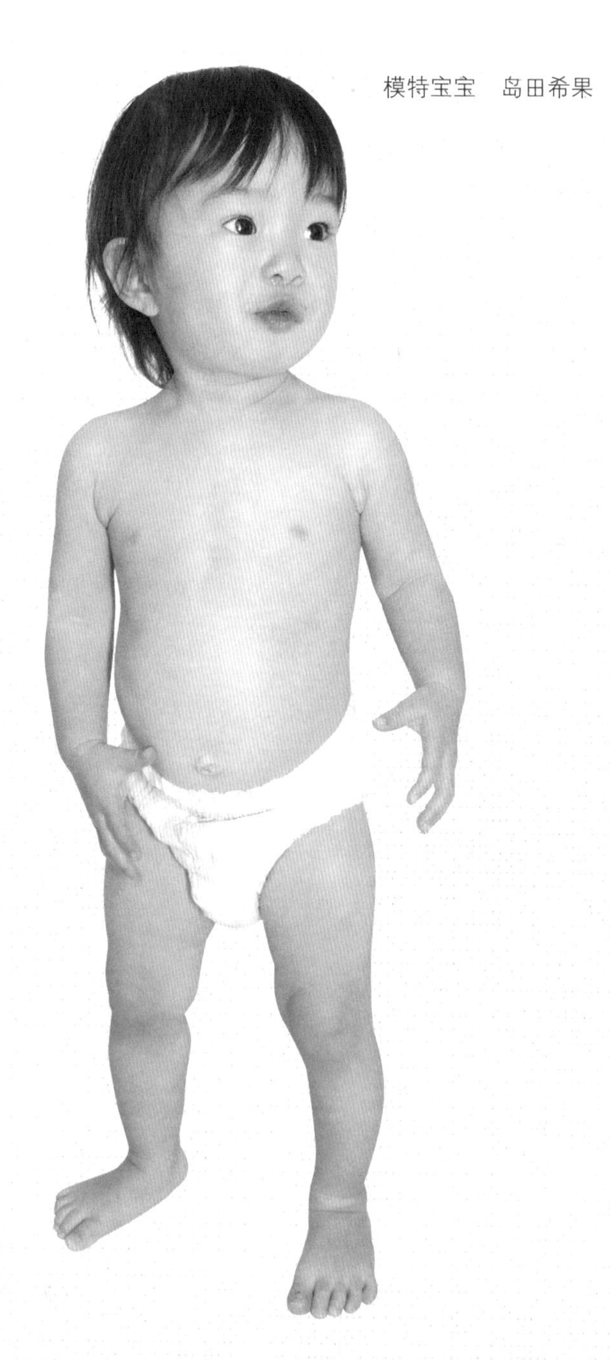

成长特点

- 从蹒跚学步到已经能够平稳地走路
- 上下门牙分别长出4颗左右
- 手指更加灵活，能够玩一些使用道具的游戏了
- 不开心的话会发脾气

走得越来越好

这个时期宝宝差不多能走得很好了。还有一些宝宝能够拿着东西走路，或者能小跑一段了。

但有一些宝宝可能还不能自己走路，不过并不需要着急。即便到这个时期能跑能跳，但也并不代表着和以后运动能力的强弱有什么关系。只要过了1岁以后，宝宝慢慢表现出了走路的意愿，就没有问题。使用道具的游戏也玩得越来越好了。

也能做一些扔球、堆积木这样比较难的游戏。会拿着蜡笔胡乱画东西、用勺子吃饭，手指越来越灵活起来。

宝宝会画直线，也会画曲线。

不高兴的话会生气

如果有不高兴的事情的话，有些宝宝可能会大哭、扔东西、打妈妈，还有一些宝宝可能会咬人。不喜欢的事情会表现出不喜欢。宝宝的自我主张强烈，也说明宝宝在不断地成长。但是如果宝宝做了不应做的事情的话，爸爸妈妈一定要态度坚决地告诉宝宝“不可以这样做”。宝宝没有判断善恶的能力，但如果父母能够坚持对宝宝的错误行为说不的话，宝宝也能渐渐意识到什么事情能做而什么事情不能做。

正是因为这一时期是宝宝对身边的所有东西都表现出兴趣的时期，为了让宝宝的好奇心能够得到满足，爸爸妈妈不要任何事情都对宝宝说不，可以在保证安全的范围内，让宝宝进行尝试。

吃饭开始让大人头疼

有很多宝宝用手抓饭吃或者喜欢用勺子进食。因为宝宝还不擅长用勺子，所以可能在将饭菜送进嘴里之前会撒掉，也可能拿着盛着饭菜的勺子敲打碗盘玩起来，把桌子弄脏。因为宝宝还不懂得什么是礼节，所以请不要训斥他们。如果宝宝已经吃得差不多了，那就可以结束就餐。

教会宝宝吃饭前要洗手，吃饭后要洗手，都很重要。这个时期也是宝宝最喜欢模仿大人的时期，所以爸爸妈妈可以先为宝宝做一个示范，让宝宝一起学着做，慢慢地就能养成习惯。

尊重宝宝自己想吃饭的想法，爸爸妈妈做好辅助工作。

促进大脑发育的游戏和互动

撕纸刺激手指感觉

宝宝能灵活地单独使用左右手，或者使用手指做事情。大人先给宝宝做个示范，宝宝也能学会撕纸。

撕一些传单、报纸等质地比较软的纸，虽然只是很简单的动作，但是却能大幅度刺激大脑。如果想要顺利地撕破纸的话，那么必须用一只手拿住报纸，活动另一只手撕报纸。宝宝会一边思考“怎么才能动手撕开”，一边动手去撕报纸。在这个过程中，可以让宝宝体会到撕报纸的感觉。通过边思考边撕，让宝宝能够更灵活地运用双手。

在活动身体的同时，还能够增强握力和臂力。

游戏1 培养思考能力 撕报纸

第一次，爸爸妈妈可以让宝宝坐在自己的腿上，朝向同一个方向，然后从后面用手圈住宝宝，在宝宝的面前撕报纸示范给宝宝看。注意让宝宝看清楚拿住报纸的手指的样子。刚开始的时候，可以让宝宝任意撕。等到宝宝学会以后，可以挑战一下将报纸撕成条状。

游戏2 增强走路的力量 推动手推车

准备一些椅子或者纸箱等大小、重量是宝宝能够推动的东西，可以作为手推车让宝宝使用。高度差不多到宝宝胸部的东西更方便宝宝推动。这个游戏可以促进下半身肌肉的发育，帮助宝宝练习自己走路。

使用“学步车”是否能让宝宝早点学会走路?

把宝宝放入学步车内后，就可以轻松地移动，所以宝宝大概会很喜欢吧。但是，学步车只能作为玩具的一种来利用，并不是能够帮助宝宝学会走路的工具。而且使用学步车，更多的时候宝宝是用脚尖走路，很难让宝宝体会走路时必须“脚掌整体着地”的感觉，可能反而让宝宝学会走路的时间推迟。

听妈妈前辈说

宝宝能说出完整的话后，你会觉得更可爱了，但是自己宝宝的任性妄为也让人头疼。对于颜色等的喜好，宝宝能够清楚地表达出来，也让我了解到宝宝的个性。以前不感兴趣的我吃的甜点，宝宝突然变得想吃起来，弄得我已经没办法在她面前吃甜点了。

（1岁4个月女宝宝的妈妈志绪）

Q&A 最想问的

Q 宝宝如果不睡午觉的话，睡眠时间够不够?

A 睡午觉还是有必要的，晚上睡觉时间比较早的宝宝不改变睡眠节奏也没问题。

这个月龄大小的宝宝仍然处于需要午睡的阶段，可以让宝宝比平时更早起床，沐浴朝阳，午睡的时间最晚也要在15点以前结束。如果一直睡个不停的话，会影响晚上的入睡。

不过，如果不睡午觉，但吃过晚饭后18 ~ 19点就入睡的话，可能是宝宝在补觉。如果是这种情况的话，可以不用改变宝宝的睡眠节奏。

Q 宝宝总是发脾气，该怎么办？

A 如果刚才还满脸威严的妈妈最后居然假哭起来，那么宝宝也会非常惊讶。

想要表达但又不能顺利表达的情绪会转化成脾气发泄出来。宝宝可能大多数情况并不知道有哪里不开心，只是在闹别扭。所以，宝宝发脾气的时候，妈妈只需做好心理准备，以平常心对待就好。最后妈妈可以假哭告诉宝宝“妈妈也不知道”，看到假哭的妈妈，宝宝会非常惊讶，突然就忘记自己因为什么哭了。

Q 宝宝还不会走路，是不是应该让宝宝练习一下?

A 如果宝宝已经能够站起来并能扶着物体走，那么说明宝宝很快就会走路了。

到1岁半的时候，大概有9成的宝宝已经能自己走路了，不过也并不是说还不会走就有什么问题。如果到现在为止宝宝的发育没有任何问题的话，就不需要过多担心。一定要进行1岁6个月的健康检查，这是非常重要的。没有必要特意进行走路练习，也不需要购买学步车。通过爬行锻炼手部和腿部的肌肉，能够站起来，学会扶着物体走路后，应该很快就能够自己走路了。

在育儿过程中，对于宝宝发育迟缓的不安总是容易被放大，原则上，重要的是仔细分析这一过程。

宝宝的坏毛病和发育障碍

不要太过担心吃手指等坏毛病以及口吃，关注宝宝成长过程

在婴幼儿中最为常见的坏毛病应该就是吃手指了。在1岁半这个阶段，大概有3成的宝宝有这样的习惯，不过之后会渐渐地减少。因为有时候父母过于严厉的纠正可能会导致情况反而更糟糕，因此，切记不要训斥宝宝，可以诱导宝宝做一些其他的游戏转移注意力。擦鼻涕、啃指甲、摸性器官、拔头发等坏毛病，都可以用同样的方法纠正。

在2岁左右出现的口吃让父母十分不安，一般孩子长大后都会消失。出于父母关切的心情，可能会很介意，并且想让宝宝重新尝试说同一句话，并把这当作问题来看的话，反而引起宝宝过度的紧张。只要生活规律，耐心地和宝宝进行交流，慢慢就能改正。

如果宝宝在特定的场合会变得沉默，出现“选择性缄默”，请及时就诊

从幼儿阶段到小学低年级阶段，最经常出现的症状中包括痉挛。痉挛分为频繁地眨眼睛、摇头、缩肩膀、抖动肩膀或手足等运动性痉挛以及卡嗓子、突然发出“啊”的声音这样的发声性痉挛。大部分的痉挛和坏毛病一样只是暂时性的，会自然地消失。但是，如果症状增强或者持续时间长的话，请及时就诊。

不过，父母不容易发现的一种症状就是“选择性缄默”。和家人在一起时可以自在地说话，但是在保育园或者幼儿园等和外人在一起时，就会出现不说话的症状。这种症状多数会被认为是宝宝认生，但是这很可能和“焦虑性障碍”这一精神疾病有极大的关系，所以请及时找专家咨询。

宝宝常见的坏毛病

吃手指能够缓解不安和紧张，因此不要强硬禁止宝宝吃手指。如果宝宝过了4岁还经常吃手指的话，请到儿科接受医生指导。

痉挛并不是宝宝故意的行为，多少是因为不安、压力、紧张等造成的。因此，提醒宝宝或者训斥宝宝，会起到反作用。

选择性缄默是想要说话，但是说不出话的症状。不要强迫宝宝说话，请一边接受专家的指导，一边耐心地进行治疗。

发育障碍由大脑机能问题引起，是指发育迟缓或不均衡

发育障碍是指先天性大脑的一部分机能障碍所导致的发育迟缓或不均衡。根据2012年日本文部科学省进行的调查显示，日本全国公立中小学校在籍儿童中，有发育障碍可能性的孩子大约占6.5%，达61万人。发育障碍并不是一种疾病，而是常见的一种特性，因此如果不是专家的话，很难进行判断。

发育障碍分为“自闭症谱系病”（阿斯伯格综合征）、“AD/HD”（注意力缺陷、多动障碍）、“LD”（学习障碍）三大类。可能几种发育障碍叠加出现，根据程度、年龄、生活环境不同，症状也会改变。

无论是哪一种类型，在社会上生存都会有很多不方便的地方，随着成长，也会遇到各种各样的问题和困难。为了能够让这样的宝宝顺利成长，父母应该尽早发现并给予恰当的支持。

发育障碍的种类

自闭症谱系病

自闭症、高机能自闭症（阿斯伯格综合征）以及其他的广泛性发育障碍的总称。

自闭症

特征表现为语言的发育迟缓、交流和人际交往障碍、行为方式刻板、兴趣狭窄。

特征 语言发育迟缓、兴趣狭窄、无法同时做两件事、不能与人交流、感觉敏锐等

高机能自闭症**（阿斯伯格综合征）**

表现为自闭症的一种，特征表现为交流和人际交往障碍、偏向于某一兴趣和爱好、行为方式刻板。

特征 智力发育明显迟缓、专注于某一事物、无法同时做两件事、不能与人交流、感觉敏锐等

AD/HD**（注意力缺陷、多动障碍）**

无法安静、动作比思考先行、无法集中注意力等，在孩子7岁前出现。

特征 睡眠周期不稳定、不能耐心等待、行为冲动、无法安静等

LD**（学习障碍）**

虽然智力发育没有问题，但读、写、计算等某个能力方面存在着极度缺乏的状态。

读写困难

据统计，有占人口5% ~ 8%的人存在着读写困难。未进入小学以前，很难发现这种障碍。

特征 镜像文字、难以按顺序理解事物、能够读懂平假名但不擅长读汉字等

*以上特征不能作为判断标准，仅作为参考。

当父母觉得宝宝很难带的时候，就是应该就诊的时候

发育障碍并不是疾病。

比如，因发明了电话、电灯等而知名的托马斯·爱迪生，很多人都知道他在年幼时患有AD/HD、高机能自闭症（阿斯伯格综合征）。因为每次有疑问总会马上提出“为什么”，因此经常使老师授课中断，最后被学校放弃，并从小学退学。据说爱迪生的母亲在家里教他学习。

由此可以看出，发育障碍的孩子的教育关键是与其特性相结合，培养他们的才能。因此，一定要接受婴幼儿健康检查，检查孩子的发育情况。避免自己根据发育障碍的表现进行判断。

另外，当发现宝宝很难带的时候，尽早向专家咨询也是非常重要的，通过接受专家的育儿建议，不仅能让育儿变得更加轻松，同时孩子本人也不用受苦。

1岁6个月~2岁

宝宝走路的距离越来越远，能够小跑、踢球

模特宝宝　高桥奏子

1岁6个月~2岁身高体重参考

男孩子
身高 ▸ 75.6 ~ 90.7cm
体重 ▸ 8.70 ~ 13.69kg
女孩子
身高 ▸ 73.9 ~ 89.4cm
体重 ▸ 8.05 ~ 12.90kg

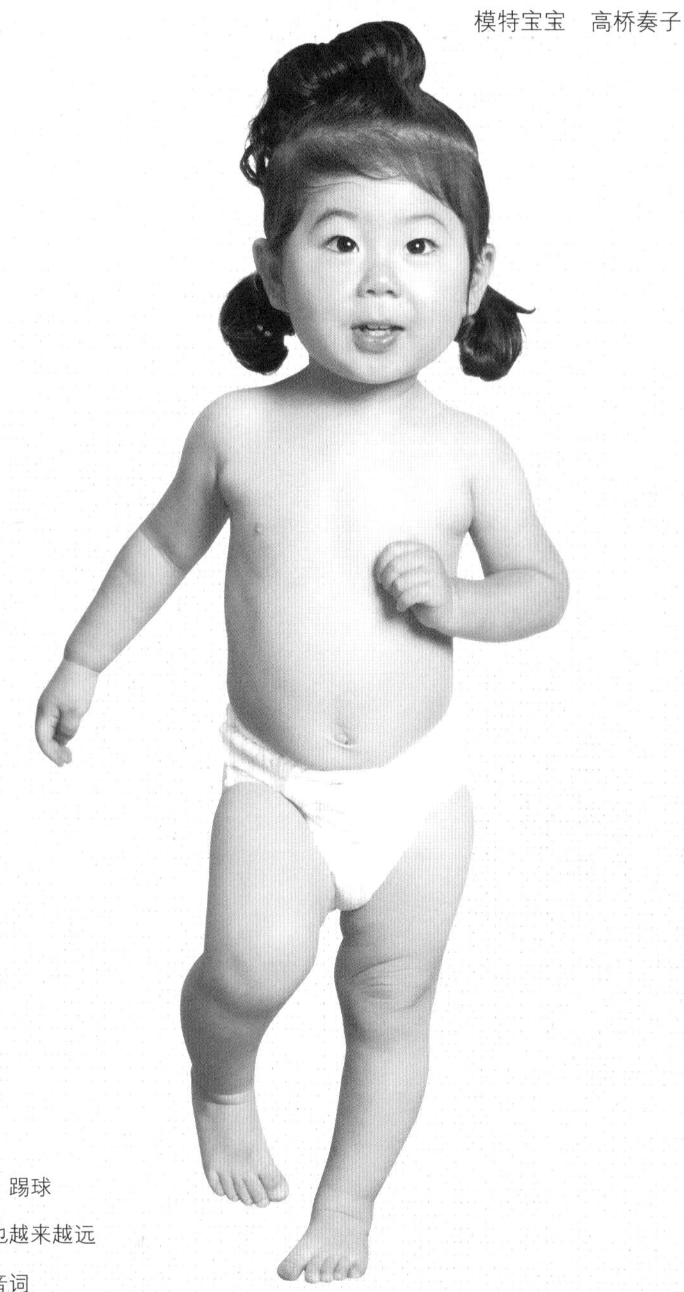

成长特点

- 有的宝宝已经能够上下台阶、小跑、踢球
- 能够一个人平稳地走路，走的距离也越来越远
- 开始能够说“喜欢、妈妈”这样双音词

活动范围扩大，更加好动

宝宝的体重终于突破了10kg大关，身高也以大概一个月1cm的速度增长。爸爸妈妈在抱宝宝的时候也会越来越吃力。

“走路”发育的程度是因人而异的，不过到了这一时期，多数宝宝都已经能够走得很好。在会走后半年左右，小跑、跳、爬楼梯等运动也频繁起来。再到差不多2岁的时候，有一些宝宝已经能够上下楼梯、踢球。

宝宝不光是腿部和腰部越来越有力，手的发育也非常迅速。使用勺子吃饭、堆积木、用蜡笔画一圈一圈的线条等，能够用手做的事情越来越多。

能够踢软球，会玩儿童足球。

自我主张变得强烈，想要做的事情越来越多

因为宝宝能够自己走到想要到达的地方，手脚也越发灵活，所以好奇心与之前相比也越来越旺盛，“想做这个”“想做那个”的自我主张越来越强烈。还有很多宝宝已经能够自己穿衣服了。

因为喜欢模仿大人，所以有很多宝宝都想帮大人做事情。当然宝宝还不能做得很好，但是请尽量尊重宝宝想要做的心情。

这一时期“想试试→成功啦”的体验逐步积累，并且与宝宝的成就感紧密相连，与此同时宝宝的记忆力也在增强。区分自己的和别人的东西的能力也在慢慢地增强。

能够进行语言的交流

在此之前，宝宝听到了很多的词语并储存在大脑里，很快就能够说出来了。并且说出来的话不再是模糊不清的声音，而是具有意义的能够沟通的话语。

宝宝能够说出“喜欢、妈妈”这样的双音词，随着能够表达自己的情感，那些因为不如自己的意而引起的发脾气也渐渐减少。

不过，语言的发育存在着很大的个人差异。如果到了2岁的时候还不能说双音词的话，请到儿科就诊。

这个时期的宝宝喜欢学着妈妈扫除、做饭。可为宝宝准备一个代用品。

1岁6个月~2岁
照顾重点

耐心教会宝宝察觉身边的危险和懂得礼仪

宝宝活泼好动，越来越不能疏忽大意。特别是宝宝会跑、会跳以后，可能会突然跑到路上，或者从高处跳下，大概每次都会让父母看得心惊胆战吧。孩子还不知道自己活动的地方有什么样的危险，如果宝宝做出了危险的行为，一定要以明确的态度告诉宝宝“这太危险，不许这样做”。

随着外出活动的增多，在电车上、餐厅里等公共场所，有很多宝宝可能会大吵大闹或到处乱跑，给其他的人们带来麻烦。所以一定要在当场教会宝宝礼仪。

不管是察觉危险，还是懂得礼仪，对于这个阶段的宝宝来说还不是一次就能够理解得了的。但被提醒过几次后，宝宝也会知道这样的事情危险，会给别人带来麻烦，所以不能做。父母不应该觉得“怎么老犯错误”，不要感情用事，一定要耐心地教育宝宝。

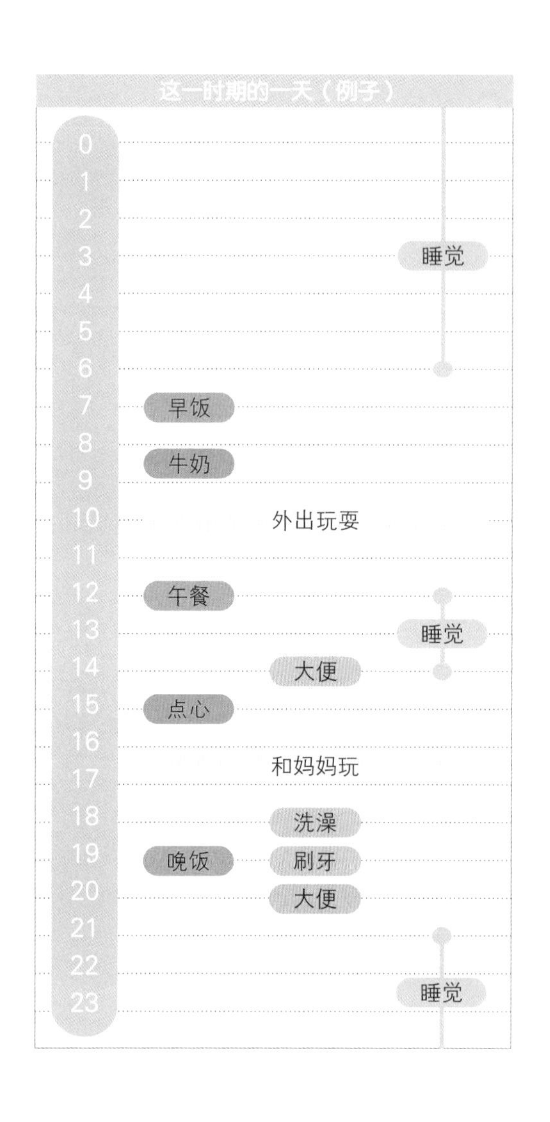

宝宝如果能改正自己的行为，或达到了某个目标，父母要加以赞美哦。

听妈妈前辈说

虽然我家宝宝“动作”发育有一点缓慢，不过到了这一阶段，已经能够跟着电视跳舞，也会扭动门把手开门，会做的事情突然增加了很多。另外，不知道是不是因为是女孩子的原因，说话特别好，已经能说出2个、3个词了。随着会说话，宝宝的自我主张也越来越强烈，感觉很快就要进入“可怕的两岁”。

（1岁9个月女宝宝的妈妈阳子）

促进大脑发育的游戏和互动

通过“模仿游戏”拓展想象力

宝宝对大人做的事情产生兴趣，并且“我也想做”的想法高涨。通过抱着玩偶哄玩偶入睡这样的“玩偶模仿”或是拿着玩具照相机模仿大人拍照片的“摄影模仿”等模仿游戏，拓宽宝宝的想象力。另外，过家家、玩小汽车也都是不错的游戏。不过，在这一时期，有的宝宝还会把玩具塞进嘴里，所以为宝宝准备玩具的时候请选择对宝宝无毒害的玩具。

宝宝外出游玩会更加欢乐。请带宝宝去公园等地方，尽情地舒展身体吧。荡秋千、溜滑梯是培养宝宝感受重力最合适不过的游戏了。

游戏1 使用勺子捞豆子

用较大一点的勺子将一个盘子内的豆子盛起，放入另一个盘子中。刚开始的时候宝宝可能会从上面握住勺子，这样也没关系，等宝宝慢慢适应后，可以为宝宝做出正确的示范，慢慢地引导宝宝正确地握住勺子。利用道具的游戏能够增强宝宝的注意力，培养思考能力，同时也能够刺激手指的感觉。

游戏2 喜欢拆东西 堆大箱子

将4个或6个装牛奶的纸盒堆在一起，制作出一个大纸盒。堆放的动作能够让身体大幅度活动。堆放纸盒能够使宝宝感到快乐，将堆放得高高的纸盒一气推倒会让宝宝觉得更快乐。这个游戏能够培养宝宝“重新制作”的意识。

游戏3 坐在爸爸背上 骑马

体力支撑的游戏那就请爸爸来帮忙吧。骑在爸爸背上的骑马游戏能够让宝宝的视线抬高，看到与平时不一样的风景，新奇又好玩，宝宝会非常喜欢。同样还能成为父母和孩子亲密接触的好机会。爸爸还可以偶尔抬高上半身试试，宝宝会为了不掉落下去，用力抓住爸爸的身体保持平衡。

Q&A 最想问的

Q 如厕训练先要做什么？

A 将小便用共通的说法让宝宝理解。

首先为了让宝宝能够理解“嘘嘘”等说法，成为你和宝宝的共通词汇，在给宝宝换尿布的时候可以告诉宝宝“嘘嘘出来了”。给宝宝读一些与如厕相关的绘本也是很有效的方法。反复对宝宝说“嘘嘘出来了”“嘘嘘很舒服是不是”，等到宝宝在小便的时候能够自己说出“嘘嘘”，第一个步骤就结束了。可以进入到下一步骤。

专栏 告别纸尿裤要根据孩子的步调94页

Q 宝宝没办法集中注意力，该怎么办？

A 为宝宝创造一个能够注意力集中地做喜欢的游戏和吃饭的环境。

因为宝宝还小，所以注意力没办法长时间集中。如果宝宝表现出对喜爱的食物十分专注，或者对游戏表现得专注的话，那么说明宝宝还是能够集中注意力的。只需让宝宝能够长时间地专注即可。

Q 如果不给宝宝零食的话，就会大哭。

A 零食可以作为辅食的补充，在固定的时候给宝宝吃。

宝宝已经到了需要零食的年龄，所以尽量在固定的时候给宝宝一些零食。让宝宝觉得哭就能得到，这样并不好。要让宝宝知道不哭也可以得到食物。另外，零食不要选择糕点，应选择一些饭团、水果、蒸薯类等可以补充营养成分的食品。不要宝宝想吃多少就给多少，每次的量要固定。

Q 宝宝怎么才能改掉扔东西的毛病？

A 如果宝宝扔东西的话，要耐心地向宝宝解释清楚为什么不能扔。

因为宝宝尚且处在还不能分辨什么东西能扔而什么东西不能扔的年龄，所以，不能让宝宝扔的东西请事先藏好。如果宝宝扔了不该扔的东西，可以告诉宝宝“这个是吃饭时候用的东西，所以不能扔哦”，要耐心地告诉宝宝。看到父母扔东西的宝宝会模仿父母扔东西，即使父母告诉很多次，宝宝也不会听。

Q 宝宝已经会走了，为什么还总是要抱抱？

A 如果孩子有想去摸的东西的话，就会从妈妈的怀里下来。困了的时候宝宝也要妈妈抱。

对于孩子来说，比起自己走当然是被抱着更加轻松舒适，所以赖着妈妈抱也是很自然的事情。不过如果宝宝看到了想要摸一摸的东西的话，就会想从妈妈的怀里下来。“这里居然有蚂蚁”，妈妈一边说一边走过去，宝宝也会被吸引着走过去。除了这种情况外，宝宝在突然困了的时候，也会要求抱着。这时候妈妈可以想一想，能够抱着孩子的时间也就只有现在这个阶段了，所以请抱着宝宝哄他睡觉吧。

Q 打了宝宝，和宝宝在一起的时候很痛苦怎么办？

A 养育孩子不需要恐吓。如果感觉痛苦的话，尽早进行心理咨询

养育孩子的过程中不需要“打屁股”等恐吓。即便是让宝宝体验到疼痛的感觉，也和宝宝反不反省没有任何直接联系。经常挨打长大的孩子，会通过打别人来达到自己的目的。孩子即使受到打骂，仍会喜欢父母。所以打骂孩子的父母首先要向孩子道歉，并给孩子一个拥抱。如果觉得和孩子在一起非常痛苦时，这已经是非常严重的情况。请尽早就医接受心理咨询。

在孩子1岁后期，慢慢地自我主张越来越强烈。接下来介绍一下，被称为“两岁小魔头”的应对方法。

“两岁小魔头”如何度过可怕的叛逆期

对什么事情都说“不”是自我意识萌发的表现

刚刚出生的婴儿不会区分他人和自己，他们以为自己和妈妈是一心同体的存在。之后，通过和大人的接触，慢慢地知道“我和别人是不一样的”。到大概1岁半左右，“我自己做”的意识渐渐萌生。随之不管对方意见如何，“对任何事情都说不”，一定要按照自己的想法做。孩子想说的话没办法很好地表达、想做的事情却做不好，这些都通过孩子的“蛮横”表现出来。父母可能会惊讶于孩子的自我主张如此强烈，但这也是孩子成长的很好的证明。

对于孩子的不听话，命令和威胁是大忌，尽量让孩子自己进行选择

孩子越来越不听话，很容易让父母大吼大叫“快点做”“要说几遍才行”，但是这样的命令和威胁只能起到反作用。这时候可以采纳孩子的意见，让孩子自己选择“哪一种更好”。这样的话，闹别扭的孩子也会觉得自己的想法获得了理解，就会安下心来。

请记住，对1岁的孩子说“老实待着不许动”去阻止孩子行动，孩子可能还不能理解你的意思，也就不会停下来。因此可以换另外一种提示孩子行动的说话方式，比如“宝宝坐下哦”等。另外，如果孩子没能做好某件事情而生气的时候，妈妈可以试着理解宝宝的心情，“宝宝想自己穿衣服对不对”，来为宝宝发脾气进行辩护。

对于孩子到了2岁半以后什么都要“我自己做”，可以计划出多余的时间来应对

孩子到了2岁6个月以后，不听话也会越来越严重。以前让孩子自己选择可能就不发脾气了，但是现在他会告诉你“哪种我也不选”。还会无视他不愿意做的事情，或者做出相反的举动。孩子到了3岁的时候，说话也越来越利索，很容易就会惹怒爸爸妈妈。这样的时候，不要和孩子反复争论，而且感慨“孩子长大了呀”，默默关注孩子的成长就好。

和孩子一起度过不听话的成长时期，为计划预留时间是很关键的。如果孩子说“我自己来”的话，那么尽量让孩子自己做。如果宝宝做不好的话，可以进行帮助。但帮助并不是代劳，而是部分地帮助，这样也可以让孩子获得成就感。

熬过了这一时期后，才越来越明白“培养孩子就是培养自己”这句话。

这些都是错的！

1 大人先做好了

孩子想要做的事情，大人觉得“反正也做不好”就代而为之的行为，会打击孩子的自发性，所以要尽量避免。如果日程中有孩子特别愿意做的事情的话，可以集中时间让孩子做，由妈妈进行辅导，这样的话，父母也不用着急，孩子也能做喜欢的事情了。

2 提出交换条件

对于孩子提出的要求，有的父母经常会提出交换条件，比如“把饭都吃掉，妈妈就给你葡萄吃”。孩子因为想要吃葡萄所以才听了妈妈的话，但是孩子仍然不知道为什么一定要吃饭。以后如果没有交换条件的话，孩子就会不再听话了。

3 训斥孩子的失败

比如，孩子想叠衣服，却把已经叠好的一堆衣服弄乱，在孩子自主地要做一些事情却失败的时候，一定不要训斥孩子。本来想做的事情失败对于孩子来说已经是一种打击了，如果父母再加以训斥的话，就等于在孩子的伤口上撒盐。

如果咬了其他的孩子怎么办?

想接近其他小朋友，却不知道怎么做

在保育园等1～2岁儿童聚集的地方，经常会发生“咬”或者“挠”等情况。当孩子对其他小朋友表现出兴趣但是又不能通过语言或游戏表达的时候，就会采取咬或挠的粗暴行为。咬人的孩子通常都有与人交往能力弱的倾向，大人要进行辅导。

帮助孩子向同伴解释，大人要加入孩子的圈子

如果孩子咬了其他的小朋友，大人要询问一下孩子咬人的理由，“原来宝宝是想要喇叭呀”等，替孩子将心情诉说出来。要告诉孩子咬人会伤害别人，“小朋友疼得都哭了，是不是很可怜”。这样，大人也能加入孩子的圈子一起玩耍，并且教给孩子正确的与人相处方法。

2～3岁 宝宝智力和身体已成长为幼儿，自己动手做的事情增加

2～3岁身高体重参考

男孩子
身高 ▸ 81.1 ～ 97.4cm
体重 ▸ 10.06 ～ 16.01kg
女孩子
身高 ▸ 79.8 ～ 96.3cm
体重 ▸ 9.30 ～ 15.23kg

模特宝宝　寺本美凉

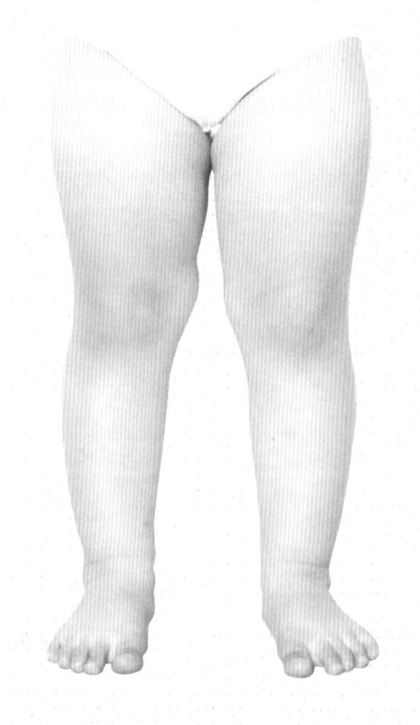

成长特点

- 身高增长，其中腿部变得又长又直
- 乳牙上下约20颗，几乎长齐
- 自立心理增强，很多事情开始不听话
- “为什么”的提问越来越多

手脚伸直并细长，发育成幼儿的身形

运动量越来越大，从矮胖的婴儿身形发育成苗条的幼儿身形。身高也在增长。这一时期主要是腿部生长的时期。腿部和腰部也更加有力。

很多孩子已经能够跑、跳。上下台阶也已经不需要用手扶，运动能力大幅度增强，能够溜滑梯、荡秋千、骑三轮车等。

到了2岁半以后，膀胱的功能发育，已经可以储存较多尿液。如果连续2小时没有尿裤子的话，差不多该到告别尿布的时期了。同时也是，白天可以穿短裤，但是到了晚上还是有很多孩子离不开尿布。由于排泄功能的发育也是因人而异，所以父母没有必要着急。

到了3岁左右，乳牙已经差不多长了20颗左右，也更容易产生蛀牙。

喜欢从沙发或椅子上跳下来，并总是蹦蹦跳跳，精力充足。

2岁是“可怕的时期”，是向自立成长的第一步

过了2岁以后，孩子变得什么事情都要自己做。不喜欢父母代做或者帮忙。告诉他“不可以”“应该这样做”，也会激烈地进行反抗。虽然一定要自己动手，但却又都做不好。有的宝宝可能会感到非常烦躁，向妈妈撒娇“妈妈帮我做”。这正是虽然自我意识萌芽，但又非常依赖妈妈的表现。孩子在自立和依赖之间徘徊着成长。

孩子的好奇心不断增强。到接近3岁的时候，无论什么事情都要问“为什么”“怎么做”。

养成基本生活习惯的时期

一天生活的作息规律基本养成。中午午休一次，也有一些孩子不午睡。如果孩子白天玩得很开心，身体运动量大，晚上睡得比较早，不午睡也没关系。如果生活节奏安定下来的话，孩子的情绪也会稳定下来。

孩子喜欢模仿父母，已经进入什么事情都要自己做的时期。在玩耍中养成打招呼、刷牙、洗手、换衣服等基本的生活习惯。父母要先示范给孩子看，不要着急，耐心地守护孩子的成长。

开始热衷玩医生游戏等“模仿类游戏”。

2～3岁
照顾重点

让孩子自己做，父母要默默守护

孩子进入“不听话”时期，如果做什么事情都要“我自己做”的话，那么尽量满足孩子的要求。静观片刻后，如果孩子做不好，来央求“妈妈做”的时候，不要推开或者训斥孩子说“你不是说自己做吗”，而是替孩子做，满足孩子的要求。如果孩子因为不会做而发脾气，那父母要若无其事地帮孩子做好。

在这一时期照顾孩子时，与其替孩子做，不如用心“让孩子做喜欢的事情”，父母默默地守护。虽然有的时候父母需要克制自己的脾气，但是这些都和孩子“我自己做到啦”的自信以及“下次还要试一试”的意愿紧密相连。

在孩子生活习惯养成之前，父母还是需要费很多的心。有的时候孩子想自己刷牙，但是却刷不好。这时需要父母帮助孩子把牙刷好。

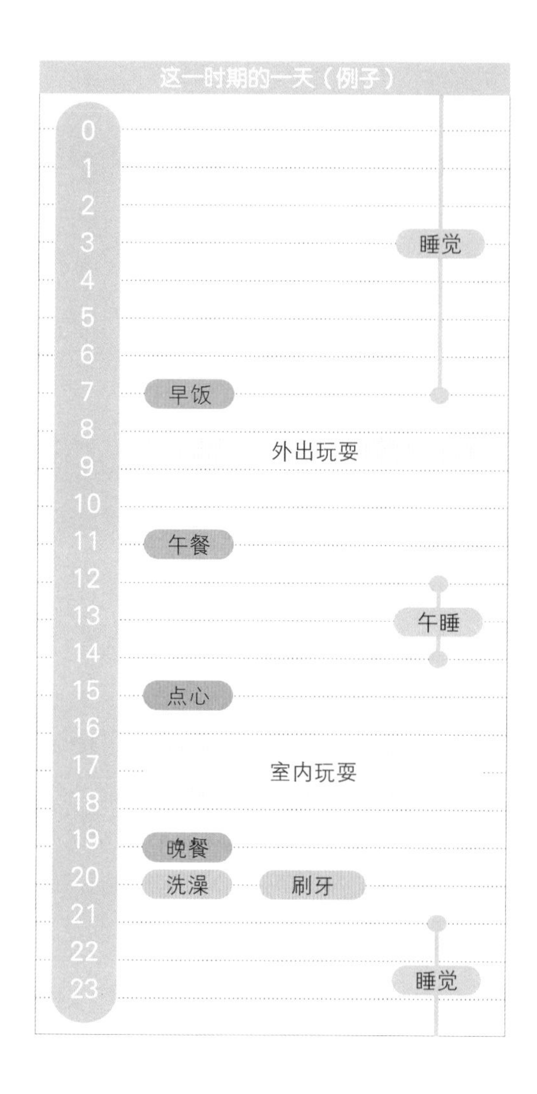

能够和朋友一起玩耍。如果吵架的话，父母要看准时机进行调解。

听妈妈前辈说

孩子无论什么事情都要自己做，换衣服、出门前的准备都慢慢可以自己完成了。但是早上着急的时候，很多孩子想做的事情都没能让她做，也会出现焦躁的情况。已经尽量准备出充足的时间来做，但是仍然不尽如人意。哄宝宝睡着后的闲暇时光，是我最幸福时候。

（2岁11个月女宝宝的妈妈有美）

促进大脑发育的游戏和互动

通过利用道具的游戏，让意识集中于手部

这一时期也是孩子们模仿大人学习道具使用方法的时期。在游戏中加入勺子、剪刀等道具。用剪刀剪报纸、用勺子盛起小的东西等游戏，能够提高孩子的注意力，也能够锻炼手指的灵活性。

另外，推荐投球、投圈这样的“以人或物为目标扔东西”的游戏，既能让孩子感受到投这个动作的肢体感觉，同时能够培养孩子的注意力。

上下台阶也是一种不错的游戏，可以随着身体移动练习平衡感。为防止从台阶上跌落而受伤，大人可以在一边进行保护，让孩子做更多的练习。

下楼梯是难度很大的运动，教会孩子握紧扶手。

游戏 1 练习剪刀 制作纸片雪

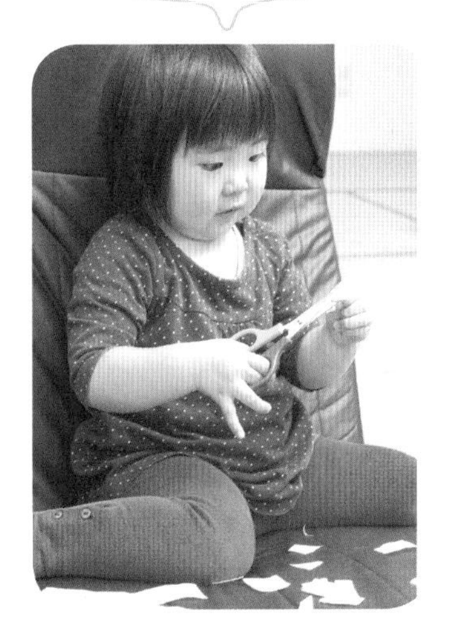

首先将纸纵向剪成宽度约为2cm的条状。如果孩子做起来比较困难，父母可以为孩子做好。将剪好的纸条再次剪成边长约为2cm的纸片。做好以后放在手上，然后撒向空中，就成了漂亮的纸片雪。

游戏 2 提高记忆力 捉迷藏

捉迷藏能够提高孩子的记忆力以及预测行动的能力。刚开始做的时候要让孩子看到父母的藏身处或者藏在孩子比较容易找到的地方，或者告诉孩子“我在这里哦”。真的藏起来，让孩子找不到，会让孩子感到不安。

游戏 3 贴一条直线 平衡训练

游戏中并不使用平衡器械。是一种在地板上用胶带纸粘出约2m长的直线，在直线上行走的游戏。因为有条直线，所以走路的时候，孩子的注意力集中在走路上面，能够培养平衡感，以及体验脚心的感觉。孩子适应以后可以让他尝试一下倒着走。

Q&A 最想问的

Q 孩子不停地动是不是AD/HD（注意力缺陷、多动障碍）？

A 如果在接受3岁健康检查的过程中，孩子从房间里跑出去，那么父母们就需要进一步观察了。

3岁健康检查的时候，孩子不再需要妈妈抱着，而是一个人坐在椅子上接受检查，如果在和妈妈说话的过程中，孩子从房间里跑了出去，那么说明可能有多动的倾向，父母可以以此作为参考。父母尽早学会应对方法，也可以避免很多训斥孩子的烦恼。当觉得孩子比较难带的时候，可以到地方的保健医生或“儿童心理咨询医生”处进行咨询。

Q 裤子已经湿了，可孩子没有任何表现。

A 试着用一下能够让孩子感到不舒服的训练短裤。

尿布湿了应该尽早替换，但是很多纸尿裤让孩子感觉不到不适，因此建议使用能够让孩子感到不舒服的训练短裤。虽然这为妈妈增加了清洁的负担，不过当孩子整条腿部湿透感觉不舒服后，就会告诉妈妈“帮我换”。然后妈妈要教会孩子小便后要告诉妈妈“尿裤子了”。

Q 已经不用纸尿裤了，可是还会尿裤子怎么办？

A 天气变冷，时机不对也会导致孩子尿裤子。

天气变冷，由于不用纸尿裤的时机错过，所以有很多时候会出现尿裤子的现象。如果孩子尿裤子的次数增多，可以暂时重新开始使用纸尿裤，等到天气转暖后，再不用纸尿裤。

Q 和周围的孩子相比话很少怎么办？

A 不妨试着写一下育儿日记，每3个月回顾一次，就能够确确实实地体会到孩子的成长。

扩展词汇的速度每个孩子也是不同的，相对来说，女孩子要更快一些。写育儿日记，以3个月为单位，来记录孩子的成长。同时避免由于父母过度看电视或者玩手机和孩子说话少导致的语言发育迟缓。

Q 开始上托儿所之后宝宝总是生病，该怎么办？

A 在变得容易生病的同时，宝宝的免疫力也在增强，就不容易感冒了。

宝宝进入托儿所或者幼儿园后，开始集体生活，就容易患各种感染性疾病。不过，感染的过程也是宝宝免疫力增强的过程。随着宝宝慢慢长大，就会越来越不容易被传染了。如果生病了，那么一定要及时医治，让免疫力恢复到正常水平后再去保育园，这样的话下次就不容易生病了。为了防止交叉传染，不要忘记勤洗手。

Q 打小朋友或者推倒小朋友怎么办？

A 向孩子询问打人的理由，告诉他不可以打人，并且和孩子一起道歉。

要先向被打孩子的家长进行道歉，然后问一下孩子打人的原因。无论是什么理由，都要当场告诉孩子不可以打小朋友或推倒小朋友，然后和孩子一起向被打的小朋友道歉。如果错误明显在被打小朋友的话，妈妈要告诉被打小朋友“不可以抢玩具，也不能打人哦”。孩子也会学习妈妈的行为和语言。

Q 我家孩子可能是左撇子，要不要纠正呢？

A 现在有很多左撇子用品，所以没有必要矫正。要考虑孩子的个性。

以前不论是文具还是厨房用品，都没有专门左撇子使用的，所以对于左撇子的人来说非常不方便，因此会纠正左撇子。

但是现在市场上有很多左撇子专用的产品，因此左撇子早已不用矫正了。不要强制给孩子矫正，要将此作为孩子个性中的一个特点来看待。

Q 可以给孩子看电视或DVD吗？

A 孩子正在学习语言，所以父母和孩子的谈话非常重要。要限制孩子看电视或DVD的时间。

与其让孩子看电视或者DVD、智能手机等，不如为孩子读故事书，每天15分钟即可。如果一定要看，可以陪同孩子一边说话一边看一些儿童类节目。节目告一段落，就要关掉电视。这个年龄正是孩子学习语言的重要时期，因此尽量避免电视的干扰，同时重视父母与孩子间的交流。

纸尿裤并不是爸爸妈妈给孩子戒掉，而是当孩子的身体和心理都有了充分的准备时自然而然脱掉的。

专栏 告别纸尿裤要根据孩子的发育顺其自然

STEP 1 孩子能听懂话以后，用“嘘嘘”等共通的词汇来理解事物

突然间对孩子说“去厕所吧”，孩子也不知道到底在说什么。训练孩子上厕所的第一个阶段就是要让孩子用共通的词汇去理解大便、小便。在每次更换纸尿裤的时候，可以跟孩子说“嘘嘘出来，很舒服吧”等。另外，还可以和孩子一起阅读一些关于厕所和排泄主题的故事书，这样孩子可以在头脑中形成具体的印象。随之，当孩子告诉妈妈“嘘嘘出来了”，第一阶段就顺利完成了。

STEP 2 让上厕所的时间成为生活中的节点

当小便时间有了一定的间隔后，可在散步、吃饭前后等生活中的节点设置一个上厕所时间。如果问孩子“尿尿吗”，这个时候孩子可能会说“不”。但是，过后没多久，当孩子说“想尿尿”的时候，爸爸妈妈就会手忙脚乱起来，有时候会尿在纸尿布上。为了防止这种情况发生，不要询问孩子，而是要诱导孩子。特别是在补充水分很多的时候，即便孩子没有表现出来想去厕所，也要掌握时间诱导孩子上厕所。

通过故事书让孩子了解厕所。

可以进行上厕所训练的信号

1.小便时间有了间隔

当膀胱功能发育后，孩子能够间隔2～3小时上厕所。检查一下在午睡后纸尿布有没有被尿湿。

2.能自己走路

会一个人走路也是能够开始上厕所训练的一个信号。会走也说明大脑已经充分发育。

3.能够理解语言

能够用语言来表达自己大便和小便的意愿也很重要。可以用“嘘嘘”等共通的词汇来让孩子理解。

如果孩子能够上厕所，一定要好好进行表扬

即使刚刚开始进行如厕训练，偶尔也会时机巧合成功小便。这时候即便只是偶然，也要夸奖孩子“成功啦”。这样不仅能够让孩子有成就感，同时还能让孩子了解小便时膀胱的感觉。

STEP 3 可以换儿童内裤啦

在厕所完成小便的成功率提高后，就可以穿儿童内裤了。如果担心孩子憋不住尿裤子的话，可以选择有3 ~ 6层高吸水性材料结合防水布的训练纸尿裤。如果有一些漏尿的话，能够成功地吸收，但是和纸尿布不同，会有不适感。不好的地方在于洗涤后很难干燥。训练纸尿裤和尿布一样，要结合生活方式以及孩子的性格进行选择。

尿了裤子也不要训斥孩子

训练孩子上厕所，心急是不行的。即便没有忍到进厕所就尿了裤子，只要孩子表达了自己上厕所的意思，就要进行表扬。如果尿了裤子，告诉孩子“下次想要嘘嘘的时候，记得告诉妈妈哦”，为了不让孩子讨厌上厕所，一定记得不能训斥孩子。

停止使用纸尿裤时需要注意什么 Q&A

Q 什么季节适合做上厕所训练?

A 推荐在比较容易进行的春天至夏天。

夏天会出现“无知觉失水”现象，即通过排汗和呼气会排出很多水分，小便的间隔会变长，所以正是进行上厕所训练的最佳时机。另外，即使孩子尿了裤子，夏天洗衣服、晾干比较轻松，对于妈妈来说也非常方便。

Q 孩子能够小便，可是为什么不能大便?

A 大便的控制与小便的控制不属于同一系统。

大便和小便不同，不用力的话是排不出来的。如果是脚很难够到地面的西式坐便器，孩子很难用力，可能会引起排斥，可以在孩子脚底放上踩踏物，或者先用便盆进行训练。孩子能够自主排便在3 ~ 5岁期间，所以不要操之过急。

Q 什么时候才能晚上也不用纸尿布?

A 请等待孩子身体机能的完备。

睡眠中尿量会减少，并能够积存在膀胱中，孩子尿床就会减少。然而这一机能完备要到5 ~ 6岁，甚至一些孩子可能在上小学后才不用纸尿布。建议采取在床单上铺防尿垫等方法。

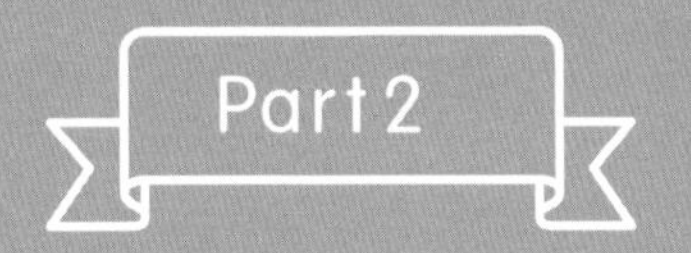

爸爸妈妈放轻松！
婴儿照顾完全指南

开始和宝宝一起生活以后，首先要学习的就是照顾宝宝的方法。

从给宝宝换尿布到和宝宝出门，本章节将就爸爸妈妈想知道的护理知识进行详细讲解。

漫画 爸爸育儿初体验

现在是照顾4个孩子也完全能胜任。
不管是育儿上的事，做菜还是基本的事上我都没问题。
我是"育儿爸爸。"

第一个孩子的时候可是糟糕透了。
孩子他爸，我已经受不了了，帮帮忙。
哇哇哇

看我的！
睡觉觉。
哇哇
哇啊哇啊
已经喂好奶了，其余就交给你了啊。
哇啊哇啊

会不会是肚子饿了？
哇哇哇
喝点配方奶吧？
咕嘟咕嘟

哼歌
哼歌
哇哇哇

喝啦。
咕噜咕噜
100ml
哇哇哇
是不是不太够？
再来 100ml
吸吸吸

噗噗
啊啊啊啊！

给宝宝喝得太多了！
不只是饿了才会哭的！
我哪知道！

怎么还没有牙，是不是有问题？
只是还没长出来而已啦。

哇啊！宝宝拉粑粑啦！快救我。

成为了一名合格的爸爸。
非常受宝宝欢迎
再来一个宝宝也没问题。

第一次抱脖子软软的宝宝的时候，可能会紧张，没关系，很快就会习惯并放松下来。

孩子和父母间非常重要的接触

怎样抱婴儿

不要介意孩子养成喜欢被抱的习惯

抱孩子是亲子间紧密接触的重要时间。抱起小小的、软软的婴儿有时候确实会很担心，但是记住技巧，就会变得很简单。横着抱的时候，尽量让婴儿和自己的身体贴近，用手肘的内侧支撑起婴儿的头部。如果只用手腕来支撑头部，会引起腱鞘炎，所以要注意。婴儿的脖子挺直起来后，将婴儿竖着抱起，视线得到改变，婴儿也会很开心。

婴儿听到妈妈心跳的声音会想起自己在妈妈肚子里的时候，就能感到安心。所以请多抱宝宝。

小月份时期的基本要点 横抱的方法

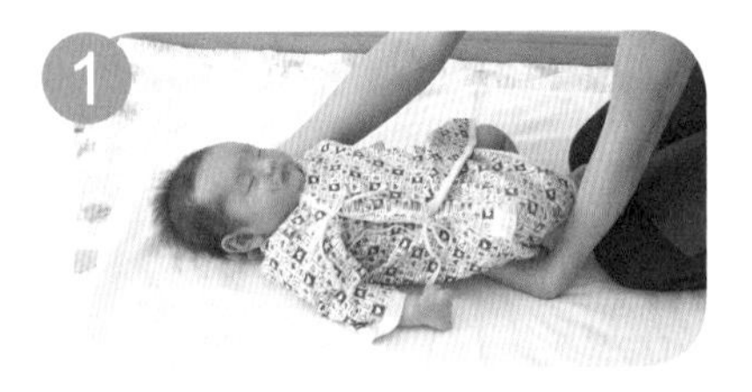

将手放到宝宝的颈部下面

将支撑宝宝头部的手放入宝宝后头部和颈部中间的位置。支撑住宝宝的脖子非常重要。

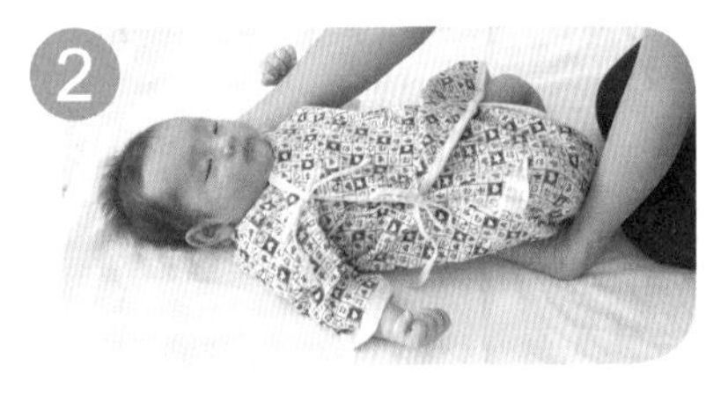

另一只手支撑住腰部

另一只手放入宝宝臀部的下面，环绕住臀部进行支撑。还有穿过两腿的抱法。

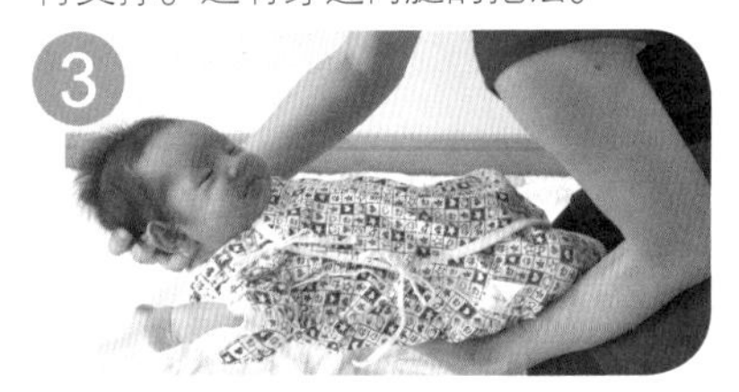

一边和宝宝说话一边抱起

支撑住宝宝的颈部和臀部，妈妈的身体也同时慢慢地起来。为了避免宝宝受到惊吓，要轻声跟宝宝说话。

将宝宝抱近胸口

将宝宝贴近妈妈的胸口。这样的话能够减轻妈妈腕部和腰部的负担。

将宝宝的头部放在妈妈手肘内侧

将宝宝的头部挪到妈妈手肘内侧。手肘弯曲，能够完全支撑起宝宝的头部。

从背后稳定地支撑起宝宝

宝宝脚那边的妈妈的手从后背到屁股稳稳地支撑住宝宝，就完成啦。让宝宝听到妈妈的心跳声，宝宝会感到安心。

稳定地支撑颈部 稳定地支撑颈部

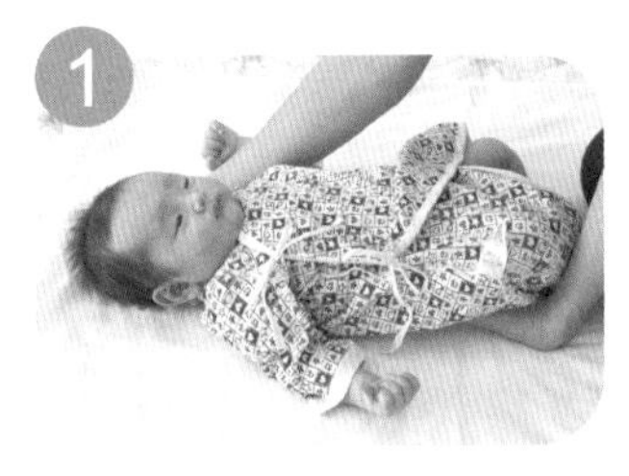

1 支撑颈部和臀部

和横抱一样，将手放入宝宝的颈部和臀部下面。

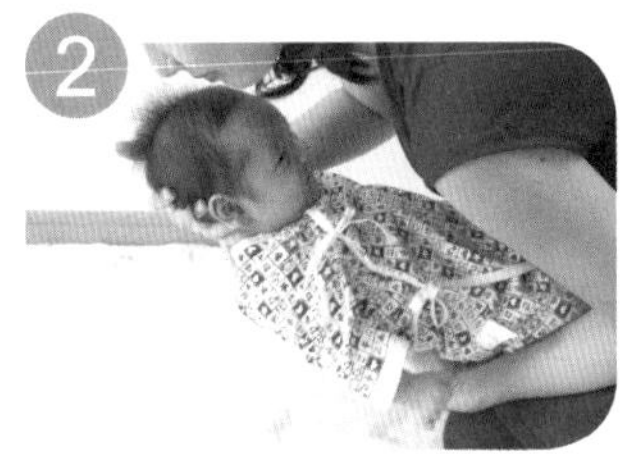

2 慢慢抱起

妈妈的身体同时起来，将宝宝轻轻抱起。

3 靠近妈妈的胸部

和宝宝面对面，抬起宝宝身体靠近妈妈的胸口。

4 支撑颈部和臀部

让宝宝的腹部贴近妈妈，稳定地支撑起颈部和臀部。

睡着的时候也可以 放下的方法

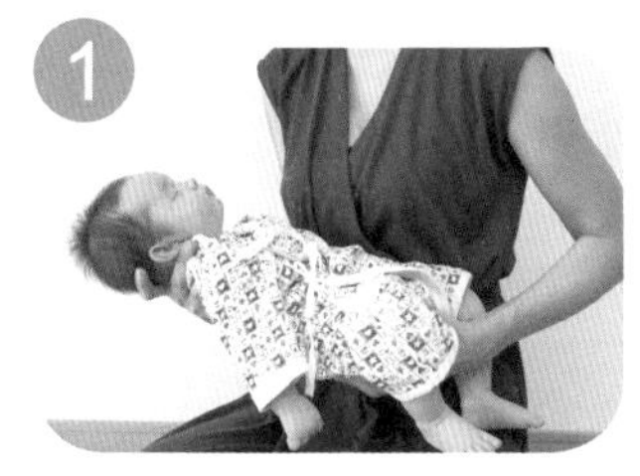

1 让宝宝的头部离开妈妈的肘部

将宝宝的头部从妈妈的肘部移开，用手掌进行支撑。

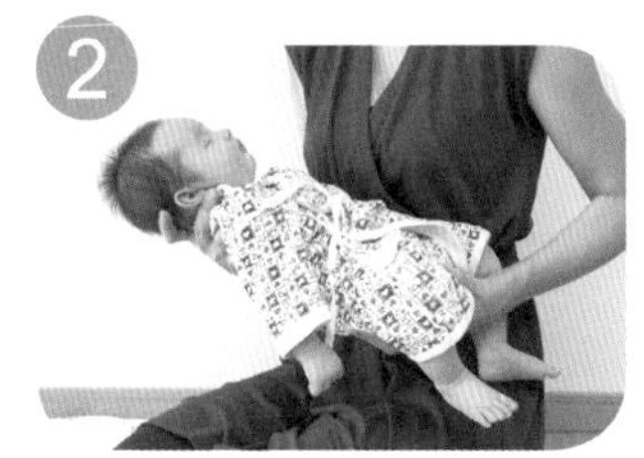

2 支撑起腿部

挪动支撑臀部的手，插入宝宝的两腿之间。

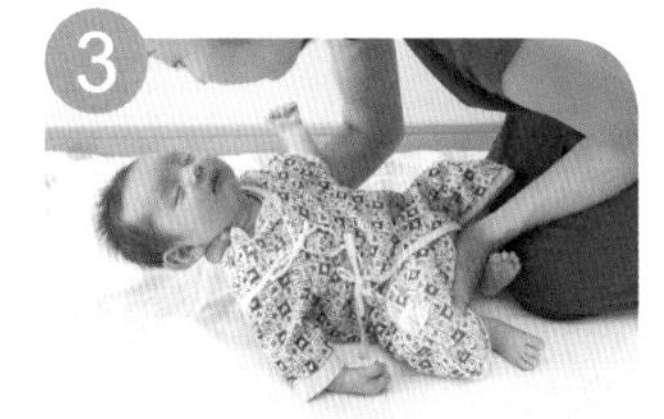

3 从臀部开始放下

妈妈用膝盖跪着，将宝宝从臀部开始慢慢放下。

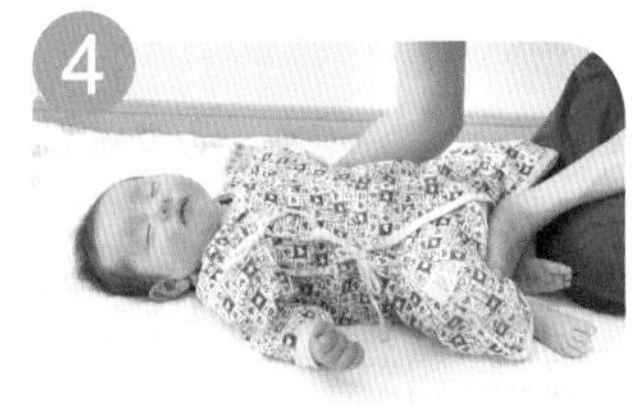

4 放下头部抽出手

最后，将宝宝头部轻轻放下，抽出妈妈的手。

掌握技巧 左右手交替抱的方法

1 用一只胳膊支撑全身

用头部一侧的手支撑到臀部，另一只手从臀部下面抽出，支撑头部。

2 以臀部为轴转动

放在臀部的手的位置不发生改变，将宝宝的头转向相反一侧。

3 将宝宝的头部放在肘部

将用手支撑的宝宝的头部移动到肘部内侧。

每次喂奶的时候都要检查尿布

小月龄宝宝排泄次数很多，比较麻烦，但是为了不让宝宝生尿布皮炎，要一直保持宝宝屁股的卫生。

换尿布的基本方法

纸尿裤

一次性使用，因此花费较高。但兼具高吸收性和透气性的功能也非常强。还有带有尿液显示的纸尿裤。

腰贴型

从新生儿~学步儿 可以让宝宝躺在床上进行替换

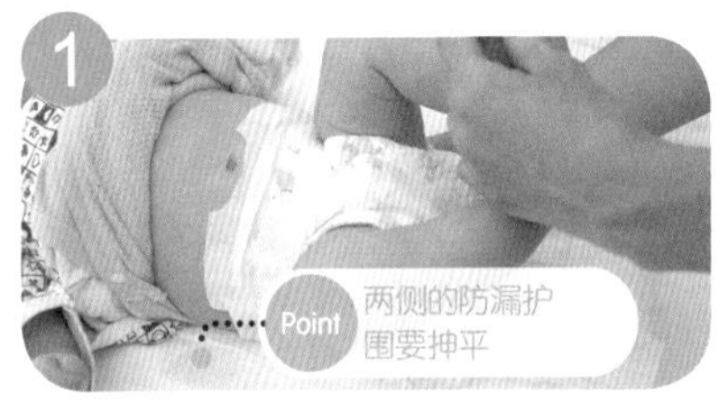

将新的纸尿裤铺在下面

在拿掉脏了的纸尿裤之前，将新的纸尿裤打开铺在屁股下面。为防止大便溢出，将内侧的防漏护围抻平。

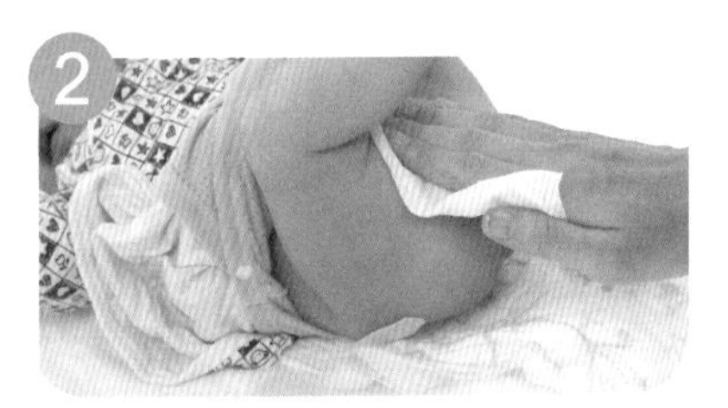

清除屁股上的脏东西

拉出脏了的纸尿布，避免脏东西沾在屁股上，轻轻叠起来放在一边。然后将宝宝的两脚提到腹部一侧，用湿巾将屁股上的污渍去除干净。

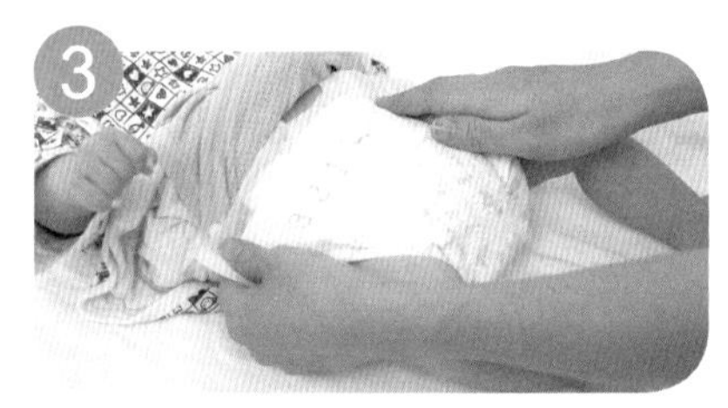

将新的纸尿裤贴合身体

去除脏了的纸尿裤后，将新的纸尿裤贴合身体。这时候要确认一下内侧的防漏护围是否处于将宝宝屁股包裹住立起的状态。

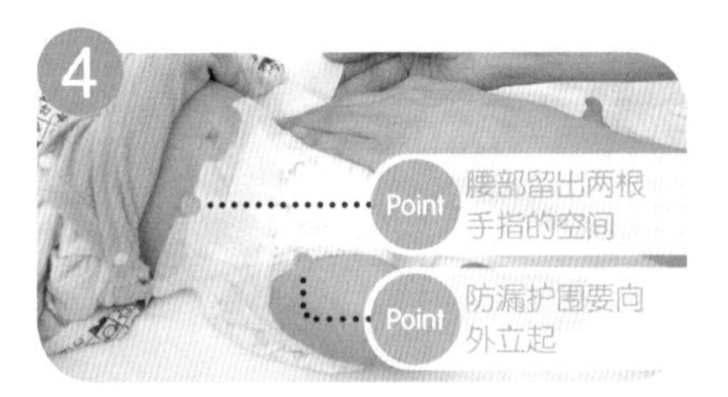

粘好腰贴，调整大小

让腹部的腰贴左右对称后粘住。不要勒紧腹部，留出两根手指的富余空间。如果宝宝脐带残端没有脱落，可将纸尿裤摩擦肚脐部分剪掉。

纸尿裤的处理方法

1 大便冲入厕所

小便的话，可以直接叠起来扔掉。沾在纸尿布上的大便要冲进厕所。

2 将擦屁股的湿巾包住，卷起后再进行处理

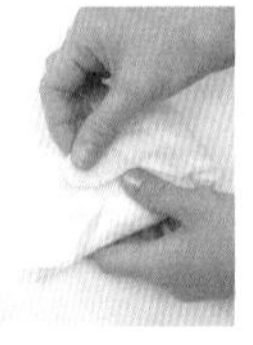

将擦完屁股的湿巾放进纸尿布内卷起来，用腰贴粘住。根据垃圾分类办法进行处理。

Point 男宝宝和女宝宝不同的擦屁股方法

男宝宝

不要忘记清洁内侧

擦掉阴囊内侧以及大腿根部的脏东西。

女宝宝

前后位原则

防止外阴部进入脏东西，从前部向后部擦。

裤子型

宝宝可以来回动的时候更方便

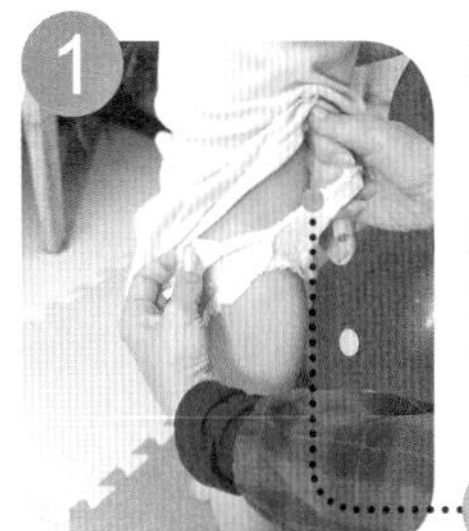

1 脱掉脏了的纸尿裤

撕开纸尿裤的两边脱下。小便的情况可以不撕开，直接脱下来也可以。

两侧撕开

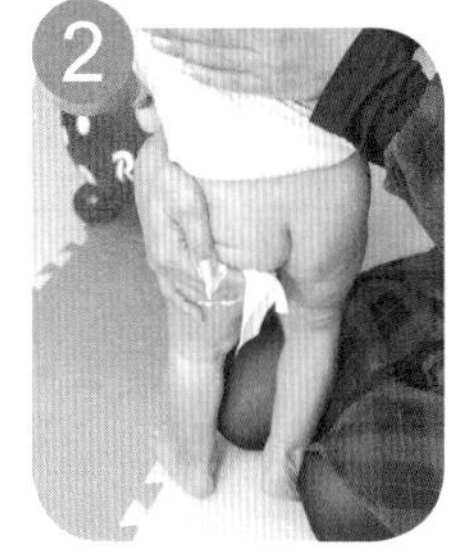

2 用湿巾清理屁股

让宝宝扶着物体站立，然后撅起屁股，用湿巾将屁股擦干净。检查大腿根部是否还有残余的脏东西。

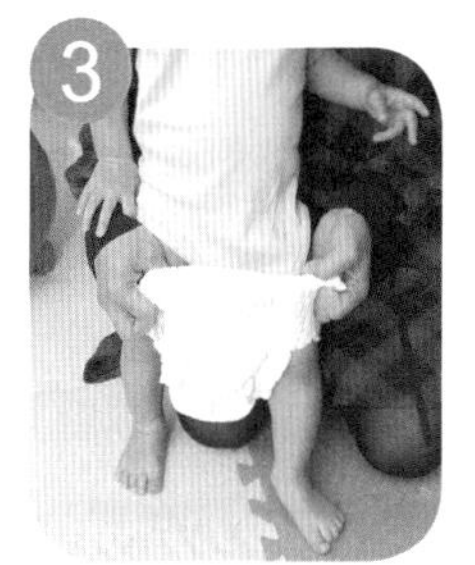

3 一只脚一只脚地穿入

用两手拿住纸尿裤的腰部，一只脚一只脚地让宝宝穿进去。如果是男孩子，要将阴茎放在内侧防漏护围之间，确认是否向下。

4 提到腹部位置

将纸尿裤的腰部提到腹部位置。在大腿根部放进一根手指旋转一周，确认防漏护围立起就完成啦！

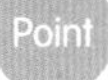

防漏护围要朝向外侧

怀孕中的妈妈一定不要忘记洗手

怀孕中的妈妈在给宝宝换完尿布后一定要细致地洗手。

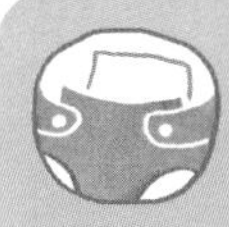

尿布

购买尿布或者尿布垫，能够重复使用，既经济实惠又减少垃圾。但是洗尿布也很费工夫。

1 搭配尿布

两层布的轮形尿布，可实现折两折叠好（参照下图）。在尿布垫上面放好尿布，进行组合。

叠尿布方法

1 将短边对折

将尿布铺平，然后按短边进行对折，折成横条状。

2 将长边对折

按长边进行对折，长度为长边的一半。

2 拿开脏掉的尿布，擦干净屁股

解开尿布垫，擦干净屁股上的脏东西。尿布没有被弄脏的部分还可以使用。如果尿布垫脏了，和尿布一起换掉。

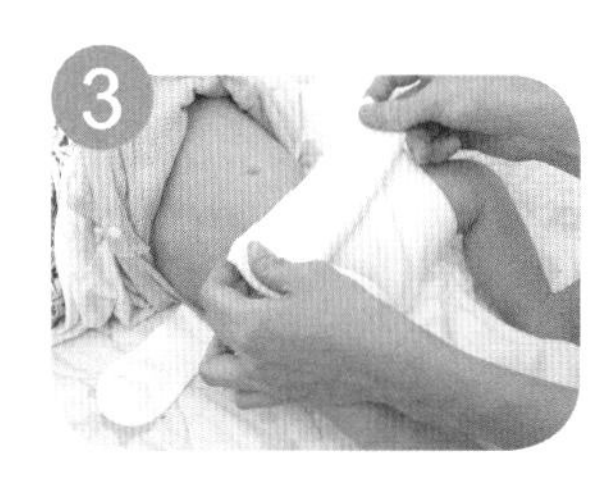

3 换上新的尿布

尿布的一端和腿部线条平行，折出一部分防漏护围，给宝宝换上新的尿布。如果是男孩子，将前侧折回一块；如果是女孩子，可以将后侧向外折，这样就不容易外漏。

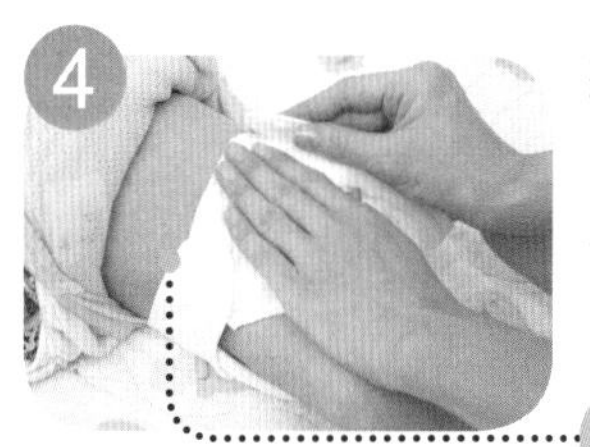

4 粘住尿布垫

将尿布垫的带宽松地粘住。注意不要让尿布从尿布垫中掉出来。

腰部要留有两指的空隙

出生后1个月~一起来做

沐浴、洗澡

尚未有抵抗力的新生儿建议使用单独的婴儿浴盆洗澡。当接受1个月的健康检查后，如果没有问题就可以和大人一起洗澡了。

沐浴

即便是刚出生不满1个月的婴儿，新陈代谢也非常活跃。每天尽可能在同一时间段使用婴儿浴盆给宝宝沐浴，保持清洁。

1 准备好必要物品

- □ 婴儿浴盆
- □ 脸盆、水桶
- □ 浴巾
- □ 婴儿香皂
- □ 沐浴巾、纱布（也可使用两片纱布）
- □ 水温计
- □ 替换衣物

为了在沐浴后能够立刻进行替换，事先将尿布展开放好。将内衣套在外衣内侧，衣袖伸展，这样穿衣服时会更加方便。

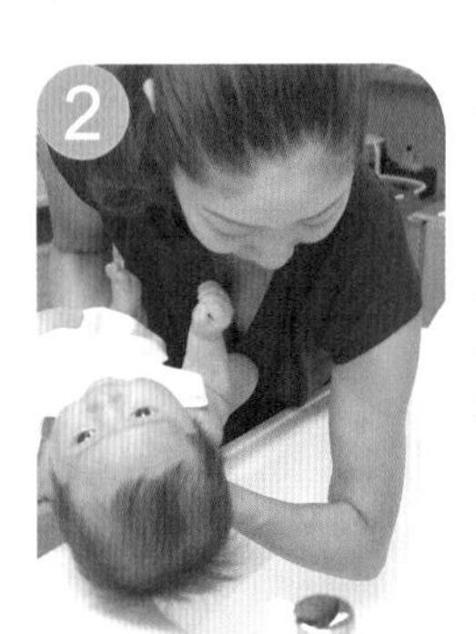

2 试水温

在将宝宝放入浴盆前，先用手肘确认水的温度。大人感觉温热的37～38℃，是适合婴儿的温度。

不可以沐浴的时间？

喂奶结束 刚喂完奶后直接沐浴，有可能会引起宝宝吐奶。

夜里时间很晚的时候 时间较晚的沐浴会打乱宝宝的生活规律。

宝宝发热的时候 宝宝生病且很不舒服的时候，只要给宝宝擦拭一下身体就可以保证清洁。

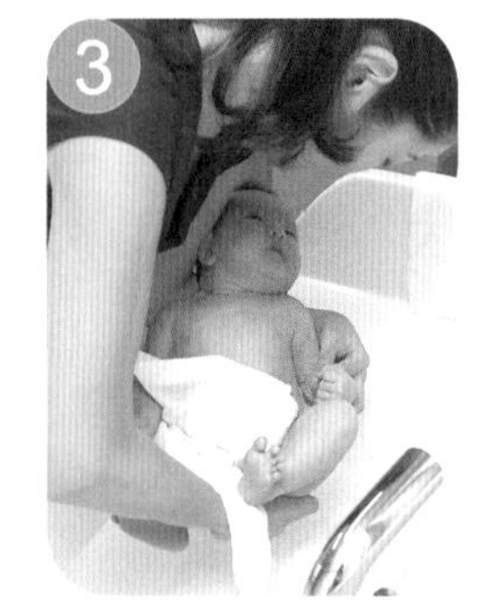

3 慢慢放入水中

先从脚部开始，慢慢放入水中。将沐浴巾盖在宝宝的胸前，将宝宝用两臂抱起，这样宝宝不容易感到恐惧。

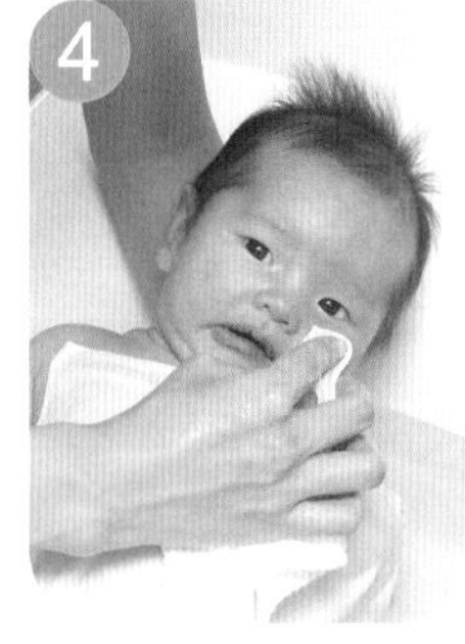

4 用纱布擦拭面部和耳朵

用水将纱布浸透，然后拧干，擦拭宝宝眼部周围。容易脏的耳孔前后要进行擦拭。

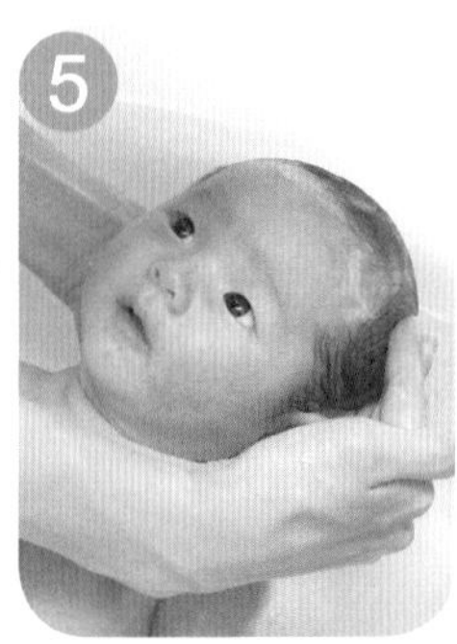

5 洗头

用蘸湿的纱布轻轻擦拭宝宝的头部。出生1个月后，可以使用儿童香皂或沐浴液。

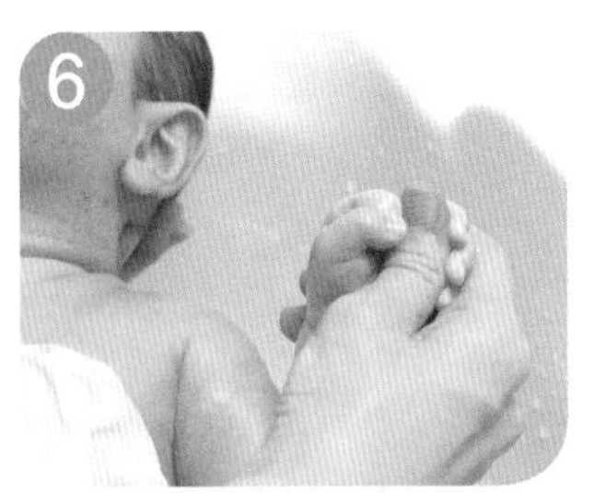

清洗颈部到手部

将拇指和食指伸开，清洗颈部。然后清洗腋下、胳膊和手。妈妈将大拇指插入宝宝握紧的小手，进行清洗。

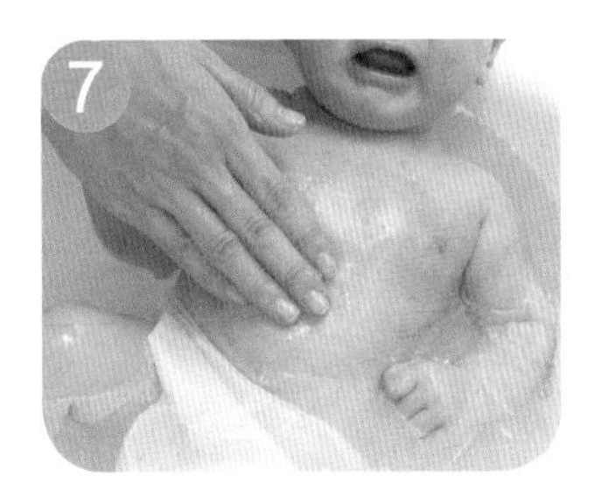

清洗胸部到腹部

清洗一下胸部到腹部的部分。在清洗腹部时，妈妈的手在宝宝的腹部以画圈的方式轻轻地进行按摩。

清洗大腿

给宝宝洗大腿的时候，可以用手掌握住宝宝的大腿，来回扭动腕部进行清洗。妈妈用大拇指抚摸宝宝的脚心，清洗小脚。

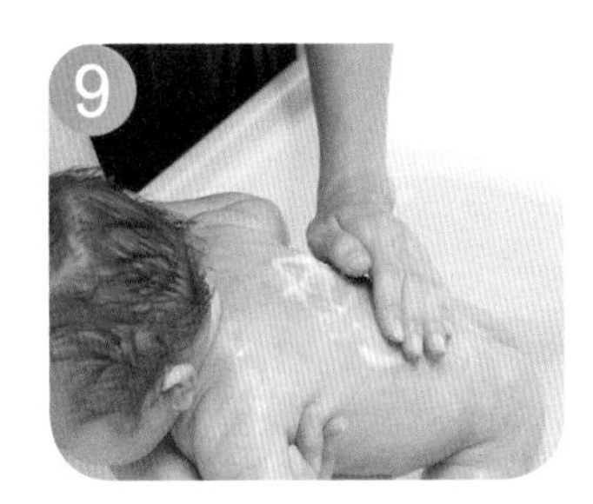

清洗背部

妈妈把手穿过宝宝胸前，支撑起宝宝的身体，然后让宝宝面部朝下，清洗宝宝的背部。

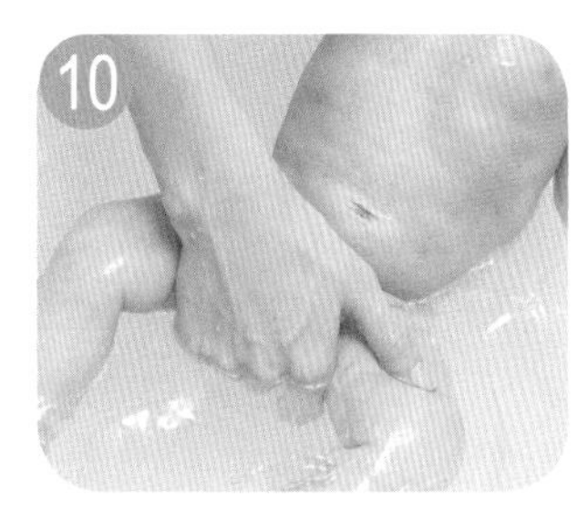

清洗屁股和大腿

让宝宝重新回到仰卧的姿势，清洗屁股和生殖器。如果要男孩子，不要忘记清洗小鸡鸡的内侧。如果是女孩子，要从前向后清洗。

让宝宝坐到浴盆里，从上面冲水

让宝宝从肩部以下都浸泡在水中，然后将干净的温水倒进脸盆等容器内，从胸部倒下进行冲洗。

用毛巾擦干身体

从浴盆出来后，用浴巾将宝宝包起来。在擦掉头部和脸部的水后，轻轻按压浴巾，擦掉全身的水。

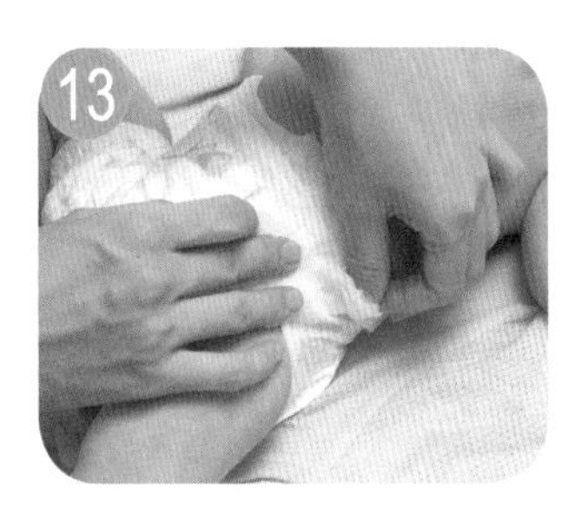

先换好纸尿裤后穿好衣服

将宝宝放在事先准备好的衣服上面，先换好纸尿裤，然后将胳膊穿入袖筒，系好纽带等。

洗澡

如果接受完满1个月时的健康检查，并且没有问题，宝宝就可以和爸爸妈妈一起洗澡啦。为了避免洗完澡后发生慌乱，事先准备好换洗衣物等。

方便的洗澡用品

洗澡椅

可以倚靠的设计，可以让脖颈还没有挺直的宝宝使用。可以让宝宝坐在上面洗澡，保证宝宝的安全。

洗澡垫

在浴室可以将宝宝放在上面的垫子。当大人在给自己洗澡的时候，可以将宝宝放在上面，非常方便。

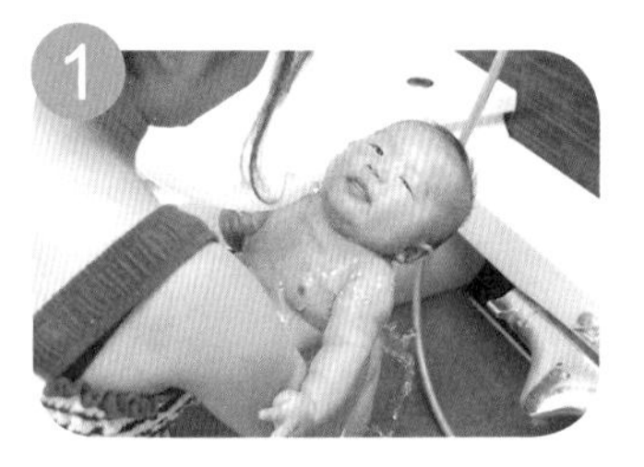

1 先淋一些温水后放进浴缸

在将宝宝放进浴缸之前先在宝宝身上淋一些温水，让宝宝暖和起来。

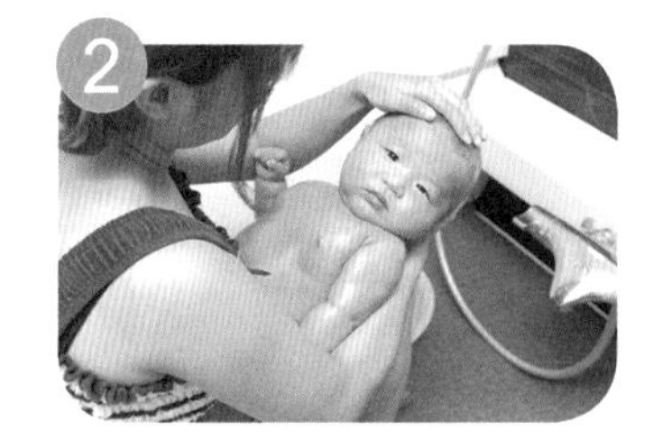

2 洗脸部、头部

按照从上到下的顺序进行清洗。首先认真清洗脸部和头部。

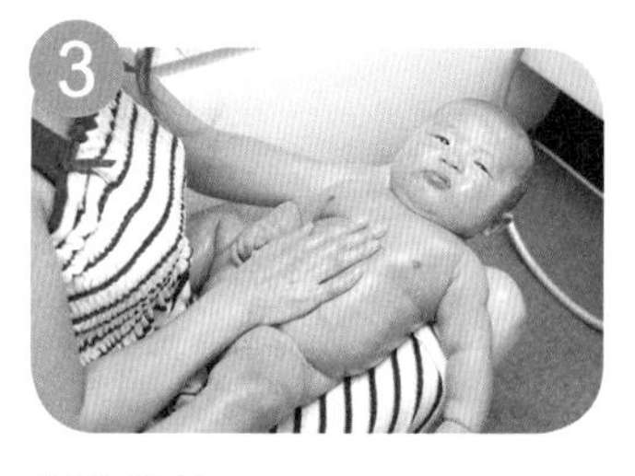

3 清洗身体

接下来清洗身体。注意不要忘记清洗容易堆积脏污的颈部和腋下。

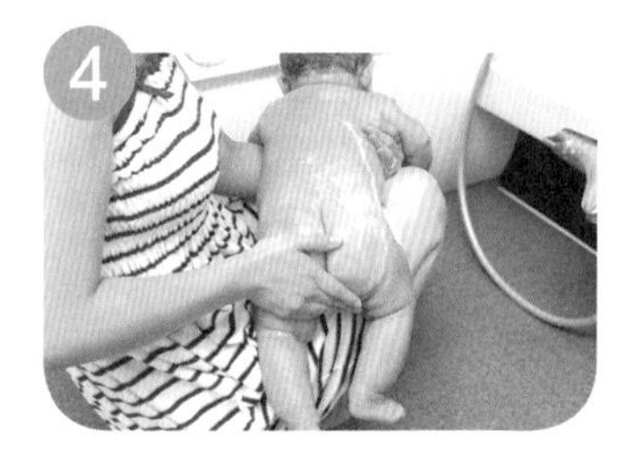

4 洗后背、屁股

让宝宝趴在妈妈腿上，清洗完后背，再清洗屁股和大腿。

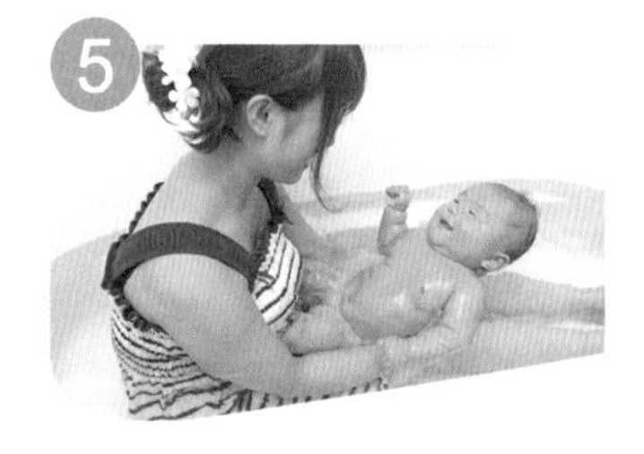

5 泡进浴缸

将宝宝身上的沐浴液冲洗干净后泡进浴缸。水温要适当，如果让孩子面部发红，说明水温过高了。

6 用毛巾擦干

用柔软的毛巾按压宝宝的皮肤，擦干身体。

7 涂抹保湿用品进行肌肤护理

将凡士林等保湿用品涂抹于全身后，将衣服穿好。

大受欢迎的颈部游泳圈

正确使用方法

套在颈部的婴幼儿用游泳圈非常受欢迎，但是有的时候却会引发溺水事故。万一出现口鼻呛水，很有可能导致死亡。因此，即便宝宝套着游泳圈玩得很开心，也要时刻看护好宝宝。

护理

宝宝的皮肤很薄，防御机能还未成熟的婴儿的皮肤非常敏感。因此，在洗完澡后，养成用保湿用品为宝宝进行肌肤护理的习惯。

即便没有发生肌肤问题，肌肤护理也十分重要

对于皮肤的防御机能尚未健全的婴儿来说，肌肤护理非常重要。

冬季常见的皮肤干燥粗糙，很多情况是由使用香皂或沐浴液过度清洗造成的。如果进行了过度的清洗，在洗澡后需要涂抹保湿用品防止皮肤干燥。如果忽视了肌肤保湿，宝宝发育到幼儿时期很有可能会引发过敏。即便没有出现肌肤问题，养成浴后皮肤护理的习惯也是很好的。建议同时进行宝宝眼睛、鼻子、耳朵部位的护理。

眼睛 用纱布擦掉眼屎

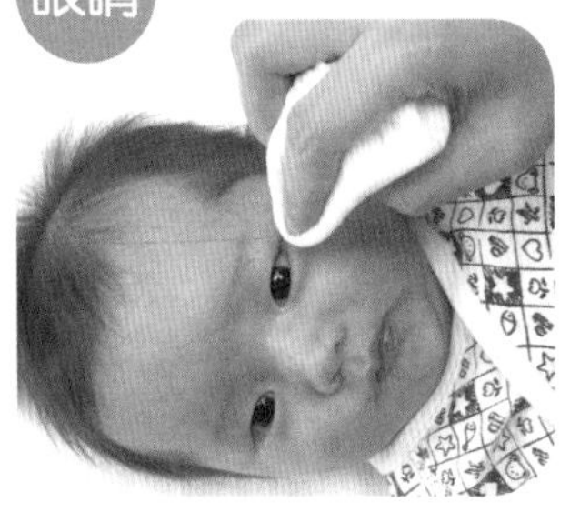

用蘸湿的纱布或棉花卷住食指指尖，从内眼角到外眼角轻轻擦拭。在擦拭不同部位的时候，不要使用纱布的同一部分，请调整纱布，使用没有被污染的部分。

肚脐 坚持进行消毒直到脐带残端脱落并干燥

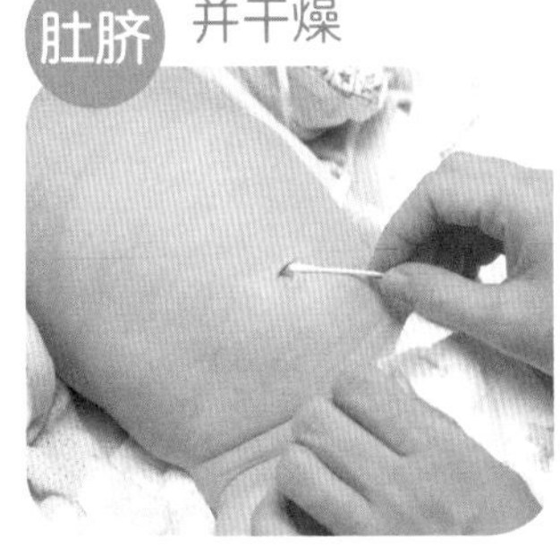

在脐带残端脱落之前，用棉棒蘸取消毒液进行消毒。在残端脱落并干燥后，洗澡以后将水擦干即可。如果有脏东西，可以用棉棒轻轻取出。

鼻子 用棉棒清理鼻孔处脏东西

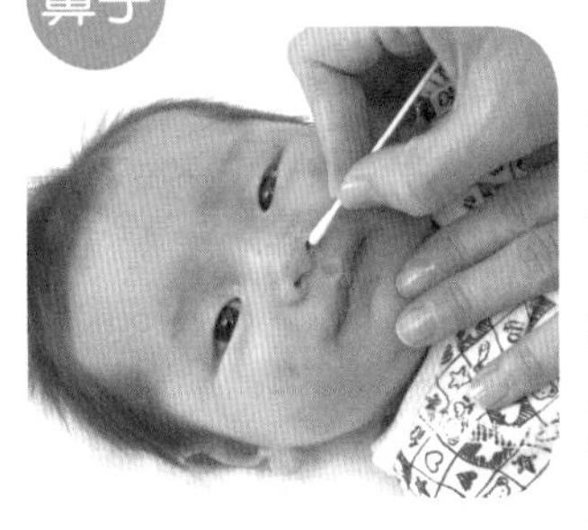

把棉棒的头放入鼻子的鼻孔口处，轻轻转动棉棒，能够将鼻屎带出。为了防止棉棒插进鼻孔内，按住宝宝的脸部，不要让宝宝扭动。鼻腔深处脏东西会慢慢出来，所以不需要过度清理。

指甲 每2～3天进行一次检查

① 不要一次剪太短，分数次进行

在给宝宝剪指甲的时候，注意留下一部分指甲。可以分几次剪，用锉刀将直角边缘磨平。

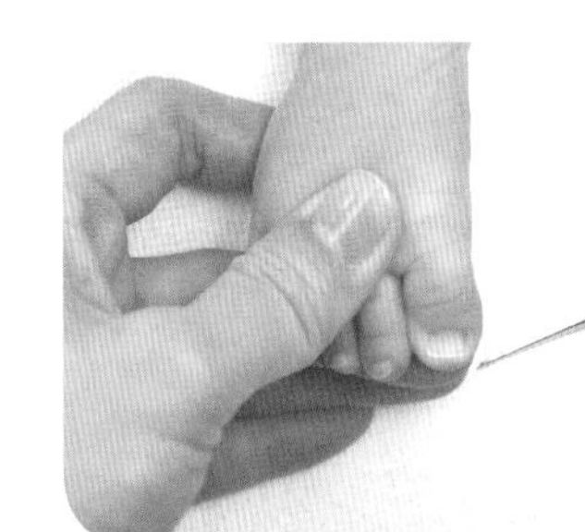

② 在手指和脚趾甲间留出空隙

剪脚趾甲时，妈妈可以用大拇指按住宝宝的脚趾，然后用食指放在宝宝的脚心进行固定，修剪时要在大人的手指和宝宝的脚趾甲间留出空隙。

耳朵 注意背侧和凹入部分的脏东西

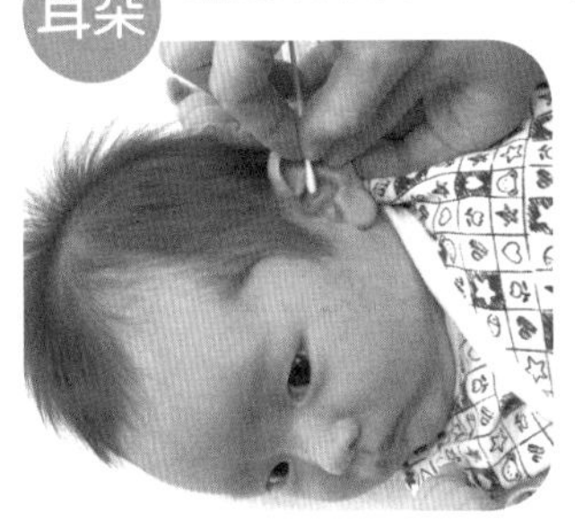

用蘸湿的纱布擦拭宝宝耳朵背侧。耳朵内凹入的部分和耳孔周围只需用纱布或棉棒蘸取水擦拭即可。耳朵内耳垢的清理需要耳鼻喉科医生来进行。

从长牙的那一天开始

大概7个月的宝宝会长出乳牙，从那时起就要开始刷牙，让宝宝习惯口腔内被碰触。

牙齿的生长和刷牙方法

长出乳牙后开始预防，目标是没有蛀牙

唾液有中和蛀齿菌（变形链球菌）释放酸的功能。但是在睡眠状态下唾液的分泌量减少，蛀齿菌增加，患蛀牙的风险就会增大。刷牙是保护牙齿健康的基本方法。为了让宝宝对牙刷不感到排斥，在婴儿时期就应该让宝宝适应对于口腔的刺激非常重要。当下牙长出来之后，可以用蘸湿的纱布清除下牙的脏东西。到宝宝1周岁左右，使用婴儿用牙刷，一颗一颗刷牙。1岁以后让宝宝开始模仿刷牙。爸爸妈妈不要忘记，在宝宝自己刷完牙后，为确保刷得干净，再帮宝宝刷一遍。特别是很难刷到的位置，爸爸妈妈一定要为宝宝认真清洁。

除此以外，饭后让宝宝少量喝水将食物残留冲洗干净也能够防止蛀牙。婴儿用的饮料是造成蛀牙的原因，所以不要让宝宝常喝。

乳牙生长时间		相应时期的护理	乳牙的名称
7个月 8个月 9个月	下前牙 A长出2颗	餐后用纱布等擦拭	上颚 下颚 A 中切牙 B 侧切牙 C 犬牙 D 第一乳磨牙 E 第二乳磨牙
10个月 11个月 1岁1个月 1岁2个月 1岁3个月 1岁4个月	上前牙 A长出2颗 上下各长出2颗牙齿B，长到8颗	准备婴儿用牙刷。由大人为宝宝仔细刷牙	
1岁5个月 1岁6个月	长出第一颗磨齿D	可以让宝宝开始自己学着大人刷牙。宝宝刷完牙后，可以让宝宝坐在大人的腿上给宝宝检查牙齿并刷干净	
1岁7个月 1岁8个月 1岁9个月 1岁10个月 1岁11个月	在门牙和磨牙之间长出犬牙C		
2～3岁	生长出第二乳磨牙E，乳牙长齐	开始练习漱口	

防蛀牙

爸爸妈妈帮助刷牙

选择牙刷的方法

儿童用牙刷要选择不会让宝宝感到疼痛的软毛牙刷。牙刷刷头的长度在2cm左右，牙刷刷毛的长度小于1cm更好用。当牙刷刷毛向两侧歪倒时，请更换牙刷。

握牙刷的方法

握牙刷可以同握铅笔一样姿势，轻轻握住。

妈妈帮忙刷牙时的姿势

不满1岁的时候“抱着宝宝刷牙”

妈妈盘腿坐下，横抱着宝宝，妈妈将宝宝的一只手夹在胳膊下方固定住。

1岁以后“宝宝躺着刷牙”

让宝宝躺在妈妈的两腿之间，或让宝宝枕在坐着的妈妈的膝盖上，轻轻按住宝宝的下巴开始刷牙。

帮宝宝刷牙的注意点

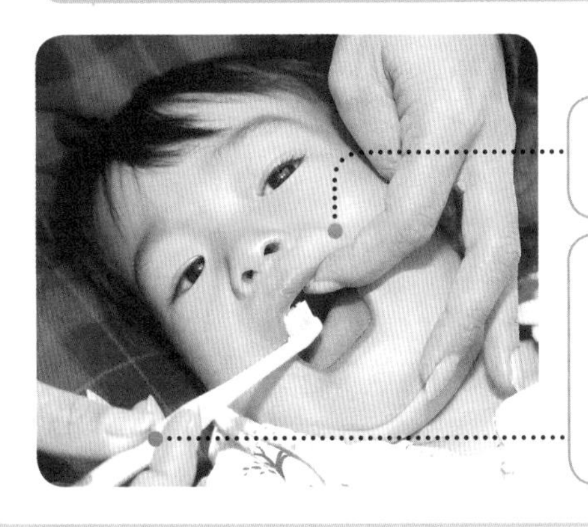

保护上唇内侧的筋（上唇系带）

一次差不多刷两颗牙，将牙刷横向仔细刷动约30次

注意容易被忽略的地方

① 相邻两颗牙齿之间

② 前牙内侧

③ 牙齿与牙龈之间

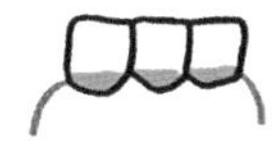

④ 内侧牙齿凹陷处

牙齿护理Q&A

Q 父母牙齿不整齐会遗传给孩子吗？

比起遗传，生活习惯更能影响牙齿的排列

牙齿的形状和大小以及下巴的形状确实由父母遗传而来，但是下巴的大小还会根据生活习惯发生改变。总是吃软的食物会导致下巴发育停滞，使得恒牙生长速度缓慢，很有可能导致牙齿不整齐。

Q 孩子还要换牙，所以是不是有蛀牙也没有关系？

如果乳牙因为蛀牙脱落，会导致恒齿长歪

放任乳牙蛀掉不管，会导致牙齿排列出现问题。乳牙同时还有固定恒牙生长位置的作用。如果在换牙之前乳牙掉落，旁边的牙齿可能会因此发生歪斜，导致恒齿也会长歪。

内衣、外衣的选择方法和穿法

婴儿衣服选购与穿着

以短内衣作为基础，根据温度调节衣量

宝宝的衣物可以由内衣和外衣组成。新生儿体温调节的功能尚未健全，因此与大人相比要多穿一件衣服。不过如果盖着被子的话，和大人穿一样多就可以。

在宝宝出生1个月后，以和大人相同的衣量为准，但如果宝宝背部出汗的话，可以减少一件衣服。婴儿是通过手和脚来进行体温调节的，所以基本上可以不用给宝宝穿袜子。

穿衣件数参考

新生儿……大人+1件

体温调节机能尚未成熟的新生儿要比大人多穿一件。

1~3个月……和大人相同

婴儿出生1个月以后可以和大人一样。通过抚摸婴儿背后判断冷热。

4个月以上……与大人相同或-1件

在宝宝会翻身后穿衣件数可以和大人相同或少一件都可。

内衣和外衣的基本穿法

准备

将内衣、外衣事先套好放在一起

将宝宝胳膊穿入袖子

从袖口向外，将宝宝胳膊拉出。

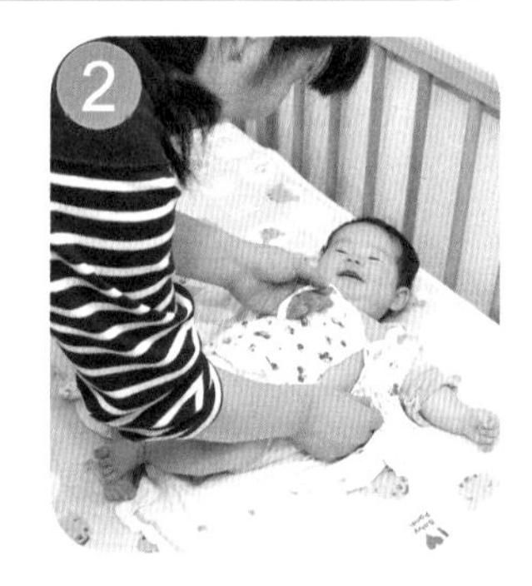

系内侧的衣带

系好内衣的衣带，不要太紧。

系外侧的衣带

整理好内衣后，系好外侧的衣带。

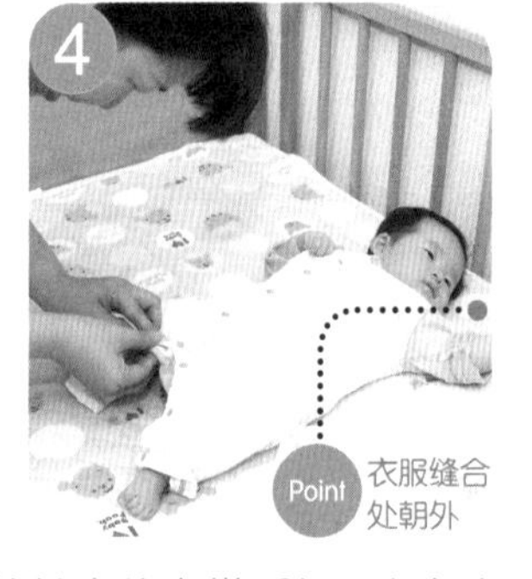

将外衣的衣带系好，扣好扣子

最后将外衣的衣带系好，扣好扣子。如果上下衣服是分开的，注意要将内衣塞进裤子内，防止腹部受凉。

号码参考

号码	身高	体重	月龄
50	50cm	3kg	0个月
60	60cm	6kg	3个月
70	70cm	9kg	6个月
80	80cm	11kg	12个月
90	90cm	13kg	2岁
95	95cm	14kg	3岁

内衣和外衣的种类

内衣

短内衣

长度到腰部的内衣，系带类为主要类型。

长内衣

长度到脚部。可套在短内衣外穿。

搭配内衣

衣摆分向两边的长内衣。适合好动的宝宝。

外衣

连体罩衣

连体长袖长裤外衣。

连体衣

按扣款式，分为裙装和裤装两种。

工装式连体衣

连体款式外衣，裆部由按扣连接。

各季节的穿衣参考

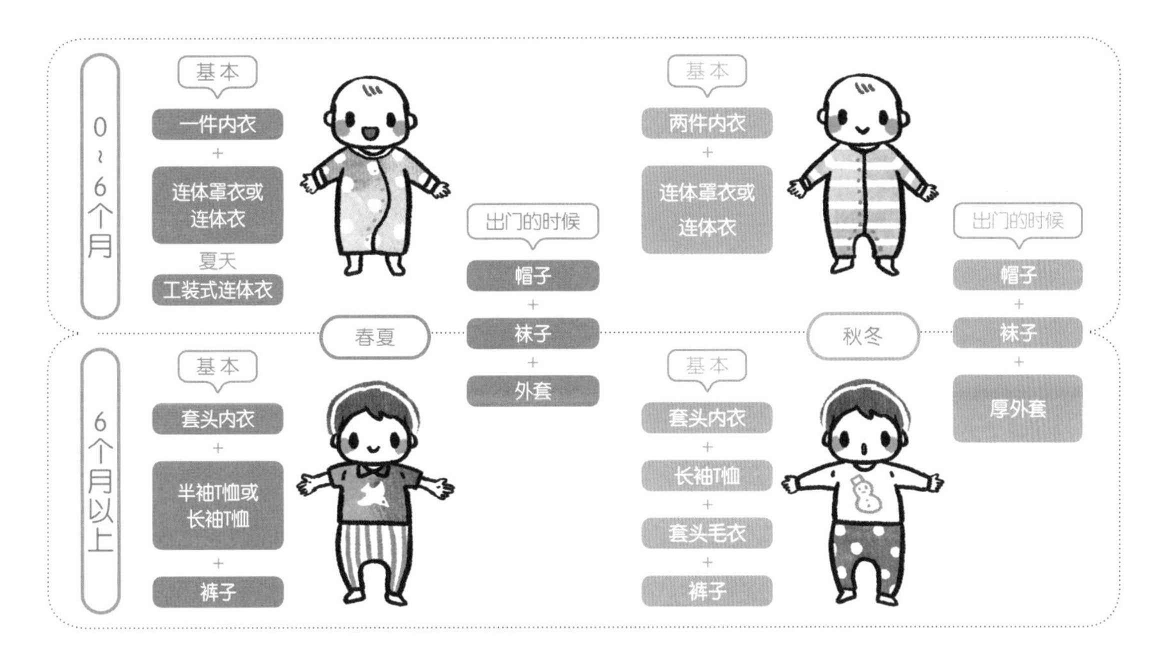

带衣带的儿童服装将被禁止

2014年日本经济产业省发布了关于儿童服装衣带的日本工业规格（JIS）。根据此标准，容易成为窒息死亡原因的衣带设计在7岁以下儿童服装上将被禁止。可以选择没有衣带的卫衣和颈部无衣带的衣服。

JIS不被认可服装案例

背部有衣带裙子

颈部系带背心

有衣带卫衣

尊重宝宝的生活节奏

在适应了有宝宝的生活后，可以和宝宝一起外出放松心情。

和宝宝一起出门

扩大一些活动范围，和宝宝一起转换心情

宝宝3个月以后，逐渐习惯每天出门散步后，可以去一些距离稍远的地方，转换一下心情。

刚开始的时候，推荐妈妈花2 ~ 3小时的时间去一些大的公园或商场。宝宝再大一些后，可以一家人一起去动物园、水族馆等地方享受休闲时光。但要避免带不满6个月的宝宝长途旅行。

在外出之前，认真做好筹备，安排不会让孩子感觉过于辛苦的日程，确认好出行工具，以及喂奶、换尿布的场所等。一些场所可以租赁婴儿车。一定要确认餐厅是否可以带小孩就餐。如果宝宝较小，日式房间的餐厅更为合适。

事前调查清楚的资讯

- □ 火车高峰时段或交通特别拥堵的时段
- □ 孩子哭闹的时候，可以停下来照顾的地方
- □ 可以喂奶和换尿布的地方
- □ 用餐地点是否对孩子合适

小月龄宝宝，选择有长椅的餐厅

外出必备的东西有哪些?

基本的项目

- 母子健康手册、婴幼儿医疗证、保险证、药物使用记录本
- 替换用纸尿布、清洁纸巾（多带一些）
- 塑料袋（放脏东西用）
- 替换衣物
- 纱布、毛巾、湿毛巾
- 冲奶用品（宝宝吃配方奶）

配合宝宝月份

- 辅食、围兜
- 点心、水
- 玩具（故事书）
- 婴儿背带

在经历几次外出之后，就会知道什么东西是必备的

出门时携带的包包要选择轻便、大容量的。根据行程的不同，必须要带的东西也不尽相同，纸尿布、宝宝用清洁纸巾、替换衣物等多带一些会更安心。有一些地方可能没设有扔纸尿布的垃圾箱，所以要把纸尿布带回处理的话，就需要事先准备好塑料袋。

妈妈包选择的重点是大、轻便♪

使用婴儿背带

从宝宝很小时就可以使用的婴儿背带有很多种类，不管哪一种类型都应该注意要正确使用。

婴儿背带的种类

横抱

从宝宝颈部可以直立前就可以使用。

后背

妈妈的两手可以腾出，做家务时非常方便。

竖抱

分为和妈妈对面以及面向前方两种。

前背背巾

用一块布将宝宝包起。

危险 小心婴儿掉落

大人往前弯腰的时候，记得一定要用手扶住孩子

在妈妈向前弯腰的时候，有很多婴儿从背带中跌落的事故发生。为防止这样的事故发生，将肩带调节到适当的长度，在抱着宝宝捡东西的时候，要采取坐着的姿势。向前弯腰的时候，一定要用手支撑住宝宝。

正确使用配合宝宝月龄大小选择的婴儿背带

婴儿背带可以分为竖抱、横抱、后背、前背背巾四个种类。近年来，能够从宝宝出生就可以使用的竖抱式背带最受欢迎。其中，很多妈妈选用结构为利用肩膀和腰部进行支撑而不易疲劳的种类，但同时也导致摔落事故增加。另外，还要注意使用背巾时注意防止髋关节脱臼。

最受欢迎 用腰部支撑的背巾使用方法

1 腰部系带要在腰骨上方

在抱宝宝时高度控制在妈妈可以亲吻到宝宝的额头大致的高度。腰部的系带以髋部为基准稍稍偏上。

2 支撑住宝宝屁股，拉紧肩带

支撑住宝宝屁股的同时，拉紧肩带。宝宝和妈妈间的距离以可以放入手掌的宽度为宜。

3 肩部的扣子要调整到肩胛骨的高度

背后的扣子要调整到挺起身后刚好的位置。大致为手臂根处延长线上，肩胛骨附近的地方。

使用婴儿车

到宝宝2岁左右能顺利地走路之前，婴儿车都会发挥重要的作用。选择婴儿车的关键在于选择适合生活方式和周围环境的款式。

婴儿车的种类

A型

- 出生1个月后可以使用
- 可让宝宝躺在里面
- 150度椅背调节
- 连续使用时间为2小时
- 面对面式、背对式

B型

- 出生7个月后可以使用
- 坐立使用
- 呈110° 以上的靠背
- 连续使用时间为1小时
- 背对式

在乘坐火车、公交车时的基本原则

在乘坐公共交通工具时使用婴儿车，要注意不要防碍周围人走动。另外在火车中，注意停放婴儿车的朝向，并开启车轮的制动器。在乘坐公交车时，要用固定带将婴儿车固定。

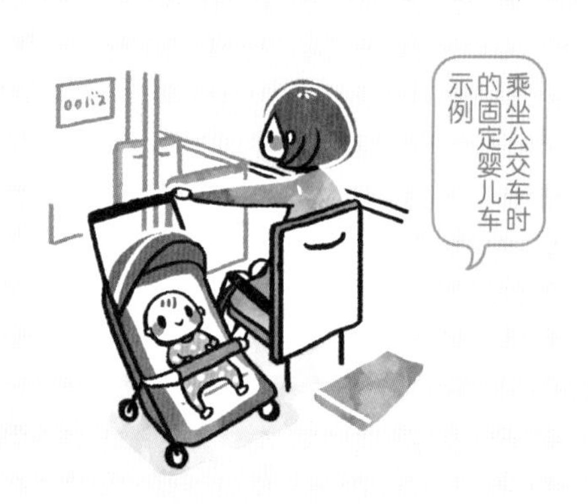

出生1个月后即可使用的A型婴儿车和宝宝会坐后可以使用的B型婴儿车

婴儿车的类型根据日本安全（SG）标准可大致分为A型和B型两种类型。

A型婴儿车椅背可150度调节，因此可以在婴儿出生1个月后以躺着的姿势使用。还有可以与婴儿面对面的A型婴儿车，类型比较丰富。

另外，在婴儿出生7个月后可以使用的B型婴儿车可以坐在里面。因此与A型婴儿车相比，体量较轻，轻小方便，更受欢迎。

结合平时主要利用的交通方式和使用环境选择婴儿车

选择婴儿车最重要的一点就是要提前预想使用婴儿车的情境。如果存放婴儿车的空间狭小，就要选择小型折叠立式婴儿车。如果经常使用公共交通工具，那最好是能够单手折叠起来的轻便婴儿车。在宝宝出生7个月以后，有很多家庭会再次购买轻便的类型。

另外，如果婴儿车的座椅过低，离地面近，夏天地面散发的热量会让婴儿车温度过高。选择高座椅婴儿车，同样要注意预防宝宝中暑。

婴儿车防暑和防寒对策

排汗垫和凉垫

防雨罩和推车脚套

夏天 冬天 灵活使用便利产品作为防暑和防寒对策

椅背处能够放入保冷剂的座椅、能够将脚部完全覆盖住的脚部防寒产品等，市面上有很多配合婴儿车使用的便利产品，不妨进行查询。

乘坐汽车

未满6岁儿童需使用儿童座椅

在开车搭载未满6岁儿童时，司机有义务安装并使用儿童座椅。

在发生交通事故时，未使用儿童座椅的儿童死亡和重伤人数为使用儿童座椅的儿童的3倍！由大人抱着时，受到强大的冲击而导致孩子像球一样飞出窗口的可能性也是有的。正确使用儿童座椅是保护孩子生命的重要手段。儿童座椅分为婴儿专用，婴儿、幼儿兼用，婴儿、幼儿、学龄儿童兼用3种类型。家长可以根据宝宝和私家车的情况选择最为合适的座椅。

儿童座椅种类

婴儿专用	新生儿~1岁	约10kg
婴儿、幼儿兼用	新生儿~4岁	约18kg
婴儿、幼儿、学龄儿童兼用	新生儿~7岁	约25kg

二胎，怎么办

专栏

在习惯带宝宝之后，偶尔会在头脑中闪过“二胎，要不要”的念头。犹豫要不要二胎的朋友一定要看一下本章节。

为第一个孩子生一个弟弟或妹妹是打破犹豫要不要二胎的原动力

有很多朋友考虑到养育孩子的费用、自身的年龄等，会犹豫是否应该生二胎。在此，在询问已经生了二胎的人们生二胎的时间和契机时，约有45.4%的人是因为为了第一个孩子着想才决定生二胎的。紧随其后，在生完第一胎后，家人商议决定生二胎的人占30.6%。另外有30%的人考虑年龄因素，因为要生就要趁年轻。

最理想的是差两年级的兄弟姐妹，另外在4对兄弟姐妹中就有1对兄弟姐妹年纪差为5年

在采访正在考虑生二胎的家庭希望家里的两个孩子差几岁生时，回答差两岁的人数最多。而且，在采访已经生了二胎的家庭中两个孩子差几岁时，两岁的回答同样也是最多的。

另外，相差5岁及以上年龄差距较大的兄弟姐妹占比达到26.8%。有很多家庭在第一个孩子能够无须过多照顾的4岁以后，结合现实才考虑“二胎”。

Q 您家的两个孩子相差几岁？或者您希望两个孩子相差几岁？

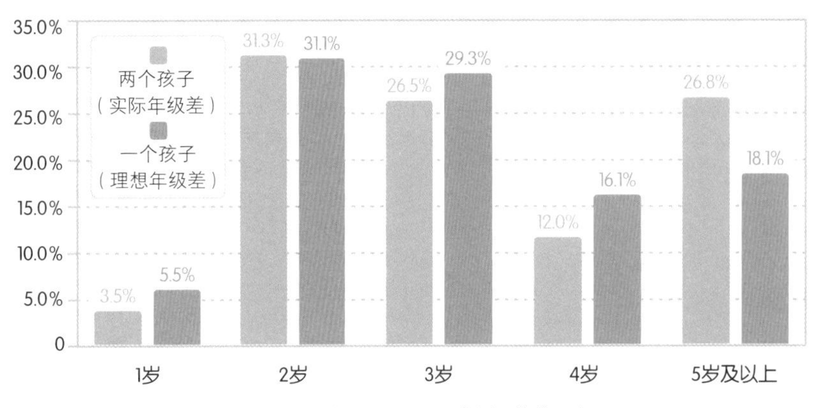

根据1 more baby支援团体的调查

*以日本全国25～44岁已婚者中一个孩子的男女各200人/两个孩子以上的男女各300人，总计1000人为对象进行的调查。回答的构成比例在小数点后第二位进行四舍五入，因此合计值不一定为100%。

Q 下列哪一项符合您决定生二胎的时机和契机？

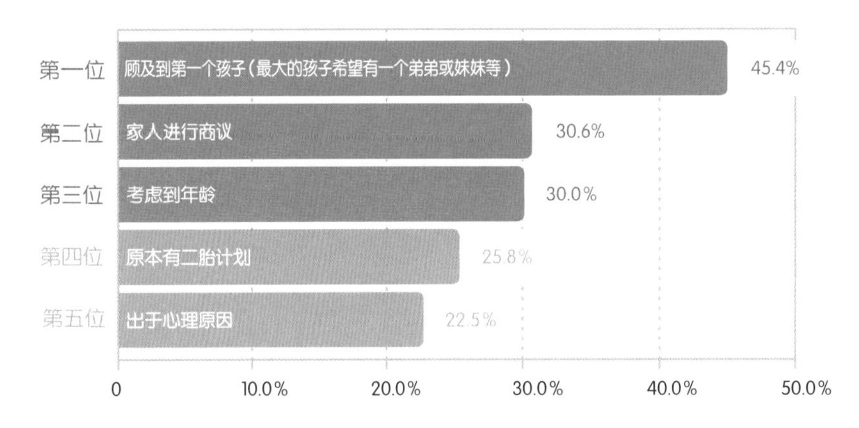

根据1 more baby支援团体的调查

相差1岁的兄弟

拓海和波留的妈妈

可能是因为我家的两个孩子年龄相近，所以对于哥哥来说，弟弟完全是一个竞争对手。无论是因为抢妈妈还是玩具，每天两个人都会爆发“战争”。对于我想出的解决方法或者说的话，总是哥哥能够更快地接受，每天我都处于一种不知道该怎么办而差不多放弃了的境地（笑）。不过看到两个人打着滚地笑，高兴得不得了的样子，以及听说在保育园里哥哥保护弟弟的时候，我总会觉得兄弟两个人就是好呀，还好生了第二个宝宝。

相差3岁的兄妹

信树和唯花的妈妈

好奇怪，一年前还觉得可爱到“不管她做什么我都不会生气”的妹妹，到了3岁以后完全以自我为中心，每次我眼里的怒火都会燃起，因为“这么小的女孩，简直就是个女演员嘛”。这时候总是因为调皮惹我生气的哥哥总会用两手捧着我的脸告诉我“妈妈，不可以生气哦，我喜欢温柔的妈妈”。啊，就这样被儿子治愈了！我想以后也会不停地重复着感受可爱和麻烦，一直到他们长大吧。

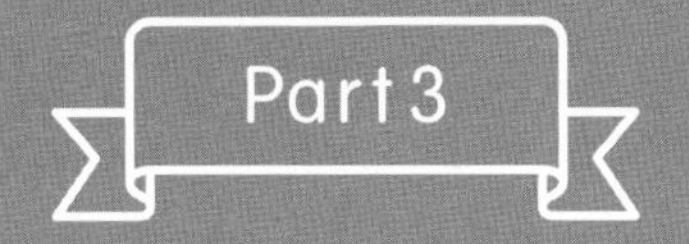

母乳、配方奶、辅食的基本事宜

母乳、配方奶、辅食是婴儿发育不可欠缺的营养源。

从初次喂奶到断奶的技巧，从令大家烦恼不已的“饮食”来进行讲解。

在探索和失败中不断地克服一个个的困难。

婴儿重要的营养源

母乳和配方奶各有各的优点。把握特征，根据情况进行选择。

母乳喂养的好处以及配方奶的功能

是婴儿的完全营养食品

刚刚出生的婴儿能够顺利消化吸收，因此母乳对于婴儿来说是非常合适的食物。母乳中除了有水分外，还含有碳水化合物、蛋白质、脂肪、维生素、微量元素等婴儿不可或缺的营养成分在里面。

另外，经由母乳，妈妈体内的免疫蛋白球等免疫物质也能够顺利地到达婴儿体内。能够让婴儿不容易患病，身体更加结实健康。

母乳是由妈妈的血液而来的。储存母乳的乳腺部位，将妈妈血液中的红色成分红细胞去除，变成白色的母乳。

在生产后数日内分泌的略带黄色的母乳被称为“初乳”。初乳内含有丰富的免疫物质，因此让婴儿多饮用。

喂母乳对于妈妈来说也益处多多

喂母乳具有能够让产后的子宫快速恢复的功效。促进母乳分泌的被称为催产素的激素，能够帮助子宫收缩，同时具有止血的作用。另外，妈妈通过母乳将营养不断地输送给婴儿，可以期待母乳喂养能够将怀孕时增加的体重快速减少。

在宝宝哭闹、夜晚哭泣的时候，能够快速地将母乳喂给宝宝也是安抚的一个好方法。不需要进行水温调节，也不需要任何工具，避免妈妈过于劳累。

同时，母乳喂养还是妈妈和孩子间重要的亲密接触的时候。通过每次的喂奶，妈妈和宝宝肌肤贴近，能够让彼此感到放松。乳头柔软的触感和妈妈的体温，能够给宝宝带来安全感。

母乳喂养的好处

- 母乳中含有丰富的婴儿所需营养成分
- 母乳中含有妈妈体内的免疫物质，让宝宝身体更强壮
- 能够轻松方便地喂奶
- 让宝宝锻炼吸吮力和咀嚼力
- 产后子宫恢复快速
- 怀孕中增长的体重能够更容易减掉
- 无须花费钱买配方奶

配方奶 是代替母乳的重要营养源

参照母乳的营养成分及能量制作而成的现代配方奶，虽不含有免疫成分，但是与母乳相近的婴儿饮食。

在产后很短的时间内，母乳产出不顺利、母乳量不足、无法顺利让宝宝喝母乳等情况很多。例如，其中有一些妈妈因为体质导致母乳过少。这个时候就要考虑给宝宝喝配方奶了。

人们经常会有一些误解，认为喝配方奶的婴儿容易发胖、消化不良。其实不然，可以安心让宝宝食用。另外，宝宝在妈妈体内时已经接受了妈妈的免疫力，即便完全不喝母乳，也无须担心免疫力下降。

还有一些妈妈会感到不安，担心“会不会没办法让宝宝感知到妈妈的爱”，其实没有关系。只要以喂奶的姿势将宝宝抱在胸前，和宝宝四目相视，妈妈的温暖就会传递给宝宝。

补充配方奶的时间要和医生进行商议

当喂奶后宝宝仍然没有吃饱的样子不停地哭、不肯松开乳头、宝宝小便的量和次数少等情况发生时，就要考虑为宝宝添加配方奶了。此时应该向医生进行咨询，确认是否母乳不足，以及给宝宝喝多少配方奶为宜等。

奶量过多或喂奶间隔过短，有可能使宝宝摄入过多的能量，导致宝宝体重过度增加，因此要注意。

听妈妈前辈说

因为我本身的原因，所以宝宝出生后的24小时以内，完全没有进行母乳喂养。倒也并没有因此引发一些乳房疾病或者产后胸部下垂之类的问题。不过本来胸部也没有太大（笑）。只喂宝宝配方奶的好处就是宝宝的睡觉时间能比较长，并且能够掌握宝宝喝的分量。当时比较担心孩子免疫力方面出现问题，不过并没有容易感冒，也没有什么大毛病。到了2岁以后，也不再感冒了，现在宝宝3岁，非常健康。

（3岁女孩子的妈妈麻美）

配方奶的好处

- 只要有热水和奶瓶，无论什么时候在哪里都可以喂宝宝
- 除了妈妈以外，别人也可以提供给宝宝所需的营养，因此更容易拜托别人帮忙照顾孩子
- 和母乳相比，更耐饥
- 可以把握摄入量
- 可以不用担心妈妈服药或者摄入咖啡因等
- 妈妈不需要穿喂奶服

让宝宝吃得顺利

练习一下能够让宝宝更轻松的喂奶方式和抱法。

母乳喂养的方法

新生儿时期宝宝哭起来就要喂奶，出生2个月后，每隔3小时一次

婴儿刚刚出生不久，喂奶的节奏还没有掌握，很多的妈妈母乳不多。不要在意新生儿的喂奶间隔，只要宝宝哭起来，就让宝宝吃个够（按需哺乳）。如果妈妈母乳不足，可以考虑给孩子添加配方奶。

在宝宝出生2个月后，渐渐地喂奶的节奏稳定，母乳的分泌量增多。喂奶时每次30分钟左右，左右交替进行。

准备物品

- ▢ 纱布
- ▢ 喂奶靠垫
- ▢ 毛巾

母乳喂养的姿势

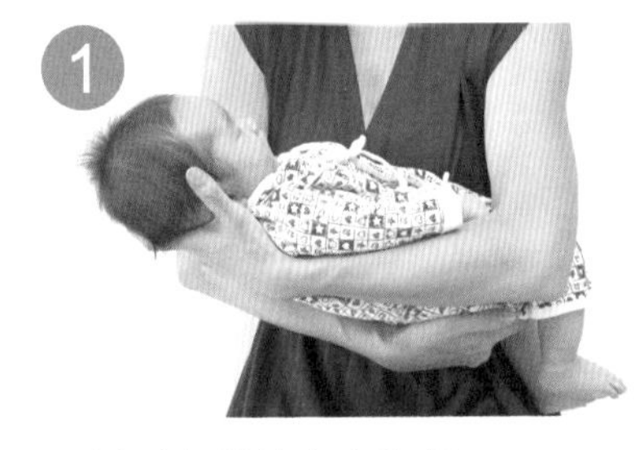

1 用单手支撑将宝宝抱起

妈妈背部伸直坐好，用一只手支撑宝宝的颈部，用另一只手托起宝宝的屁股，然后将宝宝的头靠近乳房。

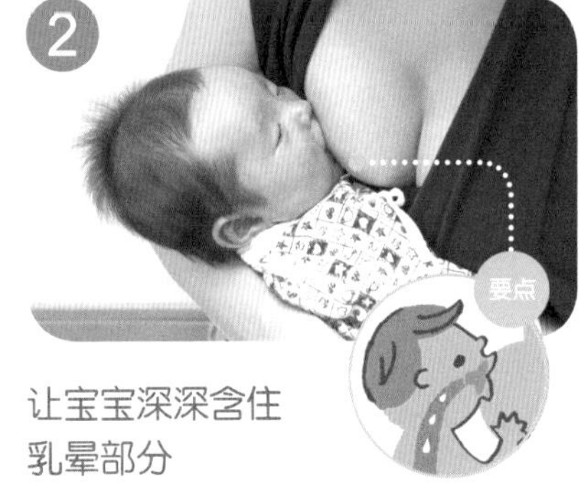

2 让宝宝深深含住乳晕部分

用乳房下侧刺激宝宝的唇部，让宝宝张大嘴。将乳头朝向宝宝上颌方向，让宝宝向内含住。

3 左右平均交替喂奶

一侧大概5～10分钟，左右交替喂奶。不要偏喂一侧，要让宝宝两侧平均吃奶。

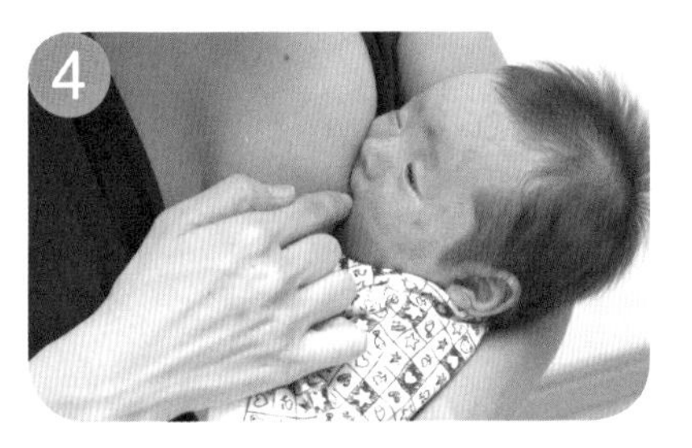

4 从宝宝口中取出乳头

将手指插入宝宝嘴角一端，听到“噗嗤”一声，吸奶的压力消除后，快速将乳头从宝宝嘴中移走。

给宝宝拍嗝的方法

立着抱

立着抱着宝宝，抚摸宝宝的背部或者轻轻拍打。让宝宝的颈部高于妈妈的肩膀，趴在肩膀上，更容易让宝宝打嗝。

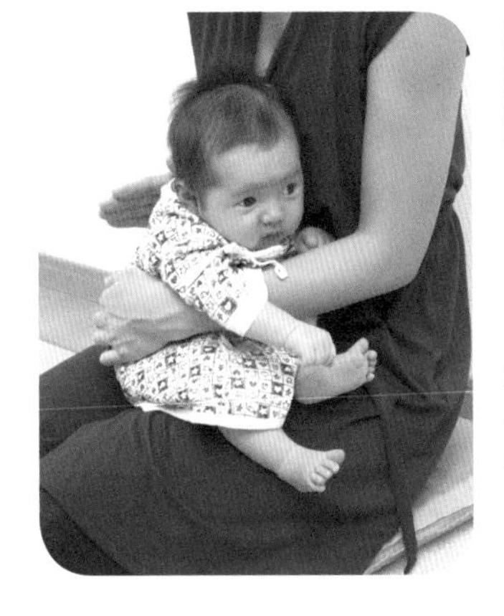

让宝宝坐在妈妈腿上

当宝宝的头部可以竖稳，可以让宝宝坐在妈妈的膝盖上，然后抚摸背部或者轻轻拍打背部。

不打嗝怎么办

如果5分钟后宝宝仍然不打嗝，就停止动作。为防止吐奶时阻塞气道，让宝宝平躺时头朝向两侧侧卧。

各种各样的抱法

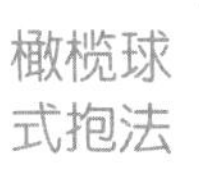

像橄榄球选手抱球一样，妈妈用喂奶一侧的手臂将宝宝托在腋下进行喂奶。

竖抱

让宝宝坐在妈妈的膝盖上，妈妈的乳房和宝宝正面对着，用手支撑宝宝的颈部和背部。如果宝宝够不到乳头，可以用靠垫垫高。

和躺着的宝宝相对而卧，轻轻地搂过宝宝，让宝宝含住乳头。如果以这一姿势睡着，有可能引起窒息，所以请多加防范。

横抱

使用最为普遍的喂奶姿势。将宝宝横抱，让宝宝的头枕在妈妈肘部内侧喂奶。

为防止乳房发生阻塞和疼痛，学会这些能够让乳汁分泌顺畅的按摩方法。

提供优质母乳

乳房的护理

养成每天护理乳房的习惯

如果每天都能顺利地泌乳最为理想，不过也会有乳腺管堵塞导致乳汁不能排出、左右乳房的乳汁分泌不均衡等让人头疼的情况。

定期为乳房进行按摩护理，能够提前防止乳房问题的发生，每天为宝宝分泌新鲜的母乳。请养成每天按摩的习惯。不过，如果乳房有强烈的疼痛，或者伴随发热的情况，请及时就诊。

乳头的伤口用油脂护理

在化妆棉上滴凡士林或植物油等宝宝吃进嘴里也没问题的油脂，然后敷在乳头上，上面覆盖一层保鲜膜，10 ~ 15分钟后可取下。

让乳腺管通畅的乳腺管开通按摩

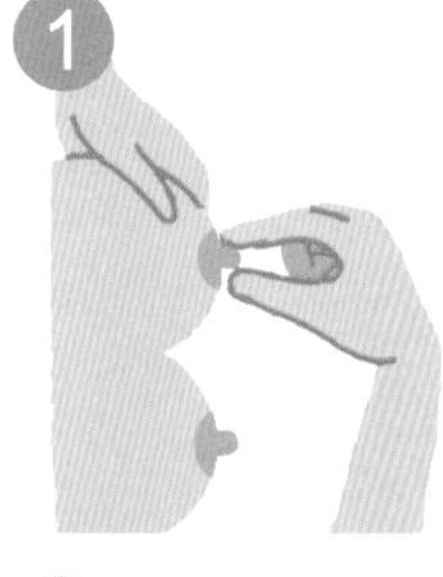

1 用三根手指捏住全部乳晕部分

用一只手托起乳房后，再用另一只手的大拇指、食指、中指三根手指将全部乳晕部分捏住。

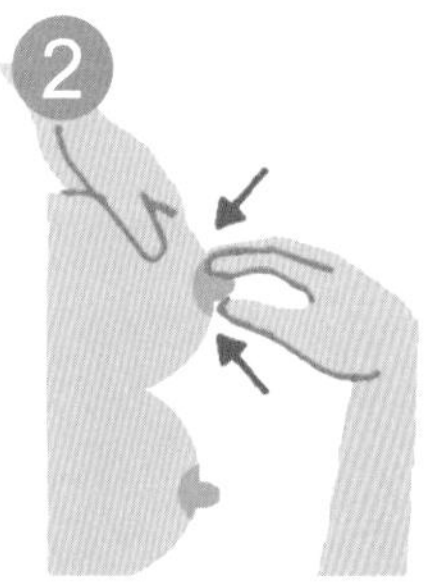

2 将全部乳晕部分拉出扭动

捏住全部乳晕部分向前拉出。然后扭动乳晕部分，让皮肤表面更加柔软。

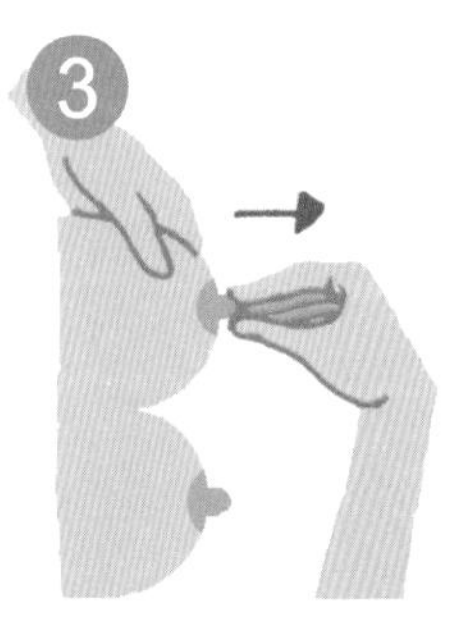

3 拉挤乳头

用三根手指捏住乳头根部并向前拉出。360° 改变手指位置，不留遗漏地进行。

让乳汁分泌更顺畅的乳房按摩

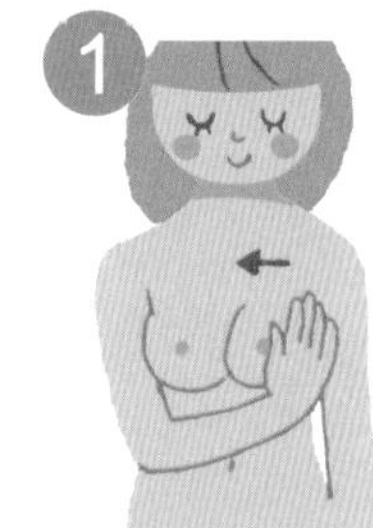

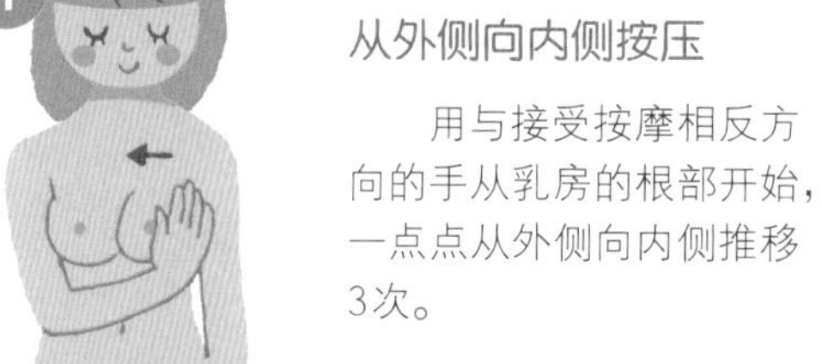

1 从外侧向内侧按压

用与接受按摩相反方向的手从乳房的根部开始，一点点从外侧向内侧推移3次。

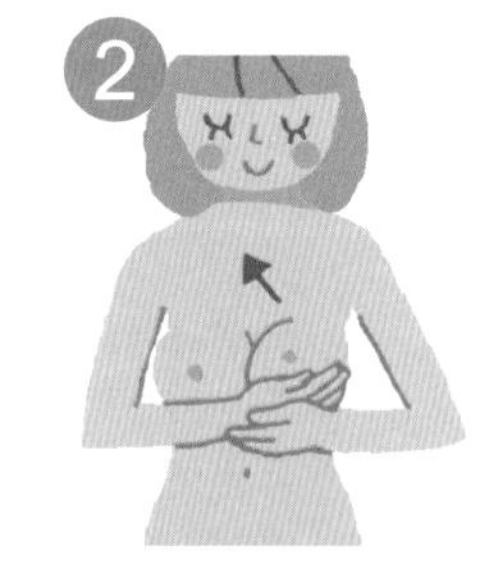

2 从斜下方到斜上方

然后从斜下方到斜上方按压推移3次。相反方向的乳房也按照1、2的方法进行。

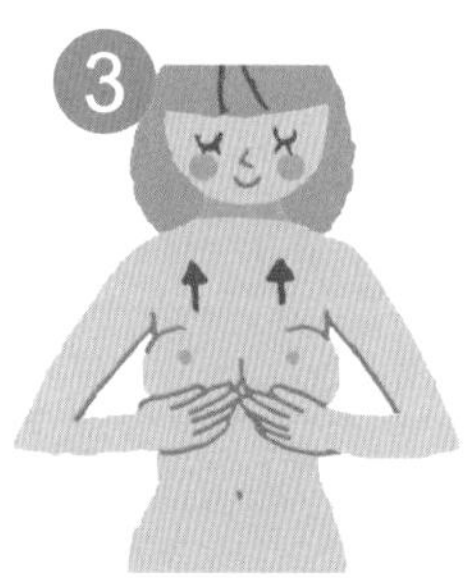

3 从下到上

用两手托住乳房，从下到上慢慢推移3次。

母乳的保存

母乳也可冷冻保存。当妈妈有事必须外出时，或者妈妈服用药物不能给宝宝喂奶时，可以将冷冻母乳解冻后放进奶瓶中喂给宝宝，非常方便。

保存

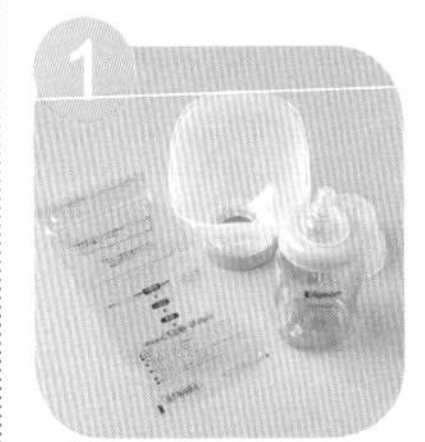

1 准备

准备冷冻母乳的母乳保鲜袋和盛放母乳的容器。存放母乳专用的冷冻保鲜袋。

2 挤奶

用大拇指和食指按住乳晕部分，一点点变换角度，有节奏地将乳汁挤出。也可以使用吸奶器。

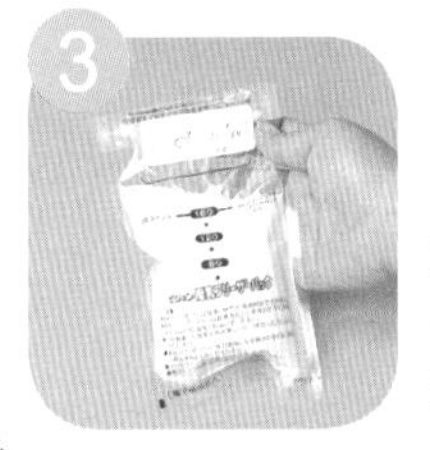

3 密封后冷冻

把挤出后的母乳马上装进保鲜袋中，排出空气进行密封。标记好日期和分量后，放入冰箱内冷冻。

解冻

1 解冻后放进温水中

从冰箱里取出母乳袋放进水中解冻后，再放进40℃左右的温水中，加热到人体温度。

2 倒入奶瓶

将加热到人体温度的母乳倒入事先热好的奶瓶内，马上给宝宝喝。

能够保存的时间

各种细菌很容易繁殖，因此冷藏的母乳要在24小时内喝完。

采用冷冻保存的方法可以保存2星期。过期后请扔掉。

母乳注意事项

Q 宝宝总是吐奶。

A 宝宝吐奶，只要不是宝宝不舒服就没关系。

婴儿的消化器官还未发育完全，因此吐奶是很常见的。只要宝宝精神看起来不错，并且表现出想要吃奶，就无须担心。

Q 一侧乳房好像不怎么出奶。

A 让宝宝先从不爱出奶的一侧乳房开始吃奶。

如果左右乳房母乳分泌量不同，可以让宝宝先从出奶不好的一侧乳房开始吃奶，在转换角度让宝宝吃奶的过程中，出奶情况会变化。

Q 母乳量过多，呛到宝宝。

A 宝宝喝不完的母乳可以挤出来。

如果母乳分泌量过多，可能引发乳腺炎。因此宝宝喝不完的母乳可以挤出来。渐渐地母乳的分泌量就会稳定下来。

在喂宝宝配方奶的时候，要遵守正确的分量和次数，卫生方面的问题也非常重要。

每次喂给宝宝刚冲好的

配方奶喂养的方法

冲好后马上喂给宝宝，不要忘记器具的消毒

在为宝宝冲配方奶时，一定要按照包装上标示的规定的量和浓度进行。

冲配方奶特别要注意卫生方面的问题。冲好的配方奶容易滋生细菌，冲好后不要放置，如果调制好后放置2小时以上，就要扔掉。宝宝喝剩下的奶马上倒掉，喝完奶后的奶瓶每次都需清洗消毒。

在喂宝宝配方奶的时候，也要和喂母乳时一样抱着宝宝与宝宝四目相对，和宝宝说话。

准备物品

- □ 奶瓶
- □ 配方奶
- □ 热水瓶
- □ 消毒用品

选择微波炉可用产品

冲奶方法

在奶瓶中注入水

水沸腾后先冷却到70 ~ 80℃，然后注入奶瓶。市面有售能够将水温保持在70 ~ 80℃的保温壶，使用非常方便。

确定好配方奶分量后放入奶瓶

正确测量配方奶分量后放入奶瓶。配方奶种类除了罐装之外，还有条状包装的类型。

溶解配方奶

防止配方奶溶解不充分，形成小疙瘩，可以将奶瓶轻轻摇晃让奶粉溶解。如果剧烈晃动奶瓶，冲好的奶会起很多气泡，孩子喝下后会引起打嗝或吐奶，因此要注意。

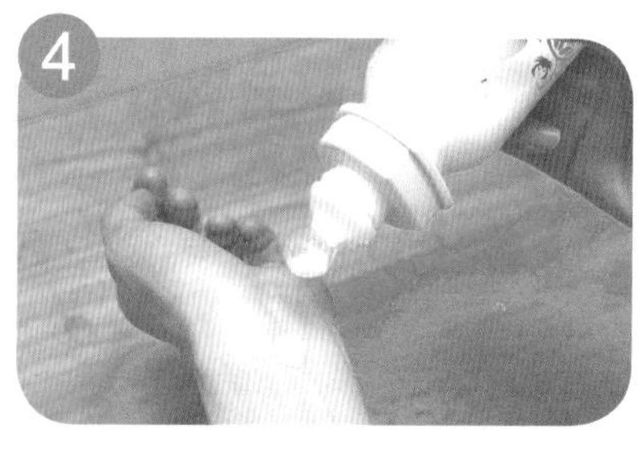

用手背或手腕试奶的温度

装好奶嘴后，用流水冷却，然后在妈妈手背或手腕内侧滴一滴奶试一下温度。微温即可喂奶。

喂奶方法

横抱，让宝宝将奶嘴全部含入口中

将宝宝横抱起，用平时习惯了的手拿住奶瓶，让宝宝含好奶嘴。

拍嗝

将宝宝竖抱起（如果宝宝脖子已经能够挺立，也可以坐在妈妈膝盖上），拍打背部，把喝进去的空气排出来。

清洗奶瓶的方法

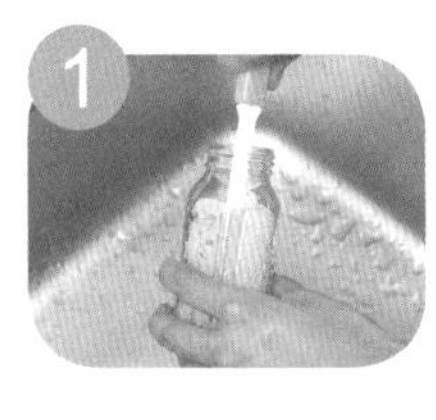

用刷子刷

宝宝喝完奶后，用洗洁剂或奶瓶专用清洁剂和能够到瓶底的刷子认真清洗奶瓶。

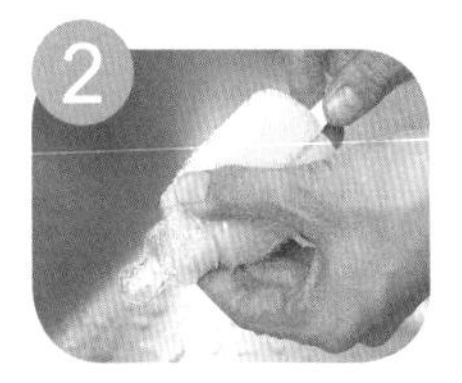

清洗奶嘴

认真清洗奶嘴的外侧、内侧和凹入处。如果不能彻底清洗，会滋生细菌或发霉，要特别注意。

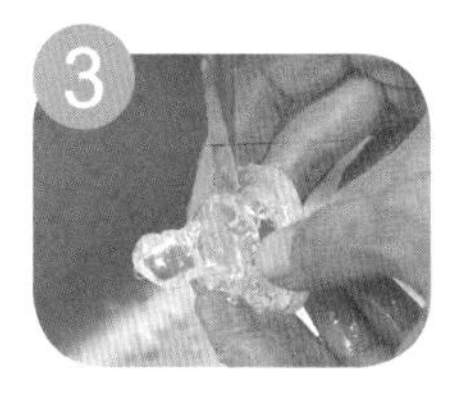

冲洗

用自来水细致认真冲洗，将清洁剂彻底冲洗干净。注意冲洗奶嘴的凹入处和内侧。

煮沸消毒

将奶瓶放入沸腾的热水中，杀菌5分钟后，取出。也可使用专用盒子以微波炉消毒，或使用奶瓶专用消毒剂。

配方奶量参考

配方奶的量和喂奶次数随着月龄的增长而变化。另外，需根据宝宝体重等个体差异进行调整。

月龄	体重	冲调后奶液	喂奶次数
新生儿～1/2个月	3.1kg	80ml	7～8次
1/2～1个月	3.8kg	80～120ml	6～7次
1～2个月	4.8kg	120～160ml	6次
2～3个月	5.8kg	120～180ml	6次
3～4个月	6.5kg	200～220ml	5次
4～5个月	7.1kg	200～220ml	5次
5～6个月	7.5kg	200～240ml	4+（1）次
6～9个月	7.7～8.4kg	200～240ml	3+（2）次

*此表为参考各公司调制奶表格制成，仅供参考。括号内为开始辅食后喂奶次数参考。

宝宝不喜欢奶瓶怎么办

宝宝不喜欢可能是因为奶嘴的触感和吸奶时不太适应，也可能是因为奶嘴的大小不合适。可以更换奶嘴试试。

材质

硅橡胶 无天然橡胶的味道和气味，不易老化，但触感较硬。

异戊二烯橡胶 硬度处于柔软的天然橡胶和较硬的硅橡胶之间。触感更接近乳头。

奶嘴的小孔

圆形 随着月龄的增长，小孔的大小由S到M再到L发生改变。

Y字口 开Y字形口。根据宝宝的吸力不同，出奶的量发生变化。

十字口 开十字形口。根据宝宝的吸力不同，出奶的量发生变化。

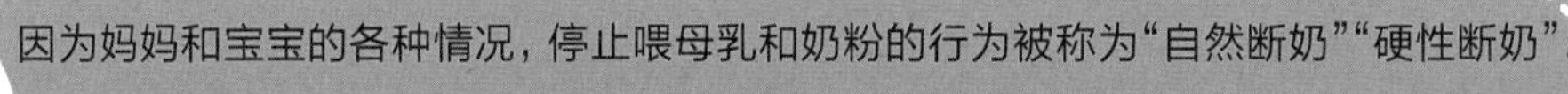

告别喂奶

如何断母乳

断母乳的时间由妈妈和宝宝来决定

宝宝出生1年后，可能会因为“回归工作”“身体不佳”等情况不允许再喂母乳时，很多妈妈开始考虑是否让孩子断母乳（停止喂奶）。断母乳的时期一般在1～2岁之间，但根据妈妈的情况以及宝宝的成长程度不同，会出现个体差异。为了能够在最佳时机进行，最好事先开始做准备。

妈妈内心停止喂奶的想法要坚定。断母乳要选择在妈妈和宝宝身体状况都很好的时候进行，事先安排调整，如果爸爸或者其他的人能够进行帮助则更能安心。

断母乳的方式

断奶

由于妈妈生病需要服药或住院等原因，不能继续母乳喂养，突然停止喂奶的情况。因为会引发乳腺炎等问题，因此需要与医生商议，或进行乳房护理。

自然断奶

与妈妈的意志无关，等待宝宝自己不再喝母乳。有的宝宝在开始顺利地食用辅食后的1岁前后就开始接受配方奶，也有的孩子到更大些也不愿断奶。情况各有不同。

部分断奶

是指白天不再喂奶，仅在夜间喂奶等部分断奶。这是在宝宝0～1岁时需要回归工作的妈妈经常采用的方法。母乳喂养的妈妈随着部分断奶的进行，乳汁分泌稳定，渐渐地不会发生胀奶的情况。

计划断奶

决定好“完全停止母乳的日子”后，逐渐减少喂奶次数的断奶方法。虽然很花费时间，但优点在于母乳喂养的妈妈无须强行控制母乳分泌，对宝宝也不会造成负担。

确实存在 “断母乳”的迷信 Q&A

Q 是不是到宝宝1岁就应该断奶呢?

A 以往接受的指导多提倡促进孩子的自立。但现如今主流的主张是“宝宝想喝到什么时候就喂到什么时候也没问题”。

Q 喂奶会导致流产吗?

A 直接由喂母乳引起的子宫收缩确实会发生。如果怀孕过程较为顺利，并不需要强行停止母乳喂养。建议咨询医生。

Q 母乳喂养太长时间，妈妈的奶水就会没有营养了吗?

A 即便宝宝过了1岁，母乳中的能量也几乎不会改变。辅食如果进行得顺利，母乳与其说是营养源，更多的是让宝宝获得精神上的安慰。

Q 喂奶会引起蛀牙或者牙齿排列不整齐吗?

A 一般认为“晚上吃奶会引起蛀牙”“长期喂奶会让牙齿排列不整齐”。其实喂奶并不是直接原因。重要的是每天做好口腔护理。

计划断母乳的进行程序

1 决定断母乳的日期

首先预定日期。最好选择在爸爸妈妈能够有时间照顾宝宝的周末、连休或者长期休假的时候进行较为合适。在日历牌上画个圈，“这一天要和母乳说拜拜哦”。

2 减少喝奶的时间

逐渐地减少喝母乳的次数。从1天8次到7次、6次……安排到断奶日那天可以1次也不喂奶。期间，让宝宝习惯吃饭、喝配方奶、外出玩耍，转移吃母乳的想法。

3 说给孩子听

决定断奶以后，在每次给宝宝喂奶的时候，一边让宝宝看着日历牌，一边告诉宝宝“到×月×日我们就不喝奶了哦”，做好宝宝的心理建设。通过不断重复，渐渐地宝宝也会理解。

4 到了断母乳日停止喂奶

过了断母乳日之后，停止所有的母乳。如果宝宝哭闹要喝奶，可以抱起宝宝，按摩一下宝宝的身体，带宝宝出去玩，分散注意力。为了防止宝宝对喝奶过度执着，最重要的是，即便孩子表现出非常想喝奶，也一定不要再给他。

工作时同样可以进行“减压”。隔着衣服用两手将乳房向中间推按。然后用大拇指和食指夹住乳晕外侧边缘，轻轻按压。

听妈妈前辈说

大家的 断母乳故事

2岁2个月断奶
因为生病提前断奶
真菜和唯衣

2岁之前曾经尝试着给宝宝断过一次奶，谁知道宝宝大哭了1小时，我和宝宝都疲惫不堪，随即放弃。之后，在宝宝2岁2个月的夏天，我们母子两人都患了手足口病。当我浑身疼痛叫喊的时候，宝宝轻轻抚摸着我问“妈妈很疼吗”，然后这一天就成了我们的断奶纪念日。

6个月断奶
家人一起商量后决定6个月断奶
步美和晴之

在宝宝1岁前，我回归了工作，同时怀了第二个宝宝，医生也建议停止喂奶。所以和家人商量之后，决定在宝宝6个月的时候断奶。宝宝能够喝配方奶，我也没有发生什么乳房问题，非常顺利地断奶。

2岁断奶
在2岁生日那天断奶
真理和芽唯

因为计划着在宝宝2岁生日那天断奶，所以在生日前的1个月就开始告诉宝宝“宝宝2岁了，就是大姐姐了，所以要和奶奶说拜拜了哦”。生日的当天早上宝宝喝着奶的时候问宝宝，宝宝停下来说“我知道了”，然后挥手和奶奶说了拜拜。

出生6个月后

让我们预先了解一下婴儿开始辅食的时间、辅食的作用以及通过辅食获得的营养。

辅食的基本事宜

辅食是宝宝迈向自立的第一步

婴儿不仅仅从母乳或者配方奶中获得营养，辅食的开始是宝宝能够从固体食物中获得营养的一个重要阶段。通过辅食，宝宝学会运用牙齿和舌头，记住各种各样不同味道的食物。

虽说叫作“辅食”，但也并不是开始辅食后要马上断奶（包括母乳和配方奶）。

开始添加辅食在宝宝6个月。“宝宝的脖子能够直立”“宝宝能够在被扶着的情况下坐着”“看到大人们吃饭，宝宝也会蠕动小嘴”，这些都是可以开始辅食的信号。刚开始的时候从近似于液体的黏稠食物开始，然后一点点调整为固体食物。

从7个月到1岁2个月，迎来辅食结束的时期，之后宝宝能够用勺子吃各种各样的食物。

辅食的作用

1 培养“吃的能力”

在嘴里咀嚼食物，然后咕咚咽下。人类生存必不可缺的“吃的能力”通过辅食来培养。能够很好地进行咀嚼运动虽然要等到乳牙长齐的2～3岁，但是辅食是学会吃的能力的入门基础。

2 促进味觉发育

通过辅食宝宝能够记住食物各种各样的味道。甜味、酸味、咸味、香味、苦味等，婴儿时代所经历的这些“味觉”到10岁前会突飞猛进地发育。辅食要尽量避免浓重的味道和人工的味道，发挥食材本身的清淡味道，促进宝宝的味觉发育。

3 培养宝宝的好奇心和冒险精神

仅仅喝母乳或者配方奶的婴儿，借助辅食将各种味道、形状、颜色、口感的食物吃进嘴里。对于婴儿而言，各种食材都是不断的新的发现。尽可能地为宝宝准备种类丰富的食材，满足宝宝的好奇心和冒险精神。

4 培养生的意愿

想吃饭这个欲求是人类最根本的生存原动力。渴望母乳或者配方奶的婴儿通过摄入辅食满足“想吃那个东西”“我要自己用勺子大口地吃”等，产生更高的欲求。

5 消化功能发育

婴儿的身体大量分泌消化母乳或配方奶的酶，但在进入辅食期后，同大人一样的消化酶的分泌得到促进。在断奶的过程中，培养消化吸收各种食物的能力。到孩子8岁左右，虽然尚未完全成熟，但已经拥有和大人几乎相同的消化功能。

均衡营养要以2～3次为一个单位考量

在给宝宝准备辅食的时候，要记住的是对于人体最基础的三大营养源。

“能量源”是指米饭、面包、面条等能够成为主食的食材。“蛋白质源”是指肉、鱼、豆类、鸡蛋等作为主菜的食材。另外，“维生素和矿物质源”是指蔬菜、水果等主要是副菜和甜品的食材。只要从各个营养源群中各取一种以上的食材制作成主食、主菜、副菜组合起来，就可以完成一份营养均衡的辅食。

不过，无须过虑每餐要从各营养源群中选择多少量的食材。只要一天2～3次的用餐中，能够从各营养源群中摄取必要量的营养素，就能保证营养均衡。

刚开始宝宝可能并不愿意吃。不过宝宝还可以从母乳或者配方奶中摄取营养，因此不用担心。首先要考虑如何让宝宝先适应辅食。

三大营养源

主食

身体运动的原动力

能量源

为身体运动，需要富含碳水化合物的食物群。是大脑和肌肉工作的原动力。离乳初期可以让宝宝食用一些大米粥。

主要食材

米饭、面包、乌冬面、土豆、红薯、意大利面、通心粉、挂面等

副菜

维持身体的运作

维生素和矿物质源

蔬菜、水果中富含的维生素和矿物质，是能够调理身体状况的重要营养素。食材种类丰富。

主要食材

胡萝卜、卷心菜、番茄、小油菜、南瓜、西蓝花、苹果、橘子、香蕉等。

主菜

合成血液和肌肉的原料

蛋白质源

蛋白质构成血液和肌肉，增强身体抵抗力，让身体变得更加结实。但要注意，过度摄入蛋白质会对内脏造成负担。

主要食材

鸡肉、猪肉、牛肉、肝脏、鲑鱼、金枪鱼、竹荚鱼、沙丁鱼、牛奶、奶酪、豆腐、纳豆、小沙丁鱼干等

为了自然地培养宝宝吃东西的能力，可以分阶段调整辅食的硬度和分量，循序渐进地推进。

循序渐进

辅食的喂养方法

根据宝宝的发育阶段进行添加

辅食可以从接近液体的黏稠状流质食物开始，一点点变成固体食物。通过硬度和分量逐渐增进，让宝宝自然地学会咀嚼。

将宝宝辅食期分为吞咽期、蠕嚼期、细嚼期和咀嚼吃饭期，分阶段进行，逐渐增加食材和味道，到宝宝1岁半左右，就可以食用幼儿食了。

结合宝宝进食、身体、消化情况和大便情况，调整辅食的种类、硬度和份量。

吞咽期　6个月

练习吞咽流食的阶段。从1勺*磨碎的10倍粥开始。最初的阶段1天1次，1个月过后，辅食增加到1天2次。母乳或者配方奶让宝宝喝到满足为止。

*1勺为1小勺（5ml）。1小勺为辅食专用勺3~5勺的分量。

细嚼期　9~10个月

练习用前门牙将食物咬断，用牙床咬食物的阶段。选择5倍粥。可以一天进食3次辅食。仅依靠母乳会造成铁、蛋白质不足，需进食辅食补充。

蠕嚼期　7~8个月

使用舌头和上颌，练习将柔软的食物磨碎的阶段。粥可以为有软软的米粒的7倍粥。这一阶段可以进行简单的调味。母乳或者配方奶让宝宝喝到满足为止。

咀嚼期　11个月~1岁6个月

能够用前门牙咬断用手能够握住的硬度的食物，练习用牙床充分咬的阶段。作为母乳和配方奶的代替品，牛奶也可以饮用。宝宝自己抓食，练习独自吃饭的能力。

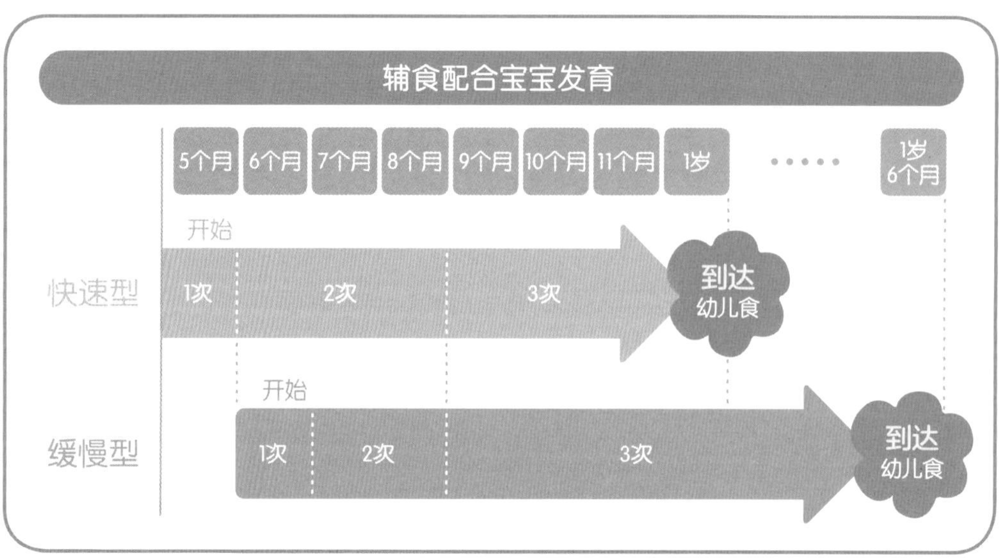

辅食添加参考

		吞咽期（5~6个月）	蠕嚼期（7~8个月）	细嚼期（9~10个月）	咀嚼期（11个月~1岁6个月）
辅食次数		1天1次 →1个月后增加为一天2次	1天2次	1天3次	1天3次
进食时间		❶除了清早和深夜 ❷在喂奶的时间喂食辅食 ❸还不能完全依靠辅食摄取必要的能量和营养 ❹辅食不够，由母乳或配方奶补充			进食的时间以左侧所列方法为基础，第一次辅食选择在宝宝心情好而容易让宝宝吃下的时间
喂奶次数		6次	5次	4次	牛奶500ml
营养构成		辅食10% ~20%	辅食30% ~ 40%	辅食60% ~75%	辅食60% ~75%
硬度参考		像原味酸奶那样顺滑的黏稠状态	可以用舌头和上颌研碎，嫩豆腐的硬度	可以用手指轻松碾碎，大概是香蕉的硬度	牙床可以咬碎，与肉丸差不多硬度
一顿餐量参考	能量源	碎粥1勺约40g 推荐食材 米、红薯、土豆、面包、香蕉 *香蕉是水果，但糖含量高，可作能量源	5倍粥50g（儿童碗半碗） →80g（儿童碗8成） 推荐食材 吞咽期食材+乌冬面、挂面、粉条、葛根粉丝、奶油玉米、芋头、玉米片	5倍粥90g（儿童碗不到一碗） →软饭80g（儿童碗8成） 推荐食材 咀嚼期食材+意大利面、通心粉、薄饼、咸饼干	软饭90g（儿童碗不到一碗） →米饭80g（儿童碗8成） 推荐食材 咬磨期食材+面条
	蛋白质源	豆腐或白肉鱼从1勺开始 推荐食材 豆腐、白肉鱼（加吉鱼、牙鲆鱼）、大豆粉、豆浆、小沙丁鱼干	• 鱼、肉10~15g • 豆腐30~40g（1/7~1/5块） • 鸡蛋蛋黄1颗~一整颗鸡蛋的1/3个 • 原味酸奶50~50g（3~5大勺） 推荐食材 吞咽期食材+鸡脯肉、带皮鸡脯肉、碎纳豆、干酪、金枪鱼、鲑鱼、冻豆腐、牛奶 *蛋黄在7个月时，整颗鸡蛋或鹌鹑蛋要到8个月时	• 鱼、肉15g • 豆腐45g（小于1/4块） • 一整颗鸡蛋的1/2个 • 原味酸奶80g（5大勺） 推荐食材 咀嚼期食材+青背鱼（竹荚鱼、秋刀鱼、沙丁鱼等）、扇贝、牡蛎、鳕鱼、甜虾、乌贼刺身、水煮大豆、牛瘦肉、肝脏、猪瘦肉	• 鱼、肉15~20g • 豆腐50~55g（1/4块左右） • 一整颗鸡蛋的1/2~2/3个 • 原味酸奶100g（小于1/2杯） 推荐食材 咬磨期食材+鲐鱼、混合肉馅等
	维生素和矿物质源	蔬菜或水果从1勺开始 推荐食材 南瓜、番茄、甜椒、胡萝卜、洋葱、大头菜、卷心菜、白菜、西蓝花、菠菜等青菜、苹果、橘子、草莓等	蔬菜、水果15~20g （蔬菜3：水果1） 推荐食材 吞咽期食材+秋葵、扁豆、荷兰豆、葱、青椒、黄瓜、芦笋、莴苣、烤海苔	蔬菜、水果20~30g （蔬菜3：水果1） 推荐食材 咀嚼期食材+牛蒡、莲藕、竹笋、蘑菇类、裙带菜	蔬菜、水果30~40g （蔬菜4：水果1） 推荐食材 咬磨期食材+蔬菜
脂肪、砂糖调味用油		不可使用，让宝宝体验食材本身的味道和香味	可以使用，量控制在1/2小勺内	可以使用，量控制在3/4小勺内	可以使用，量控制在1小勺内

*未加热食品、麻薯、荞麦面、炒芝麻、魔芋、坚果等食品辅食期不要给宝宝食用。蜂蜜在1岁前禁止给宝宝食用。

鸡蛋、牛奶、小麦等

在辅食进行的过程中，有时会发生宝宝食物过敏的情况。以下总结了注意点以及处理方法。

食物过敏的基本认识

判断食物为异物的反应

在我们的身体里具备着一种防御病毒、细菌，保护身体的“免疫”机能。

食物过敏是身体内部将特定的食品认定为有害物质并试图排出体外的“免疫过激反应”。婴儿食物过敏主要是因为婴儿的消化功能尚未成熟，对食物中所含蛋白质不能完全细致分解吸收，因此身体将食物误认为异物。并且引发出湿疹、荨麻疹等皮肤症状或腹痛等胃肠道消化器官症状以及呼吸不畅等呼吸系统症状。

很多时候，经过1 ~ 2年的时间，伴随宝宝的消化功能发育，情况会自然得到改善。在此之前，要暂停（规避食物）引起过敏反应的食物的食用，关注过程。

食物过敏的症状

食物过敏可分为进食后立刻出现症状反应的“速发型”以及数小时后到1 ~ 2天发作的“迟发型”。

- 发痒
- 浮肿
- 荨麻疹
- 湿疹
- 发红

消化器官

- 腹泻
- 恶心
- 腹痛

口、咽喉

- 不适感
- 痒
- 喉咙有异物感
- 肿胀

鼻子

- 打喷嚏
- 鼻塞
- 呼吸困难
- 咳嗽
- 流涕

- 发痒
- 肿胀
- 眼皮浮肿
- 充血

不要自己判断是否规避该食物，一定要看医生的诊断

即便出现疑似食物过敏的症状，由妈妈判断是否规避该食物的做法也是不可取的。按照医生的指示，除进行血液检查和皮肤测试外，进行限制疑似过敏原因的食物的“规避实验”，或进行将该食品喂给患者观察反应的“食物激发实验”，确诊后方能规避食物。婴幼儿的情况，很多时候到了一定年纪后就可以食用该食物，因此，在未满3岁前每隔6个月、3 ~ 6岁每隔6个月~ 1年的时间进行一次检查。

爸爸妈妈患有遗传性皮炎或花粉症等过敏性疾病，也不一定以食物过敏的形式遗传，向经常就诊的医生咨询后再继续辅食。

易发食物过敏的食材

过敏原是指成为过敏原因的物质。对于内脏发育尚未成熟的婴儿而言，像鸡蛋、牛奶、小麦等中所含的蛋白质是需要花费长时间进行消化的不良成分，因此，身体更容易将之误判为“异物”。初次喂给婴儿这些食物的时候，要慎重地进行观察。另外，花生、荞麦面有可能引起呼吸困难等严重症状（过敏性休克），需要多加注意。

如果认为某些食物轻易引起过敏，而不给婴儿食用，也会对婴儿的发育造成负面影响。不要一味地不给孩子吃，要观察情况进行调整。

七大食品过敏原　列出日本过敏人数众多、容易出现重症的七类食品。在市场销售时，法律规定需进行标示。

鸡蛋　牛奶　小麦

螃蟹　花生　荞麦面　虾

除此以外需要注意的食品

（在食品标示中常见的20种）

- 鲍鱼
- 乌贼
- 鲑鱼子
- 橙子
- 腰果
- 猕猴桃
- 牛肉
- 核桃
- 芝麻
- 鲑鱼
- 鲐鱼
- 大豆
- 鸡肉
- 香蕉
- 猪肉
- 松茸
- 桃子
- 山药
- 苹果
- 香菇

第一次进食的食品只喂一勺

在吃初次尝试的食品时，一定要仅喂一勺。如果吃该食品出现食物过敏，喂得越多，出疹子、发痒的症状就会越厉害。

另外，为了能够很快确定出食物过敏的原因，初次尝试的食品每天仅限于1种。

除此以外，为了预防出现食物过敏症状，最好将初次尝试某种食品的时间设定在能够尽快赶往医院的时间（上午或下午早一点的时间）段内。

如果宝宝对于放进嘴里的东西表现出非常讨厌，或者完全不吃，没有必要强迫宝宝吃。很有可能这是因为过敏让嘴部产生了发痒的症状。

能够有效地利用冷冻的辅食或者购买做好的婴儿食品，能够大大减轻妈妈的负担。

妈妈简单便利的好帮手

有效利用冷冻食品及婴儿食品

仅需解冻就能轻松做好一餐

特别是在辅食的吞咽期，宝宝每次吃的量都比较少，因此每次都特意准备会让妈妈非常辛苦。不如一次多做一些，冷冻保存起来，每次吃饭仅需解冻一下即可，能够省去妈妈很多的时间和精力。

制作冷冻食品，需要专用保鲜袋以及制冰盘。汤类以及粥类等水分较多的食物需放入制冰盘中冷冻后装入保鲜袋内冷冻。肉类、鱼类等需趁还比较新鲜的时候做好处理再冷冻。

例如，将白粥、南瓜泥、海带汤分别进行冷冻，解冻后再加热，就做成一道“简单的南瓜粥”。中期以后，西蓝花、胡萝卜、菠菜等可煮熟后切成婴儿能够食用的大小，然后冷冻起来，之后可以做成蔬菜汤、炖菜等很多菜品。

不适合冷冻的食品	能够冷冻的食品		
	番茄酱	胡萝卜	粥
豆腐	高汤	白萝卜	乌冬面
牛奶	蔬菜汤	小沙丁鱼干	挂面
生鸡蛋	白萝卜	鱼肉	意大利面
黄瓜	大头菜	鸡胸肉	面包
等	卷心菜	肉馅	洋葱
	青椒	西蓝花	南瓜
	土豆	牛奶沙司	菠菜
	（加热后捣碎）		等

冷冻的方法

用于辅食的食材出于卫生方面的考虑，要充分加热后再进行冷冻。并且在食用之前需要再次加热。

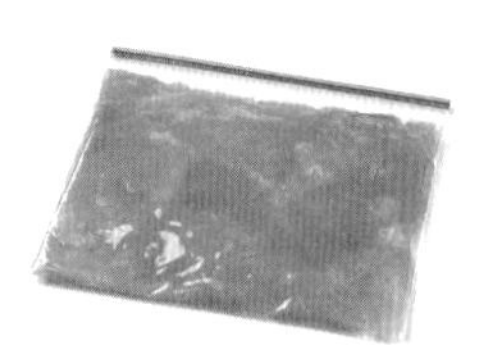

1 冷却后装入袋子或容器

将加热后的食材在充分冷却后装入保鲜袋或容器。

2 尽早冷冻

短时间内冷冻，细菌不容易增殖，并且能够保留口味和营养，因此将之弄成薄片状后冷冻。

3 一定要再次加热后食用

为防止各种细菌的繁殖，冷冻后的食品必须再次加热。并且一周之内将食材用完。

婴儿食品的种类

瓶装

烹调过的食品用瓶保存。开盖后即可食用。吃不完的部分可以放入冰箱保存，出于卫生方面考虑，尽快在2天内吃完。

真空包装

烹调过的食品密封保存。每个月龄都有很多适合的小菜、米饭、意大利面、乌冬面等。可开封即食，非常方便。

脱水粉末

烹调好的食品制作成粉末状。过滤蔬菜泥和即食粥等仅需冲泡热水即能够食用，除此以外，还有可以用于烹饪的混合食材。

冷冻干燥

烹调后的食品进行冷冻真空干燥加工。有高汤、沙司、蔬菜泥、肝泥等。冲入热水即可食用。

婴儿食品 选择方便使用的婴儿食品

在忙碌时能够直接食用，外出时便于携带，婴儿食品是妈妈的好帮手。因为是直接给婴儿吃的东西，因此日本厚生劳动省制定“婴儿食品指南”，严格设立产品质量标准。

婴儿食品可以大致分为四种。包括外出时能够随时食用的瓶装食品、真空包装食品、注入热水后能够食用的粉末食品以及冷冻干燥食品。

市场上出售各个厂家的婴儿食品，种类在500种以上，可根据用途适当进行选择。每种产品上都标示有适用月龄，因此可根据宝宝的月龄进行选择。在使用瓶装或罐装产品时，产品的软硬度及浓稠度可作为制作辅食的参考。

如有过敏情况，要确认产品过敏标示。即便产品中并未使用过敏食材，也很有可能在同一生产线上出现过，也会出现在过敏标示中，请注意。

灵活使用婴儿食品

\ 加入手工制作的食物，保证蔬菜分量 /

灵活地将婴儿食品作为辅食使用，不仅能够节省制作的时间，同时还能够补充不足的营养。想让清淡无味的粥味道发生变化，可以加入冷冻干燥的蔬菜碎片，或者在煮熟的蔬菜和鸡肉中加入牛奶沙司或者汁汤宝。尝试一下，可以有很多种搭配。

灵活使用婴儿食品

在面包预拌粉里加入碎青菜，然后一起蒸，就做成青菜蒸面包！

挑战未吃过的食材

担心宝宝不会吃的食材也可以简单尝试一下，同时能够确认硬度。

外出的时候

无须加热也可食用，因此外出的时候吃起来也非常方便。

平时准备起来非常费事的食材

如果使用真空包装食品或冷冻干燥食品，就可以轻松地吃到很费时间烹饪的鸡肝等。

这一时期是开始尝试母乳、配方奶以外的食品的时期。一天1次，从喝粥开始训练。

初次尝试
辅食

吞咽期　6个月

从碎碎的10倍粥慢慢开始

初次尝试，为了不让宝宝的肠胃受到刺激，一天1次，每次喂给宝宝10倍粥米糊1勺（1小勺），每隔一天慢慢地增加分量。在吃过辅食后，母乳或配方奶可以让宝宝喝到饱。

刚开始的时候，将宝宝横着抱起，渐渐习惯后，可以让宝宝坐在那里，然后用小勺喂到宝宝嘴里。小勺的位置与下嘴唇齐平，等待宝宝上嘴唇闭上。当上嘴唇闭上，小勺也会随之被抿入口中。切记不可将小勺伸入比嘴唇更深的地方。

从习惯吃粥后的第二周左右开始，加入过滤后的蔬菜泥1勺。适应蔬菜后，可以开始添加蛋白质源食品，如豆腐。

在开始辅食1个月后，如果宝宝能够顺利吞咽，可以将辅食增加到2次。

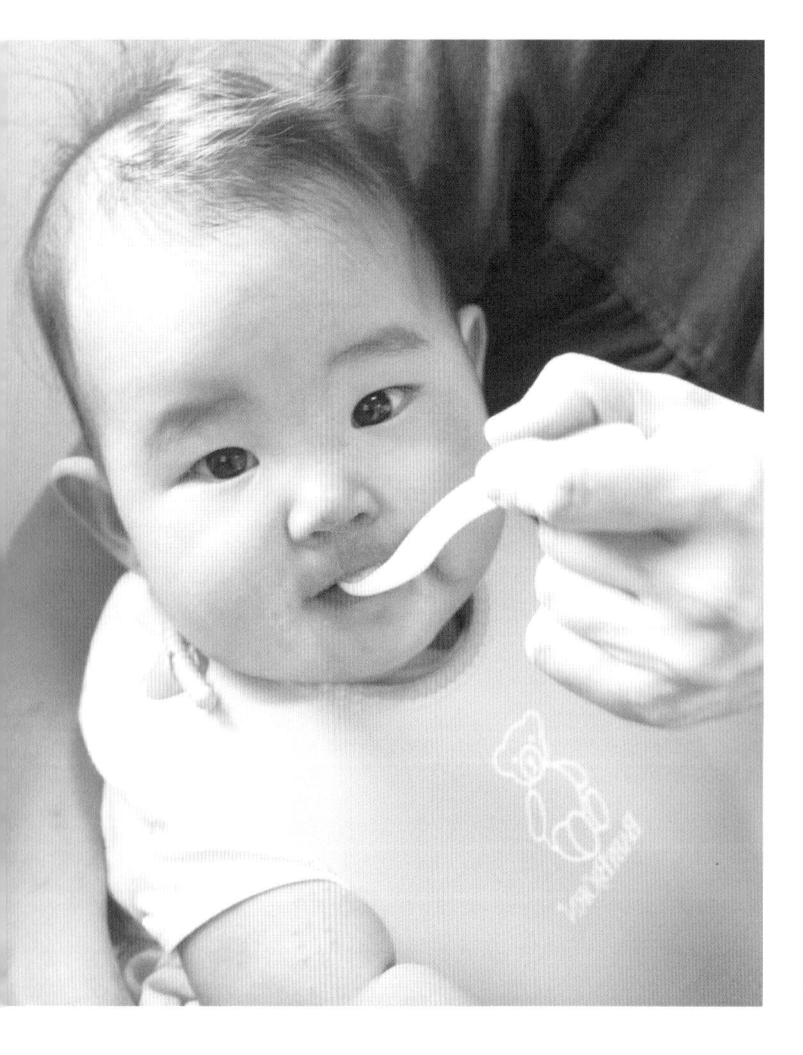

能否从吞咽期"毕业"

对照清单

- ☐ 一天2次辅食已经固定
- ☐ 每次吃辅食都不排斥，并且吃得很高兴
- ☐ 主食（10倍粥）、主菜（豆腐）、副菜（蔬菜泥）能够均衡摄取
- ☐ 糊状的辅食能够顺利地咽下
- ☐ 一餐总共能吃儿童碗半碗左右

初期推进方法

日程	1	2	3	4	5	6	7	8	9	10	11	12	13	14	15
主食 能量源 （例）研碎的10倍粥	🥄	🥄	🥄🥄	🥄🥄	🥄🥄🥄	🥄🥄🥄	🥄🥄🥄	增加到5～6勺							
副菜 维生素和矿物质源 （例）蔬菜泥						🥄	🥄	🥄🥄	🥄🥄	🥄🥄🥄	🥄🥄🥄	增加			
主菜 蛋白质源 （例）捣碎的豆腐	从1勺研碎的10倍粥开始，经过2～3周，添加含有维生素和矿物质源、蛋白质源的食品。										🥄	🥄	🥄🥄	🥄🥄	🥄🥄🥄

*1勺为1小勺（5ml）分量。如果是辅食专用的小勺，为3～5勺。

西蓝花糊

材料

西蓝花花头	10～15g
10倍粥	30g

做法

1. 将西蓝花分小朵煮软后，仅将花头部分放入研磨器中捣碎。
2. 在步骤1中加入10倍粥后继续研磨碎。

建议

在吞咽期最为重要的是食物顺滑，容易下咽。将食材充分混合，软硬程度相当于原味酸奶的硬度。

胡萝卜豆腐泥

材料

胡萝卜	5～10g
嫩豆腐	5～25g

建议

煮嫩豆腐是为了杀菌。可用微波炉加热。

做法

1. 将胡萝卜煮软，放入研磨器内研磨碎。
2. 在步骤1中加入煮过的嫩豆腐，仔细研磨成糊。

能够用舌头和上颌将食物磨碎的咀嚼期。在确认能够咀嚼的同时推进辅食。

练习用舌头和上颌吃东西

蠕嚼期　7～8个月

让宝宝尝试制作成豆腐状的菜品

宝宝可以用舌头和上颌将食物研碎，然后顺利咽下。参照豆腐的软硬度，将食材煮熟后，粗略地捣碎，适当增加黏稠度。这时的粥，以5倍粥（全粥）为基础。蔬菜在煮熟后切成2～3mm大小。

这一时期养成宝宝咀嚼再吞咽的习惯非常重要。要注意，如果用勺子喂食的方式不正确，可能会让宝宝养成直接吞咽的坏习惯。另外，要确认妈妈喂食的速度是否过快、食材是否过软或过硬。

鸡蛋从蛋黄开始，加热后食用

宝宝适应了一天2次的辅食。吃饭的时间尽量设定在同一时间段内，这样可以让生活的节奏更加稳定。

这一时期，能够吸收的蛋白质源食品范围扩大。鸡肉、鲑鱼、红肉鱼类等，都可以作为食材。如果辅食不够黏稠，可以使用淀粉等让食物更加黏稠，这样宝宝更容易食用。鸡蛋要从不容易引起过敏的蛋黄开始，在宝宝出生8个月左右，可以给宝宝整颗蛋黄。为防止食物中毒或过敏等现象，一定要完全加热后食用。

宝宝不喜欢粗磨的食材怎么办?

宝宝本来可以吃下黏稠糊状的辅食，但是混入较粗的食材后就会吐出来，如果出现这种情况，可以暂时再次回到黏稠糊状的辅食，反复进行练习之后，再一次进行挑战。

能否从蠕嚼期“毕业”

对照清单

- ❑ 能够将调理成豆腐状的食材咀嚼后吞咽
- ❑ 每天都不排斥，吃得很开心
- ❑ 主食、主菜、副菜能够均衡摄取
- ❑ 能够咀嚼，不直接吞咽
- ❑ 一共能吃儿童碗一碗左右

胡萝卜高汤烤麸粥

材料

胡萝卜	15g
高汤	1 大勺
烤麸	2 个
5 倍粥	50g

做法

1. 将胡萝卜煮软，然后用研磨器磨碎。
2. 在锅中放入步骤 1 中胡萝卜、磨碎的烤麸，加入高汤煮 2 分钟，到烤麸变软。

建 议

烤麸在干燥的状态下磨碎，将更容易食用。

菠菜鸡胸肉糊

材料

菠菜叶	15g
鸡胸肉	10g
水淀粉	少许

做法

1. 将菠菜叶煮软。
2. 将鸡胸肉切碎。菠菜叶也同样切碎。
3. 在锅中加入 1/2 杯水以及步骤 2，给鸡胸肉加热后，加入水淀粉使其黏稠。

建 议

如果采用口感比较干涩的鸡肉制作辅食，加些水淀粉，口感就可以好很多。

南瓜酸奶粥

材料

南瓜	15g
原味酸奶 *	50g

做法

1. 将南瓜去皮和籽，用保鲜膜包好，放在微波炉内加热至变软（600W，50s）。稍微冷却后隔着保鲜膜揉碎。
2. 将步骤 1 和原味酸奶混合在一起。

建 议

从咀嚼期开始，就可以食用乳制品。酸奶可以直接饮用，也可以简单地和蔬菜搭配，是非常方便的食材。

鲷鱼大头菜泥

材料

鲷鱼	5 ~ 10g
大头菜	5 ~ 10g

做法

1. 将大头菜的厚皮去掉，煮软。鲷鱼也迅速煮好（去掉水分）。
2. 将鲷鱼放入研磨器内研碎滑后加入大头菜，继续研磨。如果看起来不够软，可以加入煮的汤汁调节浓度。

建 议

大头菜因为水分含量较多，适合作为辅食的食材。不过内含有纤维，因此要仔细研碎。

* 中国婴幼儿 1 岁以后可饮用酸奶。

练习用牙齿咬断的时期

能够用前门牙将东西咬断的咬磨期，辅食增加到3次，宝宝自己吃东西的意愿也表现出来。

细嚼期　9～11个月

几乎全部食材都可以使用

这一时期是宝宝练习用前牙将食材咬断，然后用牙床（槽牙部分）将食材磨碎的时期。辅食增加到早中晚3次，主食从5倍粥到较软的米饭。主菜的蛋白质源食品可以采用牛肉、猪瘦肉、沙丁鱼、竹荚鱼等青背鱼类等。副菜的蔬菜可以切成约为5厘米的大小。

可以适当添加一些调味，但用鲣鱼或海带制作的高汤加入清淡的味道即可。这一时期几乎所用食材都能够使用，可以用大人的餐食为宝宝进行搭配，将会更简单。

准备一道能够用手抓着吃的菜品

之前一直是妈妈将饭喂到宝宝的嘴里，宝宝咀嚼后吃下，到这一时期，宝宝要用手抓起食物进行抓食，同时用手摆弄食物的“食物游戏”也开始了。即使在妈妈眼里宝宝只是在玩耍，但这也是宝宝学习感知食材的味道和如何将食物磨碎的过程。请将这看作是成长的一个重要环节，不要阻止宝宝。建议在这一时期为宝宝准备一道用手抓着吃的菜品。能够用手抓起且宝宝能够用前牙咬断的食物为最佳。

抓食的推荐菜品

香蕉和蒸熟的红薯以及煮软的胡萝卜都是能够轻松、迅速准备的食物。也可以在5倍粥或软饭中加入蔬菜等食材，做成薄饼。

能否从细嚼期“毕业”？

对照清单

- ☐ 有规律的一天3次辅食
- ☐ 每次能吃儿童碗一碗左右的粥以及均衡地摄取蛋白质源食品、蔬菜、水果
- ☐ 能够顺利用前牙将食物咬断，然后用牙床将食物磨碎
- ☐ 抓着吃
- ☐ 边玩边吃

鸡肉青菜粥

材料

鸡胸肉	15g
青菜（青梗菜、小油菜等）	20g
5 倍粥	90g
香油	少许

做法

1. 将青菜煮软切碎备用。鸡胸肉切 5mm 大小。
2. 锅内加入 3 大勺水以及步骤 1，中火煮。
3. 鸡胸肉煮熟后加入 5 倍粥混合，加入香油。

建 议

添加少许香油，能够中和蔬菜的苦涩。

番茄煮鲑鱼

材料

生鲑鱼	15g
番茄	20g
橄榄油	少许

建 议

番茄通过快速翻炒变甘甜，更易入口。

做法

1. 生鲑鱼去皮去骨，切成 5mm 左右小块。番茄去皮去籽，切好备用。
2. 在平底锅中加入橄榄油，中火加热，加入步骤 1 快速翻炒，加入 1 大勺水后，用小火煮 2 分钟。

胡萝卜炒豆腐

材料

胡萝卜	20g
北豆腐	45g
色拉油	少许

建 议

豆腐经炒后味道更加浓醇，产生和煮过豆腐不同的美味。

做法

1. 将胡萝卜煮软后切成 7mm 左右大小，用叉子或其他工具捣碎。
2. 在平底锅中加入色拉油加热，加入北豆腐和胡萝卜，将北豆腐捣碎并炒 2 分钟。

宝宝自己用勺子大口吃饭的时期。吃东西的能力已经充分形成。

咀嚼期　1岁～1岁6个月

用零食代替母乳和配方奶

宝宝前牙长齐，磨牙也开始生长。肉丸软硬的东西能够用牙床咬碎。

过了1岁以后，宝宝的肠内细菌生长均衡，蜂蜜也可以开始解禁了。

到了这一时期，一天的营养已经几乎都可以靠辅食来摄取，因此不喝母乳或配方奶也没关系，作为代替品，在两餐之间可以将饭团、面包或300～400ml牛奶（二段奶粉也可）提供给孩子当零食。除牛奶外，酸奶或奶酪也可以。

培养吃的意愿及乐趣

到这一时期，宝宝要自己用勺子吃饭的意愿更加高涨。添加各种口感、形状、味道的食材，让宝宝有更加丰富的食物体验。有时将食物塞个满嘴，或是边吃边掉下很多食物，在这个过程中宝宝才能知道一口能吃下的量，所以请让宝宝尽情地用手抓食。

这一时期一直到幼儿期，还是教会“吃饭的快乐”的重要时期。家人一起围坐在桌边，大声地和宝宝说“好香呀，好好吃”等，教会宝宝吃饭的乐趣。食物的装盘和色彩搭配也会增加宝宝对食物的兴趣。

牛奶和贫血

牛奶不光含铁量较少，同时吸收率也比较低，很容易发生大便潜血的情况，因此有可能引起贫血。所以使用牛奶作为辅料做食物可以从7个月左右开始，但直接饮用牛奶最好在1岁以后。

对照清单

- ☐ 一天3餐
- ☐ 能够用牙床咬碎食物吃饭
- ☐ 主食、主菜、副菜均衡摄取
- ☐ 用手抓着吃，或者用勺子吃，宝宝自己积极地要吃

土豆胡萝卜饼

材料

土豆	140g
胡萝卜	30g
香油	少许

建议

这个月龄的宝宝非常喜欢用手抓食，因此为宝宝准备一些用手容易拿起的食物，让宝宝进行尝试。

做法

1. 将胡萝卜煮软后捣碎。
2. 将土豆磨碎后去水，加入步骤1。
3. 将香油倒入平底锅中加热，将步骤2倒入，两面都烙得刚好后，盛出，切成宝宝容易吃的

彩椒煮猪肉

材料

猪瘦肉薄片	15g
彩椒	30g
色拉油	少许

建议

炒菜很容易让食材变硬，因此加入水，做成煮制的菜品，会吃起来更容易。

做法

1. 将猪肉切小块。用去皮器将彩椒去皮，切成2～3cm长度。
2. 在平底锅中加入色拉油，中火加热，将步骤1放入锅内迅速翻炒。猪肉颜色发生变化后，加入3大勺水，文火煮至彩椒变软。

青菜纳豆汤

材料

纳豆	20g
青菜（白菜等）	30g
高汤	1/2杯
酱油	一点点

做法

1. 将青菜煮好后切成稍微大一点的块。
2. 在锅中将高汤烧开，加入步骤1和纳豆，用酱油进行调味。

建议

纳豆可以直接食用，也可以加入米饭中，是万能的配菜，如果放入汤中，纳豆的黏度不会对食用造成影响，更容易被接受。

辅食的延伸

因为宝宝的消化功能尚未成熟，因此幼儿食也应保持清淡、偏软。

幼儿食

增加易食用饭菜内容

在2岁半到3岁这段时间，宝宝的磨牙开始长齐，但消化功能还尚未成熟。在3岁之前，作为辅食的延伸，宝宝的食物要比大人的食物味道清淡，胡椒、咖喱粉等香辛料要尽量控制，为宝宝提供更易食用的饭菜。硬度以宝宝的磨牙能够轻松咬碎为标准。

在3岁前，宝宝消化类脂质食物的能力还较弱，因此饭菜尽量以日式清淡的菜品为主，这样更有利于营养的均衡，并且能够防止肥胖的发生。

使用筷子大概在4岁以后

宝宝几乎所有食材都能够食用了，但是像鲑鱼子等鱼卵类以及未经加热的食物还是要尽量避免。在能够熟练地使用勺子或叉子后，可以尝试使用筷子。手指用力能够紧紧握好铅笔在4～6岁。

婴幼儿时期的饮食习惯将会持续到成年。不能边看电视边吃饭、不能用手托脸部、吃东西的时候不能说话等这些礼节也要在这一时期认真教给宝宝。

幼儿期零食的量是多少?

宝宝处于幼儿期时，一顿饭吃下的量还很少，因此一天3餐的量不能满足一天所必需的能量。因此一天1～2次的零食非常必要。零食的量，1～2岁宝宝一天为135～150kcal。一个小饭团或蒸红薯、蒸面包、水果等，搭配牛奶。市面卖的儿童点心要选择少盐、少糖类型。

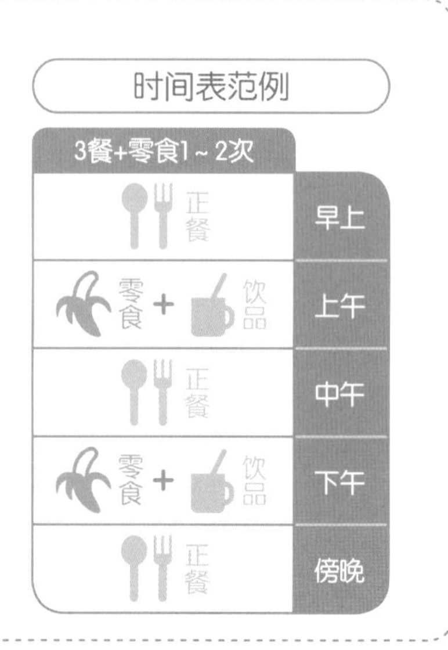

时间表范例

3餐+零食1～2次	
正餐	早上
零食+饮品	上午
正餐	中午
零食+饮品	下午
正餐	傍晚

选取食材和切法升级 土豆炖肉篇

1 辅食后期

材料

土豆	30g
胡萝卜	10g
洋葱	5g
猪肉末	15g
高汤	3/4杯
砂糖、酱油	各1/4小勺

建议

在猪肉末中加水，可以使猪肉更松软、更易煮开。

做法

1. 将土豆和洋葱切成1cm的小块，胡萝卜切成1cm的薄四方形。在猪肉末中加入1小勺水搅拌。
2. 在锅中加入高汤和步骤1中的蔬菜，煮至食材变软。高汤要煮干的时候，再加一些。
3. 一点点加入猪肉末，煮熟。按照砂糖、酱油的顺序加入调料调味。

2 1～2岁

材料

土豆	40g
胡萝卜	15g
洋葱	10g
猪腿肉薄片	20g
淀粉	少许
高汤	1倍
砂糖、酱油	各1/3小勺

建议

用刀背拍打猪肉片，能够让猪肉更容易咬碎。裹上淀粉也有使肉质变软的效果。

做法

1. 将土豆切成1.5cm小块，胡萝卜和洋葱切成1.5cm小块。猪腿肉薄片用刀背拍打后，切成1cm宽。
2. 在锅中放入高汤和蔬菜，煮软。高汤要煮干的时候，再加一些。
3. 将涂满淀粉的猪肉一点点加入，煮熟，按砂糖、酱油的顺序加入调料调味。

3 3～5岁

材料

土豆	50g
胡萝卜	15g
洋葱	10g
魔芋丝	10g
猪腿肉薄片	30g
高汤	1倍
砂糖、酱油	各1/2小勺

建议

猪肉可用牛肉代替。一点点加入肉可以让火加热更充分，肉熟得更快。

做法

1. 将土豆切成1.5cm小块，胡萝卜和洋葱切成1.5cm小块。将魔芋丝煮熟后切成2～3cm长。猪腿肉切成1～2cm宽。
2. 在锅中加入高汤和步骤1中蔬菜和魔芋丝，煮软。高汤要煮干的时候，再加一些。
3. 一点点加入猪腿肉，煮熟。按砂糖、酱油的顺序加入调料调味。

不同代育儿观念居然有这么大的不同

育儿观念随着时代的变化也在变化。爸爸妈妈这一代同爷爷奶奶那一代的想法经常会完全不同。首先来介绍一下造成两代人之间产生鸿沟的背景。

“孩子会养成爱抱着的毛病，所以别抱。”

大概会有很多人在宝宝哭的时候听到过“孩子会养成爱抱着的毛病，所以别抱”。现在已经证实，拥抱是亲子间培养亲情不可或缺的亲密接触，并且不会对宝宝发育造成不良影响。但是，在20世纪50年代的母子健康手册的教育一栏中明确写着“宝宝一哭起来就马上喂奶、抱起、背着的做法不可取”，这在当时对于育儿的人们来说就是理所当然的事情。这样的建议早已随着之后的修订消失了，但是这种说法仍然从母辈传给子辈，现在仍存在。

“还不让喂给宝宝果汁了？”

现在，让爷爷奶奶这一辈人感到吃惊的是，在辅食开始之前不喂给婴儿果汁。在1980年出版的《辅食基础》这本指南书中建议，在婴儿出生后2个月左右，应该让宝宝习惯除母乳、配方奶以外的味道，可以喂给婴儿果汁。但是，喂给婴儿果汁能够导致婴儿对母乳、配方奶的摄入量减少，引起营养不足等问题，因此，在2007年颁布的《喂奶、辅食添加指南》中明确表明，在辅食开始之前没有必要喂给婴儿果汁，1岁以后再添加果汁。

“以前就没有儿童座椅，所以不需要。”

规定父母有义务为未满6岁的婴幼儿安装安全座椅是在2000年。乘坐汽车的过程中未满6岁的儿童因交通事故死亡的人数在1994 ~ 1998年的仅4年间增长了约1.5倍，并且成为社会问题，因此出台了相关法规。未使用儿童座椅造成死亡或重伤的可能性是使用儿童座椅的约2.7倍。如果爷爷奶奶觉得孩子使用儿童座椅会不舒服很可怜，请爸爸妈妈将儿童座椅的重要性进行认真说明。孩子宝贵的生命由儿童座椅来保护。

“蜂蜜不是对身体好吗？”

在蜂蜜的包装上会有“不要给未满1岁的婴儿食用”的标示，这个标示被添加，是因为在1986 ~ 1987年被认为蜂蜜为感染源的“婴儿型肉毒中毒综合征”病例连续被报道。婴儿型肉毒中毒综合征是指由蜂蜜中混入的少量肉毒杆菌引起的疾病，症状为持续数天的便秘后，会出现体力低下等状况。大人因为具有抵抗力，所以哺乳期的妈妈食用是没有问题的，但切记不要喂给未满1岁的婴儿。

“明明配方奶更有营养。”

根据2012年日本厚生劳动省进行的调查显示，对出生后1 ~ 2个月的婴儿进行全母乳喂养的妈妈所占比例为51.6%。添加混合营养，约95.4%的妈妈通过母乳喂养哺育孩子。但在1970年，母乳喂养所占比例减少至约30.3%，第二年占比甚至少于人工营养。这是因为配方奶经过改良，更加接近母乳，受到人工营养才是先进的体现这种风潮的影响。之后，全世界范围内母乳喂养运动兴起，母乳喂养再一次配方奶被推崇。

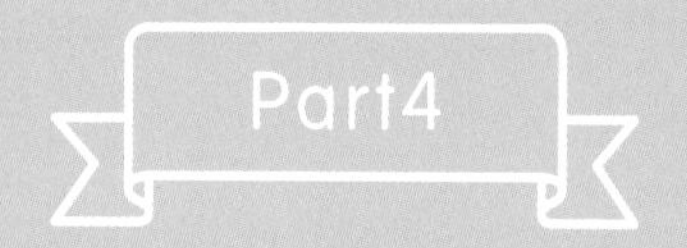

婴幼儿健康检查与疫苗接种

出生后1个月开始的婴幼儿健康检查是让专家对婴儿成长发育进行检查的重要机会。

并且为了保护婴儿的健康，有计划地进行疫苗接种非常必要。

接到医疗机构的通知，请接受检查

利用专家检查婴儿成长的机会，就内心感到不安的问题进行咨询。

健康检查的时间和程序

健康检查非常必要

婴幼儿健康检查根据地区不同，检查的次数和时间也有差别，但很多情况下都是从出生后1个月到3岁之间进行数次。不仅有医生，还有保健师、营养师等专家，共同来检查宝宝生长发育的状况。对于宝宝的成长以及妈妈的安心都是不可或缺的。

不仅检查宝宝的身心以及大脑的发育，同时保健师、营养师还会针对育儿和辅食等提出建议。如果妈妈有比较担心的地方，可以积极地进行咨询。

在社区医院，可以免费接受检查

婴幼儿健康检查是母子保健法规定的义务，能够免费接受检查，但检查的次数、内容根据地区的不同而不同。不能够免费接受的健康检查同样也不适用于健康保险，因此将会由自己全部承担医药费。费用由医院设定，需要预先确认。

健康检查分为在医疗机构保健中心进行的集体健康检查和在儿科接受的个别健康检查。如果是个别健康检查，推荐选定一位医生持续进行检查，这样的话，能够更方便医生、护士、工作人员关注婴儿的成长。对于经常出现的宝宝身体不适等情况，很多时候可以定一个预备日，因此，当宝宝或者妈妈身体不舒服的那天，就无须勉强接受检查，可以改为预备日进行检查。

儿童成长的个体差异

在集体健康检查的时候，很多相同月龄大小的婴儿将会聚集在一起，妈妈们会相互比较宝宝们的成长状况，因此有的时候会产生担心。虽然站立、走路、说话会有一个大致的时期作为参考，但是个体差异也是非常大的，因此无须过度担心。另外，宝宝还不会做的事情也不需要让宝宝在健康检查之前进行练习。只要宝宝没有什么异常表现，妈妈就可以放下心来。

健康检查让很多相同月龄大小宝宝的妈妈聚集在一起，可以利用这个机会交换一些育儿信息，结交朋友。

前一天至当天需要做的事情清单

- ☐提前写好就诊单和母子健康手册的事项
- ☐把文件、换洗衣物、喂奶工具等准备好
- ☐确认好前往检查地点的交通手段以及天气
- ☐提前写好需要向医生、保健师咨询的问题
- ☐如果检查当天宝宝发热到37.7℃以上，可推迟到下一次进行
- ☐很多情况会有预备日，因此身体不舒服的时候不要勉强

当天的衣物准备清单

- ☐睡着的宝宝建议穿前开门的长裤
- ☐可以坐立的宝宝穿上下分开的套装，前开的衣服较为便捷
- ☐妈妈尽量少喷香水，着便于行动的衣服为宜
- ☐为了防止宝宝哭闹，不要忘记带上宝宝喜爱的玩具
- ☐建议使用能够空出两手的背包

当天携带物品清单

- ☐母子健康手册、健康保险证、就诊单、婴儿医疗证
- ☐尿布、喂奶工具、替换衣物
- ☐防宝宝哭闹玩具
- ☐笔、笔记本等文具
- ☐毛巾、湿巾、塑料袋（多个）

健康检查的流程

如果有担心的问题，要事先写好，向医生、保健师、营养师进行咨询。

1 就诊

带好就诊单及母子健康手册就诊。

2 问诊

医生确认宝宝的发育、吃奶次数、妈妈的身体情况。

3 身体测量

测量宝宝的身高、体重、头围等。

4 查体

通过听诊、触诊确认宝宝发育是否顺利、有无疾病。

5 保健指导

保健师、营养师就喂奶、睡眠（夜间哭闹）、辅食等事项进行说明和指导。

出生后1个月到3岁之间数次

出生后1个月到3岁之间不断进行的健康检查。为了宝宝的健康，不要忽视按时就诊。

健康检查的时间及注意事项

接到医疗机构的通知，按时就诊

婴幼儿健康检查从出生后1个月到3岁之间，一般会进行数次。除身高、体重等生长情况和坐立、颈部挺立等发育情况外，还要确认是否有先天性疾病，语言理解能力、视觉、听觉、性器官有无异常等。检查项目根据各个时期有所不同，包含很多方面。

虽然育儿信息只要利用网络很快就能查到，但婴幼儿健康检查可以请专家来确认孩子生长情况，是非常宝贵的机会。收到医疗机构发送的就诊单，很多情况下是可以免费的，所以请一定进行检查。

1个月健康检查

确认体重及有无先天性疾病

检查体重的增加情况，确认喂养是否充足。如果宝宝比出生时体重增加1kg左右，就没有什么问题。另外，通过触碰宝宝手心时，宝宝回握的无意识的原始反射，确认神经的发育，诊断眼睛、耳朵、心脏等是否存在先天性障碍。

主要检查点

- □ 出生后的体重变化
- □ 原始反射情况
- □ 妈妈的身体情况
- □ 有无先天性疾病

3～4个月健康检查

确认颈部情况及有无追视

颈部能够直立是这一时期重要的检查项目。通过“拉起反射”，儿科医生拉住婴儿的两手，确认婴儿是否能将颈部抬起，坐立时，头部是否摆动，通过这些情况判断颈部的发育。除此以外，还确认婴儿能否用眼睛追逐动的东西，被逗弄时会不会发出笑声，是否能够将脸朝向发出声音的方向等。

主要检查点

- □ 颈部能否直立
- □ 髋关节是否存在异常
- □ 耳朵的听觉
- □ 能否会用眼睛追视

6～7个月健康检查

能否坐立、翻身

确认坐立、翻身的情况。这一时期确认髋关节是否脱位也是非常重要的。同时还有用毛巾覆盖宝宝脸部，观察宝宝是否会拂掉的测试，但也有一些宝宝因为不喜欢而无法进行。发育的个人差距很大，因此如果有的宝宝无法做到，也无须担心。还要观察宝宝玩耍时会不会发出声音，是否有多媒体依赖等。

主要检查点

- □ 坐立情况
- □ 翻身情况
- □ 髋关节有无异常
- □ 辅食情况
- □ 与多媒体的接触

被医生告知“需要进一步观察”时，一定不要忘记下一次的健康检查

可能在健康检查时被医生告知“需要进一步观察”。这可以理解为“随着宝宝的成长，很多时候问题会消失，现在还没有问题”。因为发现较为紧急的问题时，医生会建议立即进行检查或治疗。

健康检查是为了让妈妈能够安心以及宝宝的健康成长进行的。如果因为健康检查让妈妈增加了不安，那么就适得其反了。如果有担心的问题或在意的地方，又不方便问医生，可以向工作人员咨询。

每次检查项目

- □ 体重等身体测量
- □ 头部形状的触诊
- □ 全身检查
- □ 确认肌肉的发育
- □ 确认预防接种
- □ 确认视觉的发育
- □ 确认听觉的发育
- □ 根据母子健康手册进行的问诊

9~10个月健康检查

检查爬行、扶物站立

这一时期宝宝从能爬行发育到能够扶物站立，在这一方面也存在着个体的差异，无须过度担心。同时要确认这一时期常见的降落伞反射（将宝宝身体抱起头部冲下时，宝宝是否伸出手臂试图支撑身体）。宝宝的手部神经发育，不只能用整个手掌，而且能够用手指抓住东西。

主要检查点

- □ 爬行、扶着站立情况
- □ 能否模仿妈妈说话
- □ 抓取东西情况
- □ 是否出现降落伞反射

1岁健康检查

确认一个人走路、咿呀学语

有一些地区没有1岁健康检查，下一次为1岁6个月的时候，中间会间隔一段时间。但这也是能够接触到专家的重要机会，可以考虑就诊专家。会检查一下扶物行走和自己走路的情况，不过如果还不会走也不要着急。还会确认是否能说“饭”等词语。除此以外，如果宝宝长出了前牙，一些地区会给宝宝在牙齿上涂氟。

主要检查点

- □ 扶物站立情况
- □ 自己走路情况
- □ 有无长出牙齿
- □ 认人、黏人
- □ 咿呀学语

1岁6个月健康检查

确认走路、语言的理解

宝宝可以一个人走路，因此确认有无O形腿等腿部变形。为了确认手指的发育，会进行堆积木测试。还会检查叫宝宝的名字是否有反应等，但语言理解的个体差异较大。除“妈妈”“爸爸”外，只要能说出一两个有意义的词语，就没有问题。

主要检查点

- □ 走路情况
- □ 能否说出词语
- □ 母子关系
- □ 能否堆积木

3岁健康检查

综合确认身体、大脑、心理发育

运动能力方面，确认上下楼梯以及手指发育情况。语言能力方面，确认能否交流，会不会说自己的名字。还会就和小朋友玩游戏、帮忙大人等平时的情况确认宝宝社会性的发育。有时候还要进行尿检查，事先在家准备好，当天提交给健康检查中心。

主要检查点

- □ 上下台阶
- □ 有无多动
- □ 会不会说自己的名字
- □ 尿检查

接种疫苗的理由

根据不同的疫苗，有的距上一次接种必须间隔30天。在疾病流行前有计划地进行接种。

不可不知的预防接种常识

预防容易发展为重症的疾病

婴儿出生时来自妈妈的免疫力，在出生后6个月左右，逐渐消失。因此，需从2个月开始接受预防接种，尽早增加免疫力。

疾病中有一些婴儿最容易得，一旦婴儿得病后，容易病情严重，甚至危及生命，以及会留下严重后遗症。预防接种将人为地减小病原体毒性的疫苗植入人体内，对该疾病进行免疫。

通过预防接种预防流行疾病

预防接种不仅能够使身体产生免疫力，预防流行疾病，同时还有即便被感染而患病也可以使症状不严重的作用。

另外，预防接种还有使疾病不传染给周围的人，防止疾病流行的作用。观察154页表格可以发现，有一些疾病是本人和周围的人都没有患过的疾病。但这仅仅是通过预防接种的普及抑制了疾病的流行，并不意味着疾病的消灭。在第二次世界大战后的一段时间里，位于日本人死因第一位的是结核病。虽然通过预防接种等对策使其感染率大幅度降低，但现在日本每天仍然有2万人以上患结核病。预防接种是抑制疾病流行的重要的措施。请记得按时接种。

不同的预防接种类型

定期接种

是指由预防接种法规定的接种，在接种期间能够公费（原则上免费）进行。

集体接种

接到医疗机构通知，在规定的时间到保健中心进行接种。

自愿接种

是积极进行的接种，一部分自愿接种会有公费补助，但更多的是全额自费（收费）。如果妈妈曾患过乙型肝炎，可适用健康保险。

个别接种

父母安排好日程，到经常就诊的医生处进行预防接种。

如果不能合理安排接种的话，有可能会不能完成各种接种。所以要认真做好计划。

预防接种的日程及方法

初次疫苗在出生后第二日那天

刚出生接种的疫苗都是一些防止严重感染症的重要疫苗。因为疫苗的种类以及接种的次数都很多，因此刚开始的时候非常关键。定期接种中有一些接种的时期较短，因此做好准备从宝宝出生后有计划且尽早地接种。

合理安排同时接种

如果预防接种都单独进行，每次都需要到医院或保健中心。并且疫苗需要有接种间隔，光是安排日程就很让人头疼。那么让我们合理地安排几种接种一次进行吧。

婴儿感染HIB感染症、肺炎球菌感染症、百日咳后很容易发生病情恶化，有时会危及生命。这三种疫苗在较小的月龄即可接种，因此优先进行这几种疫苗的接种。有的时候即便安排好日程，可能也会因为宝宝的身体状况，日程需要变更。如果不能按日程安排进行接种或者不知道该如何安排接种，请向医生进行咨询。

日程安排要点

1 在集体接种的基础上安排日程

可以将接种的安排编入日程不会轻易变更的集体接种中。

2 合理安排同时接种

同时接种可以一次性接种几种疫苗。

3 接到通知后马上接种

因为有很多接种时期较短的疫苗，因此要马上接种。

4 确认到下次接种的间隔

只有活疫苗需要到下次接种前间隔28天。

5 决定接种的优先顺序

容易重症化的疾病或是季节性接种的疫苗要优先接种。

接种疫苗可以预防的疾病

接种名称	可预防的疾病
卡介苗（BCG）	结核病
二价口服脊髓灰质炎减毒活疫苗（简称脊灰减毒活疫苗，bOPV）	脊髓灰质炎
脊髓灰质炎灭火疫苗（简称脊灰灭活疫苗，IPV）	脊髓灰质炎
无细胞百日咳、白喉、破伤风联合疫苗（简称百白破疫苗，DTaP）	百日咳、白喉、破伤风
白喉破伤风联合疫苗（简称白破疫苗，DT）	白喉、破伤风
麻疹风疹联合减毒活疫苗（MR）	麻疹、风疹
麻疹、腮腺炎、风疹联合减毒活疫苗（简称麻腮风疫苗，MMR）	麻疹、风疹、流行性腮腺炎
重组乙型肝炎疫苗（简称乙肝疫苗，HepB）	乙型病毒性肝炎
乙型脑炎减毒活疫苗（简称乙脑减毒活疫苗，JE-L）	流行性乙型脑炎
A群脑膜炎球菌多糖疫苗（简称A群流脑疫苗，MPSV-A）	流行性脑脊髓膜炎（A群）
A+C群脑膜炎球菌多糖疫苗（简称A+C群流脑疫苗，MPSV-AC）	流行性脑脊髓膜炎（A群+C群）
甲型肝炎灭活疫苗（简称甲肝灭活疫苗，HepA-I）	甲型病毒性肝炎
吸附无细胞百白破、灭活脊髓灰质炎和b型流感嗜血杆菌联合疫苗（简称DTaP-IPV-Hib五联疫苗）	脊髓灰质炎、百日咳、白喉、破伤风、b型流感嗜血杆苗引起脑膜炎、肺炎
23价肺炎球菌多糖疫苗（简称肺炎疫苗，PPSV）	肺炎球菌肺炎
冻干水痘减毒活疫苗（简称肺炎疫苗，Varicella Vaccine）	水痘
B型流感嗜血杆菌结合疫苗（Hib Vaccine)	小儿脑膜炎、肺炎
流行性感冒裂解疫苗（简称流感疫苗，Influenza Vaccine）	流行性病毒性感冒
流行性感冒亚单位疫苗（简称流感疫苗，Influenza Vaccine）	流行性病毒性感冒
人用狂犬病疫苗（简称狂犬疫苗，Rabies Vaccine）	狂犬病
双价肾综合征出血热灭活疫苗（简称出血热疫苗，HFRS Vaccine）	流行性出血热
口服轮状病毒活疫苗（简称轮状病毒疫苗，Rotavirus vaccine）	小儿秋季腹泻（轮状病毒肠炎）
霍乱疫苗（Chelera Vaccine）	霍乱、旅行者腹泻
肠道病毒71型灭活疫苗（简称手足口病疫苗，EV71疫苗）	EV71感染引起的手足口病

疫苗种类

活疫苗

接种其他疫苗需间隔28天

充分减弱病原性的疫苗。使轻微感染，增加与患病时同样的免疫力。因病原体在体内增殖，所以在接种后4周内不能进行其他预防接种。

灭活疫苗

接种其他疫苗需间隔14天

令病原体死亡，取出有效的预防成分。病原体无法在体内增殖，到形成免疫力之前需要进行数次接种。与活疫苗相比，接种其他疫苗的间隔更短。

类毒素

接种其他疫苗需间隔14天

仅将病原体产生的毒素取出，抽取对形成免疫力有益的成分。病原体在体内无法增殖，在形成免疫力前需进行数次接种。与活疫苗相比，接种其他疫苗的间隔更短。

*建议参照《北京市免疫规划疫苗免疫程序（2017版）》

北京市免疫规划疫苗免疫程序（2017版）

月年龄	卡介苗 BCG	乙肝疫苗HepB	甲肝灭活疫苗 HepA-I	脊灰疫苗PV	百白破疫苗 DTaP	麻风疫苗 MR	麻腮疫苗 MMR	乙脑减毒活疫苗JE-L	流脑多糖疫苗 MPSV
出生	√	√							
1月龄		√							
2月龄				√（IPV）					
3月龄				√（bOPV）	√				
4月龄				√（bOPV）	√				
5月龄					√				
6月龄		√							√（MPSV-A）
8月龄						√			
9月龄									√（MPSV-A）
1岁								√	
1.5岁			√		√		√		
2岁			√					√	
3岁									√（MPSV-AC）
4岁				√（bOPV）					
6岁					√（PT）		√		

编者著：本章疫苗接种的时间以及安排参照的是北京市免疫规划疫苗免疫程序（2017版）。
我国各省市地区的疫苗接种事宜请参考当地卫生防疫部门的要求。

预防接种日前的流程

如果考虑在预防接种后进行长途旅行或出远门，活疫苗要在3 ~ 4周前、灭活疫苗要在1周前接种。

接种当天 阅读资料、填写就诊单

接到通知的时候要确认时间和地点。就诊单是向医生传达宝宝身体、体质状况的重要资料，因此要正确填写必要事项。

出门 观察宝宝身体情况后，尽早出门

检查就诊单、母子健康手册、替换衣物等是否有遗忘。口服疫苗建议在接种前后空腹30分钟，因此在接受检查的30分钟前事先吃完一餐。

到达地点

① 挂号

提交就诊单、母子健康手册，完成挂号。然后领取测量体温的温度计。

② 测量体温

如果体温不到37.5℃，可以前往问诊。如果在37.5℃以上，请咨询医生。

③ 问诊

根据就诊单，医生会询问一些关于之前接受的预防接种和身体的情况。之后判断能否进行接种。

④ 接种

接种主要是以注射的形式进行，但轮状病毒疫苗接种是由口服，卡介苗接种是在腕部按下带针的印章。

⑤ 观察

为防止发生不良反应（发热，局部红肿等），要留在医院观察15 ~ 30分钟。为防止弄错接种次数、间隔，确认母子健康手册上是否填好了接种记录后再回家。

回家后 尽早回家，心情舒畅地度过

喂奶和辅食都和平常一样即可。也可以洗澡，但是注意不要揉搓接种的地方。和妈妈一起悠闲地度过这一天。

这样的时候要停止接种

1 出现咳嗽、流鼻涕、腹泻等症状

在上呼吸道感染的恢复期存在轻微症状的时候，也还是可以接种的。请和接种医生进行商议。

2 诊断为水痘后，4周以内

3 诊断为幼儿急疹，2周以内

3岁前的预防接种

免费接种 卡介苗（BCG）

预防疾病

结核病

次数

1次

接种时期

宝宝出生后接种

疫苗种类

活疫苗

通过接种预防疾病

卡介苗为预防结核病的疫苗。结核病初期症状类似于感冒，但如果病状持续，病情会发生恶化，导致呼吸困难，有可能导致死亡。

结核病不仅通过患者的飞沫传播，痰液中的水分蒸发后，进入空气中飘浮的结核菌也会引起感染，因此要进行预防接种。

不要贴创可贴，注意观察

卡介苗通过皮下注射接种。接种2～6周后，接种部位可能会红肿、化脓，这都是正常的过程。结痂之后就会渐渐好转，不要贴创可贴等，注意观察。如果接种部位再次渗出液体，请及时就诊。

接种后的不良反应

宝宝接种疫苗2～3个月以内，不能接触结核病人。如果发现接种部位的同侧手臂腋下淋巴结肿大，要带孩子去医院检查。

●免费接种●乙肝疫苗

预防疾病

乙型肝炎

次数

3次

接种时期

按0个月、1个月、6个月的顺序进行接种

接种需知：

乙肝疫苗第1剂，要在出生后24小时内完成。

疫苗种类

灭活疫苗

与其他疫苗接种的间隔

出生时与卡介苗同时接种；后两剂接种与其他疫苗建议间隔14天；第1，第2剂间隔≥28天

出生时母婴垂直传播感染的风险很大，可以适用于健康保险的情况

乙型肝炎是指由乙型肝炎病毒引发的肝炎，有倦怠、恶心、褐色尿、眼珠发白、皮肤黄疸等症状，病情恶化可能会引发肝硬化或肝癌。

母子感染的情况很多，乙型肝炎可以在孕期或分娩时因母婴垂直传播造成婴儿感染。因此在怀孕时会针对妈妈是否是病毒携带者（无明显症状，但血液中带有病毒的人）进行检查。如果妈妈是病毒携带者，婴儿在出生后立刻接受乙型肝炎疫苗的接种，此类情况适用于健康保险。

各种各样的感染途径，要积极地进行接种

乙型肝炎通过携带者的血液、唾液、眼泪、汗水等感染。例如，有相扑选手在进行身体接触的运动训练中感染的事例，也有保育员中集体感染的情况被报道。父子感染的情况也存在，因此感染的途径非常多。儿童感染有很多情况是途径不明的。

即便妈妈不是乙型肝炎病毒携带者，也请积极地接受接种吧。

接种后的不良反应

这种疫苗一般没有副作用，少数宝宝会有轻微发热症状，可按照一般发热处理。若出现高热或严重不良反应，应立即带宝宝去医院就诊。

3岁前的预防接种

免费接种 脊灰疫苗

预防疾病
脊髓灰质炎（小儿麻痹）
次数
3次
接种时期
按2月龄、3月龄、4月龄接种
疫苗种类
减毒活疫苗和灭活疫苗
与其他疫苗接种的间隔
建议间隔时间： 减毒活疫苗：28天 灭活疫苗：14天

脊髓灰质炎又叫小儿麻痹，是由于中枢神经系统的运动神经细胞受病毒感染后而引起的疾病，是一种严重的传染性疾病。部分小孩得病后可以自行病愈，但多数小孩患病后会出现下肢肌肉萎缩、畸形，结果引起终身残疾，多为跛行，甚至根本不能站立、行走。

接种后的不良反应

接种后可能出现发热、头痛、腹泻等，偶有皮疹，2 ~ 3天后自行痊愈。

免费接种 麻风疫苗（MR）

预防疾病

麻疹、风疹

次数

1次

8月龄接种

接种时期

8月龄接种

疫苗种类

活疫苗

与其他疫苗接种的间隔

建议间隔28天

同时预防麻疹和风疹

麻风疫苗是同时预防麻疹和风疹的疫苗。感染麻疹会出现高热不退、全身出疹子的情况。同时可能会引发气管炎、中耳炎、肺炎、脑炎等并发症，并且会留下后遗症，严重者危及生命。

风疹比麻疹症状轻，一般2～3天能够好转，但也有可能引发除发热、发疹外的脑炎等并发症。

按月龄马上接种

麻风疫苗的接种对象为8月龄的宝宝，时间相对较长，但麻疹和风疹感染性都较强，在满8月龄时请马上接种。

接种后的不良反应

可能会发热、出疹，出现症状请就诊

接种后4～14天，可能会出现发热、出疹、淋巴结肿大等症状。大部分情况下都会自然消失，不需要担心。如果有什么症状，可以及时就诊。

3岁前的预防接种

免费接种 百白破疫苗（DTaP）

预防疾病

百日咳、白喉、破伤风

次数

4次

接种时期

按照3月龄、4月龄、5月龄、1.5岁的顺序接种

疫苗种类

类毒素

与其他疫苗接种的间隔

建议间隔14天

百白破疫苗的组成

百日咳、白喉、破伤风混合疫苗简称百白破疫苗，它是由百日咳疫苗、白喉和破伤风类毒素按适量百白破疫苗量比例配制而成，用于预防百日咳、白喉、破伤风三种疾病。目前使用的有吸附百日咳疫苗、白喉和破伤风类毒素混合疫苗(吸附百白破)及吸附无细胞百日咳疫苗、白喉和破伤风类毒素混合疫苗（吸附无细胞百白破）。

百白破疫苗的作用

百白破疫苗经国内外多年实践证明，对百日咳、白喉、破伤风有良好的预防效果。目前一般认为对破伤风、白喉的免疫效果更为令人满意。

百白破疫苗对破伤风的预防效果最好。使用百白破疫苗基础免疫或用破伤风疫苗2针免疫后，所有被接种的血清中抗毒素都可达到保护水平以上，抗体可维持10 ~ 15年时间，保护率可达95%以上。

对白喉的预防效果也较为理想。使用百白破疫苗基础免疫或用白喉疫苗2针免疫后，约90%的人血清中白喉抗毒素可达到保护水平。如在1.5 ~ 2周岁再加强免疫1针，抗体可维持5年以上。

接种后的不良反应

注射百白破疫苗的第二针后，因注射剂量增加了，往往会出现一定的反应，如在接种后的当天晚上婴儿会哭闹不安，难以入睡，有时还会发热(一般不超过38.5℃)。注射的局部会红肿、疼痛，也可使婴儿烦躁不安。这种反应一般持续1 ~ 2天之后可自行恢复，不需处理。

免费接种 麻风腮疫苗（MMK）

预防疾病

麻疹、腮腺炎、风疹

次数

1次

接种时期

2 ~ 18月龄的儿童进行接种

疫苗种类

活疫苗

与其他疫苗接种的间隔

建议间隔28天

接种麻风腮疫苗很必要

麻疹是儿童时期最常见的传染病，近年来我国普遍开展麻疹疫苗预防接种，发病年龄向后推移，青少年和成年发病率相对上升。麻疹发病初期，类似上感的症状，有发热、鼻塞、打喷嚏，同时有怕光、流泪和眼分泌物增多等不适。在发热的第2 ~ 3天口腔两旁颊黏膜出现像针头大小的灰白色斑点，周围发红，称为麻疹黏膜斑。发热3天后出现皮疹，由前额、耳后、发际开始逐渐蔓延到脸、颈、躯干、四肢，约经3天遍及全身和手足心。

接种后的不良反应

接种反应常见的不良反应是在注射部位出现短时间的烧灼感及刺痛，个别受种者可在接种疫苗5 ~ 12天出现发热（38.3℃或以上）或皮疹。少见的接种反应包括一些轻度的局部反应，如红斑、硬结和触痛、喉痛及不适、恶心、呕吐、腹泻等，极其罕见的有过敏反应、一过性的关节炎和关节痛。

3岁前的预防接种 自费接种

五联疫苗(DTaP-IPV/Hib)

预防疾病

白喉、百日咳、破伤风脊髓灰质炎、b型流感嗜血杆菌疾病

次数

4次

接种时期

按照3月龄、4月龄、5月龄分别进行三针基础免疫，18月龄再注射一针加强免疫

疫苗种类

灭活疫苗

与其他疫苗接种的间隔

建议间隔14天

一次预防五种疾病的疫苗

DTaP-IPV/Hib五联疫苗是2010年批准上市的吸附无细胞百白破（DTaP）、灭活脊髓灰质炎和b型流感嗜血杆菌（结合）的联合疫苗，主要预防疾病是百日咳、白喉、破伤风和流感嗜血杆菌疾病。百日咳、白喉、破伤风和流感嗜血杆菌疾病约占5岁以下儿童疫苗可预防疾病死亡原因的30%（来源：WHO官方2003年发布预估死亡率）。随着儿童疫苗数量大幅度增加，将多种单价疫苗抗原联合为多联疫苗可简化免疫程序，并提高接种疫苗的依从性和覆盖率。吸附无细胞百白破、灭活脊髓灰质炎和b型流感嗜血杆菌（Haemophilus influenzae type b,Hib）（结合）联合疫苗（DTaP-IPV/Hib五联疫苗）于1990年在多个西方国家应用于儿童免疫程序中。

接种后的不良反应

孩子在接种完疫苗后可能会有不良反应，主要出现的不良反应包括局部红肿、发热、疼痛、倦怠和发痒等。请注意观察，症状严重者应及时就医。

自费接种 HIB疫苗

预防疾病

细菌性脑膜炎等 HIB感染症

次数

4次（出生后2~6个月开始的情况）

接种时期

最理想的是，出生后2 ~ 6个月，间隔4 ~ 8周，总计接种3次，7 ~ 13个月进行第四次接种（根据初次接种时期的不同，次数发生变化）

疫苗种类

灭活疫苗

与其他疫苗接种的间隔

建议间隔14天

为防止细菌性脑膜炎，出生2个月后接种

HIB是指B型流感嗜血杆菌，由咳嗽、喷嚏等飞沫感染扩散。恐怖的是，HIB会感染保护大脑和脊髓的脑膜，引起细菌性脑膜炎。由于抗生素效果不显著的耐性菌较多，因此治疗困难，有2% ~ 5%的孩子会死亡。另外30%引起脑部后遗症，除引发发育、智力、运动障碍外，还可能引起听觉障碍。0 ~ 1岁的婴儿最易感染，因此出生2个月后尽早接种疫苗。

出生后6个月之前接种3次，到1岁半之前再接种1次

HIB疫苗的接种次数根据初次接种月龄发生改变。最为理想的是在HIB感染症急增的出生后6个月之前完成3次接种。推荐出生后2 ~ 6个月期间，每隔4 ~ 8周进行总计3次接种，在1岁后进行第四次接种（回家接种）。第三次和第四次之间间隔7 ~ 13个月。

如果初次接种在出生后7 ~ 11个月期间，总计接种3次。如果初次接种在1岁以上，只能接种1次。

接种前的注意事项

同时接种可减少去医院的麻烦

患细菌性脑膜炎的患者半数以上为0 ~ 1岁的婴儿。出生后2个月，请马上进行初次接种。

接种后的不良反应

接种部位红肿、发热

接种后的2 ~ 3天，可能会出现发热、接种部位红肿的情况。很多情况会在1 ~ 2天内消退。如果接种部位周围大范围红肿，请及时就诊。

3岁前的预防接种

自费接种 水痘疫苗

预防疾病	水痘
次数	2次
接种时期	2岁以后接种1次，间隔3个月以上建议接种第二次
疫苗种类	活疫苗
与其他疫苗接种的间隔	建议间隔28天

感染性极强，1岁后立即接种

水痘带状疱疹病毒会引起水痘。高热不退、全身出现发痒的疱疹，需1～2周治好。虽然很少引起并发症，但偶尔也会引起危及生命的脑炎、肺炎等。

通过空气感染、接触感染传播，感染力非常强，保育园、幼儿园等集体感染的情况也会出现。水痘患者一般在9岁以下。等到1岁后马上进行接种。

自2014年10月被列为定期接种，间隔3个月以上第二次接种

水痘疫苗在2014年被列为定期接种疫苗。间隔3个月以上接种第二次疫苗。

自然感染水痘，治愈后病毒仍然留存在神经细胞中。留存病毒会在压力大、体力下降等免疫力下降的时候，作为伴有强烈疼痛的带状疱疹出现。患者多为成年人，有时因强烈的疼痛需住院。水痘疫苗也能预防成年人带状疱疹的发病，因此也推荐接种。

接种前的注意事项

在各地方流行之前迅速接种

因为感染性强，所以在各地方流行之前接种非常重要。如果发现未接种疫苗的婴儿感染，在出现症状后马上内服抗病毒剂可使病症不发生恶化。

接种后的不良反应

几乎无不良反应，但罕见出现疹子

几乎没有不良反应。非常罕见地会在1～3周后出现发热和类似水痘一样的疹子。但都是暂时的症状，几天就会好。如果出现担心的症状，请及时和接种医生联系。

●自费接种●流感疫苗

预防疾病

流感

次数

2次

接种时期

出生6个月以后

疫苗种类

灭活疫苗

与其他疫苗接种的间隔

建议间隔14天

流感相关性脑炎会对大脑造成伤害

每年冬天流行的流感是感染性非常强的疾病，通过喷嚏、咳嗽等飞沫传染。初期症状类似于感冒，但比感冒更易恶化，会引起支气管炎、肺炎、中耳炎等并发症。

特别恐怖的并发症是流感相关性脑炎和心肌炎。发热后2 ~ 3天之间较为容易发生，可能会导致死亡或留下严重的后遗症。尚无抵抗力的婴幼儿更易感染，因此通过接种疫苗进行预防。

在流行前完成全家人接种

对于行动范围有限的婴儿来讲，流感的最主要传播途径就是家人传染。每年12月份流感开始流行，在此之前，不光是婴儿，家人全体应接受接种。

流感病毒有很多种类，疫苗主要是针对预测来年流行的类型制成。因此，可能会导致预测不准确，或者很难形成抗体，从而感染流感，但与自然感染相比，症状将会更轻微。

接种前的注意事项

如果对鸡蛋过敏，请对医生说明

流感疫苗生产过程中需要鸡蛋，虽然在精细制作疫苗的过程中鸡蛋的成分被去除，但对鸡蛋过敏强烈的人仍有可能会出现过敏症状，因此接种前应与医生进行商议。

接种后的不良反应

接种30分钟内注意过敏反应

可能会出现接种部位红肿、发热、出疹的症状，但多数会在2 ~ 3天内消失。但接种后30分钟内可能出现强烈过敏反应（过敏性休克），因此应在医院进行观察。

3岁前的接种

自费接种 轮状病毒疫苗

预防疾病

轮状病毒胃肠炎

次数

2~3次

接种时期

Rotarix在出生后6个月之前，间隔4周以上接种2次。RotaTeq在出生后8个月之前，间隔4周以上接种3次

疫苗种类

活疫苗
（不注射、口服类型）

与其他疫苗接种的间隔

建议间隔28天

低月龄感染容易引发重症，出生后2个月接种最为理想

轮状病毒肠炎是流行于冬季到春季的急性胃肠炎，会引起强烈的腹泻和呕吐。传染性非常强，有10 ~ 100个轮状病毒经口腔进入后就会感染，恶化后有可能会引起脱水、痉挛、脑炎等严重的并发症。

出生后的5 ~ 6个月是较易感染的时期，初次感染最易发展为重症，因此在出生2个月后马上进行接种。

疫苗分为两种，接种次数不同

轮状病毒疫苗有Rotarix（1价）和RotaTeq（5价）两种。接种时期短，Rotarix在出生6个月之前接种2次，RotaTeq在出生8个月之前需接种3次。对轮状病毒引起的胃肠炎的防御效果，RotaTeq和Rotarix是一样的。因为均为活疫苗，因此需在两次接种之间间隔27天。为了能够让接种按时结束，请与医生进行商议。

接种后的注意事项

大便会排出病毒，妈妈和家人要注意

接种后7 ~ 10天，病毒将通过大便排出体外。轮状病毒的感染途径以排泄物居多，因此妈妈和家人为了防止感染，在给宝宝换完尿布后要洗手，做好卫生管理。

接种后的不良反应

如果出现便血，请就诊

可能会出现腹泻等不良反应。极少数情况下会在接种1周后引起小肠末端的回肠部分进入大肠的肠套叠症状。如果出现便血的情况，请及时就诊。

预防接种

Q 不良反应更让人担心，是不是自然感染会更好些？

A 也要考虑自然感染的风险。

作为不良反应可能会出现接种部位红肿或发热的情况，但多数会在几天内好转，引发严重症状的情况极少。另外，自然感染后病情加重、引发并发症等的风险更高。其中像流感，虽然接种但仍会自然感染的疾病，即便感染，接种后症状也仅会停留在轻微程度而不会恶化。也有的时候随着时间变长，抗体会减少，可能会患病，针对于此，也可以追加接种。

Q 出生时体重很轻的婴儿可以预防接种吗？

A 到了可以接种的月龄，基本都可以。

基本上到了可以接种的月龄后，接种是没有问题的。为了尽早增加免疫力，到了接种时期最好尽快接种预防疾病。但出生时体重很轻的婴儿在接受住院治疗的情况下，在得到医生的许可后方可接种。

Q 如果同时接种，能分辨出不良反应吗？

A 无法进行区分，但也要考虑同时接种的优势。

发热等不良反应出现时，很难判别是由哪一种疫苗引起的。但是，在日本对于被认可的疫苗组合以及种类数量并未限制，同时并不存在同时接种会让各种疫苗的不良反应发生频度增加。合理安排接种可以尽早地增强免疫力。

Q 一针接一针地打会不会对宝宝身体不好？

A 病原体的毒性已经大幅度减弱。

接种的疫苗其实量非常少。另外，疫苗的病原体毒性已经被大幅度削弱，因此不会对身体造成负担。预防接种的顺序是在考虑到患病后恶化的可能性以及留下后遗症的可能性后进行排序的，因此到了接种时期，要马上接种。

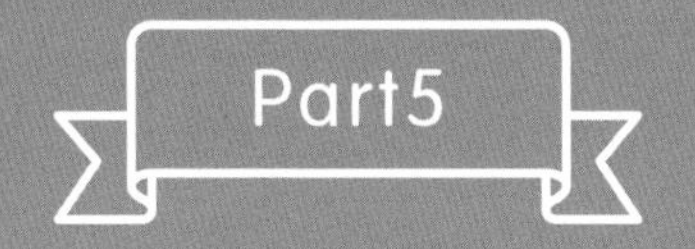

婴儿疾病与家庭护理、应急处置

养成随时检查宝宝身体状况的习惯，可以通过家庭护理应对感冒的症状。

熟悉婴儿常见的疾病症状和基本治疗方法，以备不时之需。

当感到宝宝生病了

当注意到宝宝和平时不太一样的时候，这可能是隐藏疾病的信号。那么要检查宝宝全身的状况。

检查宝宝平时的状况

无理由的不高兴，可能是身体不舒服

熟知宝宝平时情况的爸爸妈妈才会注意到疾病的信号。虽不必过度精神紧张，但当宝宝不发热却苦恼的时候，或怎么哄也不笑而一直不高兴的时候，很可能是隐藏了严重的疾病。

因为婴儿在患病时，病情存在比大人发展更快的危险性，因此一定要妥当地进行应对。如果注意到宝宝和平时不太一样，首先检查宝宝全身的状况，判断是否应该就医。以下为主要检查项目。

Point 1 没有食欲

当宝宝不吃母乳或配方奶，或者喝奶的量明显比平时要少的时候，同时要观察是否有腹泻、发热等症状。如果没有食欲，但是比较有精神，体重也在增长，那么就无须担心。

脸色和平时不同

当脸色和平时不同，脸色发红、充血时，首先要检查一下宝宝是否发热。如果脸色发黄，很有可能是黄疸。另外，如果嘴唇发紫，很有可能是紫绀的症状。请立即就诊。

Point 3 呼吸急促费力

当宝宝在呼吸的时候，如果出现肋骨起伏缩进呼吸、鼻翼翕动的鼻翼呼吸、肩膀上下剧烈起伏的肩部呼吸时，稍微离远一些能够听到滋滋、呼呼的呼吸声音，请及时就诊。

用手抓耳朵

如果宝宝不停地用手动耳朵，而且总哭，可能是因为耳朵疼痛。先冷敷一下患部，暂时观察。如果发热，请尽快到医疗机构就诊。

没有精神、情绪不好

即使宝宝发热，只要有精神、情绪不错，也不需要过度担心。另外，如果逗弄宝宝，宝宝也不笑，一直在哭，并且睡眠较浅容易惊醒，以防万一应去医院就诊。

大小便和平时不一样

大便和小便的状态、颜色、气味、次数等的变化也不容忽视。有时会隐藏着消化系统疾病的危险。如果比较异常，可以拍下照片，就诊时出示给医生。

儿科就诊

记住正常体温

婴儿体温相对大人来说较高，儿童腋下测定体温在36.3 ~ 37.4℃为正常值。但体温具有个体差异，早晨体温偏低，到了傍晚体温会升高，一天中会发生变化。另外，季节变化也会影响体温。在宝宝身体无异样的情况下，早晨、中午、傍晚、睡觉前测量4次，在用餐前安静的状态下测量一次体温，确定一下宝宝的正常体温是多少摄氏度。如果比平时的体温高1℃以上，可以判定为发热。

把信息尽量多地传达给医生

宝宝不会讲话，因此熟悉宝宝日常情况的人将病情清楚地传达给医生是非常重要的事情。比较令人担心的症状，症状从什么时候开始，有没有其他症状等，不能在就医时呈现出的症状，可以通过照片、视频等出示给医生，可以让医生能够更准确地进行诊断。另外，宝宝到目前为止生过什么病、对哪些药物过敏也要告知医生。

带到医院去的东西

- ▢ 母子健康手册
- ▢ 健康保险证　▢ 就诊卡
- ▢ 婴幼儿医疗证　▢ 药品记录本
- ▢ 替换衣物　▢ 尿布
- ▢ 毛巾　▢ 钱
- ▢ 能够了解宝宝情况的东西（发热记录等）
- ▢ 宝宝喜欢的玩具

确定一位经常就诊的医生

当宝宝的情况出现异常的时候，无论是谁都会手足无措起来。这个时候能够倚靠的就是经常去就诊的医生。因为经常请一位医生给宝宝看病，那么医生也会了解宝宝的情况和体质，就能够更加放心地请医生帮忙诊断。在家附近找到医疗机构。

听妈妈前辈说

在宝宝出生6个月左右的时候，突然有一次夜里高热近40℃，让我非常着急。也不知道应不应该夜间去就诊，在网络上找到了可以进行咨询的医疗机构，介绍了宝宝的病情，被告知先观察情况到第二天早上。在宝宝突然生病的时候应该与谁联系，怎么才能做出正确的判断，一定要事先找好。

（8个月男宝宝的妈妈千春）

宝宝可能生病了的时候

不同症状的居家护理方法及就诊参考

婴儿的鼻腔狭窄，容易堵塞

鼻涕有能够将从鼻腔侵入的病毒和细菌阻挡住并排出体外的功能。婴儿的鼻腔比大人的鼻腔更为狭窄，鼻黏膜也更加敏感。另外，因为宝宝经常哭泣，所以鼻涕会更多，也就更容易引起鼻孔堵塞。家庭护理很重要，但当宝宝表现出很不舒服的时候，请及时到儿科、耳鼻喉科就诊，请医生进行鼻腔清理。

流鼻涕

当宝宝鼻塞的时候，就没办法顺利地吃奶。不舒服的时候，睡眠也会变浅，因此，大人要经常帮助宝宝取出异物，保证鼻腔的畅通。

家庭护理要点

Point 1 用吸鼻器吸出鼻涕

当宝宝鼻子堵住不舒服的时候，可以用婴儿用吸鼻器吸出鼻涕，或用纸巾、纱布等帮助，不时进行清理。鼻子堵塞严重的时候，将蒸过的毛巾贴在鼻子根部，让宝宝吸入蒸汽，鼻子的呼吸会变顺畅。

Point 2 用棉棒轻轻带出鼻屎

当看到宝宝有鼻屎的时候，大人总会情不自禁地想帮宝宝挖出鼻屎，但如果生硬地取出，会造成鼻黏膜的损伤。在宝宝洗完澡后鼻腔还保持着湿润状态的时候，可以用婴儿用棉棒在鼻孔入口部位轻轻擦拭。

Point 3 创造好的室内环境，经常进行水分补给

当身体感到冷的时候，就容易流鼻涕、打喷嚏，因此多给宝宝穿一件衣服。室内干燥的时候，用加湿器加湿。当宝宝鼻子堵住的时候，就不能用鼻子呼吸，也不能顺利地吃奶，所以请分几次喂奶。

就诊参考

需要马上就医的情况

- □ 呼吸紊乱，看起来很痛苦
- □ 伴有发热、咳嗽的症状，看起来很痛苦

可选择门诊时间就医的情况

- □ 鼻涕呈透明状，量大
- □ 鼻塞，无法入睡
- □ 没有食欲，情绪不好
- □ 有发热、腹泻、呕吐等症状
- □ 鼻涕呈黄色黏稠状，颜色、形状、气味明显存在异常

在家采取护理措施即可

- □ 咳嗽，但情绪无异常
- □ 睡得踏实

你的做法对不对？这样做不对

用纸巾用力给宝宝擦鼻涕

用纸巾用力地擦鼻涕是造成皮肤粗糙的原因。用蘸湿的纱布轻轻擦掉鼻涕，然后在鼻子下面涂抹凡士林。

不要把棉棒或吸鼻器伸入鼻腔深处

将棉棒和吸鼻器伸入鼻孔内侧将会损伤鼻黏膜，因此切记不可。另外，在吃饭后立刻进行护理容易造成呕吐，要尽量避免。

咳嗽

有时候仅用加湿器就可以缓解咳嗽的症状。为了祛痰，可以用勺子给宝宝一点一点补充少量水分，润一下喉咙。

咳嗽是抵御外敌入侵身体的防御反应

咳嗽是将具有防止保护身体不受入侵的细菌或病毒感染而形成的痰等分泌物排出呼吸道的反应。感染病原体后支气管发生炎症或者鼻涕进入嗓子等情况也会引起咳嗽。另外，有一些症状可能是因为肺炎、哮喘等过敏性的咳嗽。注意呼吸声音是否正常、有无发热、腹泻、呕吐等其他症状，采取恰当的应对措施。

家庭护理要点

Point 1 剧烈咳嗽的时候，将宝宝竖着抱起，拍打背部

宝宝剧烈咳嗽，看起来很痛苦的时候，可以将宝宝竖着抱起，轻轻拍打背部，或用力按摩背部，这样可以让支气管中产生的痰更容易排出。另外，在宝宝睡觉的时候可以用毛巾等将宝宝的上半身垫高，这样呼吸能够更轻松，也更容易入睡。

Point 2 补给水分、湿润嗓子

让嗓子保持湿润，更有利于祛痰。在给宝宝补给水分的时候，如果给宝宝喝一些凉的东西或者果汁等，容易刺激嗓子，引起咳嗽，要避免这样的做法。可以将冷却至人体温度的温开水一点一点少量用勺子喂宝宝喝下。如果宝宝有食欲，辅食像平时一样即可。避免吃冷的东西，一点一点少量喂一些容易吃的东西。

Point 3 经常通风换气、改善环境

一天3次通风换气，每次控制在10分钟左右，让室内的空气能够流通。空气干燥，呼吸道的黏膜也会干燥，容易引起咳嗽，因此可以使用加湿器使室内的湿度保持在50% ~ 60%最为理想。在室内晾晒浸湿的毛巾或洗的衣服也有很好的加湿效果。

就诊参考

呼叫救护车，迅速前往医院
- □ 嘴唇发紫的症状

需要马上就医的情况
- □ 呼吸时发出滋滋、呼呼的声音，呼吸困难
- □ 猛烈地咳嗽，并且数次呕吐
- □ 因为咳嗽无法吃饭，无尿
- □ 好像嗓子内有异物，突然剧烈咳嗽

可选择门诊时间就医的情况
- □ 虽然咳嗽，但能睡着
- □ 除了咳嗽外，还有感冒的症状，但很精神
- □ 滋滋、呼呼的呼吸声音拉长

在家护理即可
- □ 有轻微咳嗽，但有食欲，能睡安稳

你的做法对不对? 这样做不对

用奶瓶喂给往常一样的量

在宝宝咳嗽的时候，所用奶瓶中的奶会出来很多，所以有呛到吐奶的危险。因此，这个时候可以喂给宝宝平时1/3 ~ 1/2的量。

房间过热、空气干燥

使用暖气等让室温增高，空气干燥，容易引起宝宝咳嗽。将洗的衣服晾挂在房间内，可以保持室内的湿度。

发热

几乎所有人都要经历婴幼儿时期的发热。为了不让宝宝消耗过多体力，让我们事先了解家庭内可采用的护理办法和需要就诊时的症状。

没有精神的时候就要就诊了

婴儿的正常体温比大人要高，一般为36.3～37.4℃。发热是指体温高于平时体温1℃。提醒大家注意的是，身体的整体情况比发热更为需要关注。虽然发热，但宝宝的心情很好，看起来也有食欲，可以暂时进行观察。但相反的，如果宝宝没有什么精神，浑身软弱无力，即便体温并不太高，也要去就诊。

出生未满3个月的婴儿如果出现发热的情况，可以按照医疗机构的指示判断是否就诊。

家庭护理要点

Point 1 调节宝宝体温

发热前会有寒战，如果脸色发白，要做好保温，当宝宝出汗并脸色转红后，为了促进排热，需减少一些衣物。也可以用浸湿后拧干的毛巾或者水袋放在额头、脖子、两腋下或者大腿根部进行降温。在宝宝出汗后停止降温，替宝宝换衣物。

Point 2 做好补水

在发热的过程中会大量出汗，容易引起脱水的症状。因此要经常喂给宝宝一些婴儿用离子饮料、口服补水液、凉开水等。很多时候宝宝会没有食欲，可以不勉强吃辅食。可以给宝宝做一些乌冬面或汤等容易咽下的食物。

Point 3 尽量静养

发热的时候要更多地在室内度过。虽然没有必要让宝宝一直躺着，但需要避免做一些让宝宝过度兴奋和疲劳的游戏。可以在家附近短时间进行散步，能够转换心情。

你的做法对不对？这样做不对

自己判断给宝宝吃退烧药

发热是身体的防御反应，不要随便退烧，特别是退烧药不要自己随意喂给宝宝，要按照医生的医嘱正确使用。

长时间洗澡

如果宝宝喜欢洗澡洗澡是没问题的。但尽量避免较长时间洗澡。身体不舒服的时候，可以用拧干的热毛巾擦拭宝宝的全身。

就诊参考

呼叫救护车，迅速前往医院

- □对呼叫无反应

需要马上就医的情况

- □出生后首次出现痉挛
- □没有精神，浑身无力
- □半天以上没有小便
- □无食欲，不喝水

可选择门诊时间就医的情况

- □不满3岁婴儿发热38℃以上
- □出现流鼻涕、咳嗽等症状
- □发热持续1天以上
- □没有食欲，但喝水
- □不开心，和平时不一样

在家护理即可

- □发热，但精神不错

呕吐

当宝宝呕吐时一定要注意防止窒息，同时为了防止引起脱水症状，及时补充水分也非常重要。如果发现宝宝没有精神，就请及时就诊。

当有被感染的可能性，请注意

婴儿与大人相比，胃部入口处的机能尚未发育完全，因此在吃奶后经常发生吐奶的情况。当宝宝吐的次数较多，并且过一会儿后浑身无力的时候，一定要多加注意。通过呕吐物的形状、颜色、内容等可以判断病情，因此要在就诊的时候告知医生。频繁地发生呕吐，很有可能是病毒或细菌引起的感染。不要赤手对呕吐物进行处理，一定要戴上口罩和橡胶手套。弄脏的衣物要分离开来洗涤。

家庭护理要点

当宝宝恶心的情况减弱时，为宝宝更换衣物

刚刚呕吐完马上换衣服，很有可能再一次引起呕吐。首先将宝宝竖着抱起，让宝宝安静下来，将嘴角周围擦拭干净。当宝宝完全安静下来的时候，可以给宝宝冲澡或者用热毛巾擦拭身体，再换好衣物。

注意不要让呕吐物堵住宝宝嗓子

有一些在睡眠中呕吐物进入呼吸道引起窒息的事例。当宝宝不再呕吐的时候，在宝宝背部垫上垫子，让宝宝侧向躺下。父母要注意观察一段时间。

呕吐后稍微停滞一段时间，再补充水分

在宝宝呕吐后0.5 ~ 1小时，如果不再呕吐，可以给宝宝每5分钟补充一些婴儿用离子饮料。一次的量约为每10kg体重补充10ml水分。3 ~ 4小时内宝宝想喝多少水就给多少。喂奶在观察1 ~ 2小时后，充分补充水分后进行。量控制在平时的一半左右。

你的做法对不对？这样做不对

给宝宝牛奶、乳酸菌饮料、果汁

牛奶、乳酸菌饮料、果汁等渗透压高，会对胃造成负担，因此不要在呕吐后作为水喂给宝宝。

呕吐后立即补充水

会造成刺激，导致再次呕吐，因此宝宝呕吐后不要立即给宝宝水喝。在呕吐的迹象消失前观察0.5 ~ 1小时。

就诊参考

呼叫救护车，迅速前往医院

- □对呼叫无反应

需要马上就医的情况

- □高热、无力
- □痉挛后呕吐数次
- □吐血或吐黄色胆汁
- □头部外伤后，24小时内开始呕吐
- □径口补充水分困难
- □持续半天以上无小便
- □持续便血

可选择门诊时间就医的情况

- □伴随流鼻血、发热
- □喂奶后，吐奶像喷水
- □大便和小便次数较少，体重不增加

在家护理即可

- □呕吐1 ~ 2次，但很快平静下来，并且情绪无异常
- □小便和平时一样

腹泻

腹泻容易引起脱水症，因此不断补充水分非常重要。腹泻后要喂给宝宝一点容易消化的食物。

注意腹泻以外的症状以及大便的状态

消化机能尚未发育完全的婴儿可能会因为摄取辅食或水分过多，而排泄软便。但只要宝宝有精神、有食欲，就无须过多担心。

不过，大便的颜色、形状、气味和平时不同，发热、呕吐伴随着其他症状一同发生，身体无力的时候，一定要注意。

不要随便自己进行判断，一定要找平时就诊的医生进行诊治。告诉医生大便的颜色、形状以及其他症状。

家庭护理要点

Point 1 替换尿布，保持屁股清洁

当宝宝腹泻的时候很容易引起尿布疹，因此在替换尿布的时候要清洁干净，或让宝宝坐在放入温水的盆内进行清洗。

Point 2 不断补充水分

腹泻容易引起脱水症状，喂给宝宝婴儿用离子饮料或口服补水液等进行水分补给。一次的量约为每10kg体重补充10ml水分。每隔5分钟一次，3～4小时内宝宝想喝水时就喂给宝宝。这样能够迅速地补充因腹泻导致流失的水分和盐分。

Point 3 辅食要是容易消化的食物

腹泻时母乳可以和平时的量一样，但配方奶的量要控制。已经开始辅食的宝宝在症状消退之前要暂时回归到上一阶段的辅食（咬磨期→吞咽期）内容，辅食的量也要进行控制。先从容易消化的粥等食物开始慢慢恢复。

就诊参考

呼叫救护车，迅速前往医院

- □ 出现紫绀或痉挛

需要马上就医的情况

- □ 软弱无力
- □ 没有精神，身体无力
- □ 激烈腹泻和呕吐不停反复
- □ 高热38℃以上，身体无力
- □ 持续半天以上无小便
- □ 持续便血
- □ 便血黏稠，草莓酱状

可选择门诊时间就医的情况

- □ 数天内持续轻微腹泻
- □ 腹泻大便发白
- □ 有发热或呕吐等症状

在家护理即可

- □ 有精神，能够喝水
- □ 有精神，大便发稀

你的做法对不对？这样做不对

比平时给宝宝穿得更厚

腹泻期间为了不让腹部着凉给宝宝穿肚兜等做法不可取。比平时穿得厚，很容易出汗，而出汗会引起脱水症状。

配方奶冲得很稀

具有能够让大便变软作用的乳制品在宝宝腹泻期间应按照医生的指示食用。但是不能将配方奶冲得很稀。在病程拖长前就诊。

痉挛

在宝宝痉挛的过程中，大人不要惊慌，仔细观察痉挛持续的时间以及症状。学会应对痉挛的方法，冷静处理。

大脑异常兴奋引起痉挛

大脑的神经细胞受到高热、细菌、病毒的刺激异常兴奋的时候会发生痉挛。婴儿容易发生的痉挛一般为高热引起的“热痉挛”。通常为短暂的症状，5分钟左右就会停止，第一次出现痉挛的时候，及时请经常就诊的医生诊治或到急诊就诊。一天中如果出现数次痉挛或痉挛时间持续5分钟以上，请立即到医院就诊。

家庭护理要点

Point 1 松开衣服，朝向侧面躺下

发生痉挛的时候，将宝宝移动到安全的地方，为了让宝宝更容易呼吸，将衣物的扣子解开。为了防止痉挛过程中呕吐物阻塞呼吸道引起窒息，将宝宝朝向侧面躺下。

Point 2 记录痉挛持续时间

记录痉挛持续的时间。认真观察是哪一种类的痉挛，是身体某一部分的痉挛，还是全身痉挛，抑或是一侧痉挛，同时观察脸色、嘴唇颜色以及眼睛转动情况。

Point 3 痉挛过后测量体温，补充水分

在宝宝恢复意识后测量体温，如果发现发热，要每隔1小时测量一下体温。初次出现痉挛的症状时，即便不在医院工作时间内，也要及时就诊。当宝宝安定下来后，用勺子喂给宝宝少量凉开水补充水分。以防万一，当天不要洗澡，观察情况数日。同时观察是否有其他症状，不要外出，在家里放松度过。

就诊参考

呼叫救护车，迅速前往医院
- □ 痉挛持续5分钟以上不停止
- □ 无意识

需要马上就医的情况
- □ 不发热痉挛
- □ 不停呕吐
- □ 摔到头部引起的痉挛
- □ 初次发生痉挛
- □ 反复痉挛
- □ 出生后未满6个月

可选择门诊时间就医的情况
- □ 第二次痉挛后发热38℃以上
- □ 5 ~ 6分钟后恢复精神
- □ 以前被诊断为热痉挛

在家护理即可
- □ 大哭引起痉挛

你的做法对不对? 这样做不对

让宝宝咬住纱布或勺子

在痉挛过程中，有的家长为了防止宝宝咬到舌头，将纱布等塞在宝宝口中，但放入东西后，有可能舌头会堵住气管，因此要避免。

在发生痉挛的时候摇晃宝宝身体

摇晃身体会对宝宝造成刺激，引起呕吐，呕吐物可能阻塞气管造成窒息。因此在宝宝痉挛的时候呼唤宝宝的名字，确认宝宝还有意识即可。

漫画　宝宝第一次发热

咦？
哎哎？

宝宝今天怎么和平时不太一样？
眼皮变成双眼皮了
眼睛湿润润的
哈啊哈啊
气息不稳
颜通红色

高热39度！
第一次发热！
去医院，去医院！
该带上什么东西去医院？

哺乳披肩
保健证等
毛巾
母子健康手册
尿布2片左右
湿纸巾
替换衣物
塑料袋
还有什么没带？
钱包
手机
着急也要把东西准备好。

该去哪里呢？
提前找好经常就诊的医院，在发病的时候不需要惊慌。
给附近的儿科打个电话问一问！

总算到了医院就诊。
诊疗所

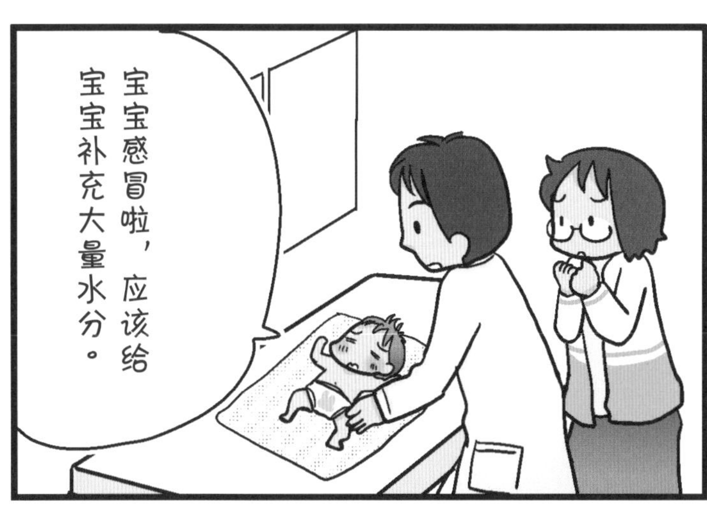
宝宝感冒啦，应该给宝宝补充大量水分。

还好只是感冒。
我回来了，累死了。
吵闹到极点
哇哇哇

不行了，求求你赶紧睡觉吧。

不会吧，天已经亮了。
妈妈辛苦啦，我去工作了。
正常体温。
小脸的颜色也正常了

及早应对是关键

为了在遇到突发情况或受伤的时候不手忙脚乱，让我们事先了解一下应急处理的方法吧。

意外事故的紧急处理方法

误吞

误吞是婴儿突发事故中最为常见的。重新确认一遍宝宝和家人一起生活的地方是否有危险的物品。

为了防止误吞事故的发生，提前整理好房间

婴儿总是立刻将拿到手里的东西放进口中进行确认，因此要经常整理房间，确认宝宝活动范围内是否有能够放入口中的物品。

另外，不要进入危险物品存放较多的地方。用围栏等将危险区域隔开，防止事故的发生。

首先要做的事情

确认误吞的物品

A 是否能够取出 → 用手指掏出

B 已经吞下 → 确认量和吞下时间

应急处置

可以让宝宝吐出的东西

将手指伸入口内深处，压住舌头，让宝宝吐出，立即就诊。

不可以让宝宝吐出的东西

确认宝宝是否能喝水或者牛奶等，然后立即去医院。

硬币等固体物品

一般要等到宝宝排便，但以防万一还是要就诊。

吞下物品相应应对措施

	物品	应对措施
让宝宝吐出	酒精类	让宝宝喝水或牛奶
	洗涤剂、厨房用洗洁剂	让宝宝喝水或牛奶
	大人的药品	让宝宝喝水或牛奶
	香水、消臭剂	让宝宝喝水或牛奶
	防虫剂（卫生球）	让宝宝喝水（为脂溶性物品，不可以喝牛奶）
不要让宝宝吐出	强酸、强碱	不要让宝宝喝任何东西
	氯系漂白剂	让宝宝喝牛奶
	除光液、灯油	不要让宝宝喝任何东西
	纽扣电池	不要让宝宝喝任何东西
	图钉、耳钉	不要让宝宝喝任何东西
	硬币	不要让宝宝喝任何东西

火速到急诊

*香烟浸泡到水里后，尼古丁会溶出，身体对其吸收非常快，因此，宝宝误吞烟叶和烟头时，不要让宝宝喝水，直接让宝宝吐出。如果宝宝吞下了浸泡烟头的水后，什么也不要让宝宝喝，也不要试图让宝宝吐出来，直接到医院就诊。

就诊参考

呼叫救护车，迅速前往医院

- 无意识
- 无呼吸
- 吐出的呕吐物带血

需要马上就医的情况

- 吞下毒性强的东西（香烟的烟头水、大人的药品、灯油、汽油、纽扣电池）
- 不能让宝宝吐出的东西以及端头比较尖锐的东西

在家护理即可

- 将口中物品吐出来后，立即恢复原样（注意观察5～6小时）

如果不知该如何判断，请打相关电话咨询！

气管异物

突然呼吸困难，脸色发生变化的时候，可能是嗓子被东西卡住了。提前学会应对方法冷静应对。

立刻将宝宝抱起，拍打背部使其将东西吐出

可能就在一不留神的瞬间，宝宝误吞进东西，卡住嗓子的事故就会发生。特别是家里有年龄相近的宝宝的家庭，父母一定要注意不要将能够放入嘴里大小的玩具随意摆放。万一发生事故，就需要立即进行处置将异物取出。但是，如果吞下比较大的固体物品，要强行取出的话，会有堵住呼吸道的危险，应立即前往医院就诊。

首先要做的事情

检查口腔

Ⓐ 马上想办法看能不能拿出来 → 手指头伸进去挖取

Ⓑ 喉咙梗塞 → 确认呼吸和脸色

应急处置

可以看到误吞的东西

用手夹住两颊，让宝宝将嘴张大，沿脸颊内侧伸入手指取出。

看不到误吞的东西

让宝宝趴在大人的膝盖上，用力拍打后背，让宝宝吐出来。如果这样也取不出来，恢复姿势，立即呼叫救护车（参照186页）。

停止呼吸的情况

在宝宝呼吸恢复、或救援人员到来之前，为宝宝做心肺复苏。

嗓子被东西卡住时，让宝宝吐出的方法

两岁以下，体重不超过10kg

大人单膝跪在地上，让宝宝趴在大腿上，左手伸入宝宝两腿之间托住上身，宝宝的头部低于胸部。用右手掌多次用力拍打宝宝肩胛骨之间的部分，然后查看口内。直到将异物吐出为止。

两岁以上或体重10～20kg

大人单膝跪在地上，让宝宝趴在大腿上，宝宝的头部低于胸部。压住宝宝的胸口，用手掌多次用力拍打宝宝肩胛骨之间的部分，然后查看口中。直到将异物吐出为止。

就诊参考

呼叫救护车，迅速前往医院
- □引起呼吸困难
- □无意识
- □无法发声

在家护理即可
- □卡住的物体吐了出来

突然的咳嗽和脸色不好很有可能是发生了窒息

宝宝突然剧烈咳嗽，脸色变差，可能是因为吞进了异物引起了窒息。如果依照左侧所示办法不能取出，请立即呼叫救护车。像蹦蹦球等越是光滑的东西越难取出，因此一定要注意保管。

溺水

即便在家里，也可能发生溺水事故。婴儿可能会因为很少量的水就会发生溺水，因此一定要特别注意。

洗澡的时候一定不要将视线离开宝宝

仅3～5cm的水即可覆过婴儿的口鼻，就会发生溺水。在调查过的未满2岁的儿童溺水事故中，约有八成都是发生在浴缸中的。即便是大人一起洗澡，也丝毫不能疏忽。很多事故都是发生在大人洗头发的时候。

除了浴室以外，厕所、洗衣机、洗手池等地方也要安装围栏或者上锁，防止宝宝靠近。

首先要做的事情

1. 将宝宝从水中救起
2. 确认宝宝有无意识

应急处置

如果宝宝有意识，让宝宝把水吐出来

让宝宝趴在大人的膝盖上，头部低于胸部，压其背部让宝宝把水吐出。

替换湿掉的衣物

将所有湿掉的衣物一一替换，用毛巾或毛毯温暖身体，让宝宝情绪稳定，暂时观察一下情况。

如无意识，立即进行心肺复苏

如果刺激宝宝的肩部、脚心无反应，或反应较为迟钝，请立即呼叫救护车。在急救人员到达前，为宝宝进行心肺复苏（参照186页）。

预防溺水事故的发生

浴室

- 在洗澡过程中，视线不要离开宝宝。
- 洗澡结束后，及时将浴缸中的水排出。
- 浴室门上锁。
- 不在浴室内玩耍。

盥洗室、卫生间

- 卫生间上锁。
- 设置婴儿围栏，禁止宝宝进入。
- 不在卫生间玩耍。

其他

- 不在洗衣机附近放置能够成为踏板的物品。
- 在海边或河边玩要穿救生衣。

就诊参考

呼叫救护车，迅速前往医院

- □无意识
- □无呼吸（微弱）
- □脸色差，浑身无力。

需要马上就医的情况

- □溺水后出现发热、咳嗽等症状
- □喝进大量的水
- □情绪差，脸色不好。
- □与平时状态不同

可选择门诊时间就医的情况

- □在溺水时受伤

在家护理即可

- □溺水后大哭
- □几小时后情况与平时无异，脸色正常

烫伤

烫伤事故应根据烫伤程度不同，采取不同的处理方法。恰当地处理烫伤，防止二次感染。

九成的烫伤都在家庭内部发生

婴儿的烫伤事故约有九成是在家庭内发生的。婴儿的皮肤很薄，如果不及时处理，很有可能变得严重。特别是出现水疱的情况下，如果水疱破裂很容易细菌感染，因此，不要涂抹任何药物，用干净的纱布覆盖住，立即到皮肤科或外科就诊。

整理好室内环境，将高温的物品放到孩子够不到的地方。万一发生事故，立即用流动水冷却烫伤处。

首先要做的事情

1. 确认烫伤部位
2. 用流动水冷却

应急处置

用流动水冷却烫伤处

用流动水冷却脸部、头部的烫伤处是处理烫伤的原则。如果用制冷剂或冰水冷却，有可能使正常的皮肤组织遭到冻伤，因此要避免。

隔着衣服用流动水冷却

如果在穿着衣服的状态下被热水烫伤，将衣服脱下会使烫伤的皮肤被撕扯起来，因此要隔着衣服用流动水冷却。

如果烫伤范围较大，用浸湿的床单进行冷却

如若是一整条胳膊或一整只脚被烫伤，需要特别注意。用浸湿的床单或毛巾将烫伤处包裹住，立刻前往医院。

防止发生烫伤事故

抱着宝宝的时候不喝烫的东西

在5个月大前发生的烫伤事故较多。抱着宝宝的时候饮用热的饮品，饮品不慎泼洒，引起烫伤事故。宝宝会不受控制地活动，因此不要在抱着宝宝的时候喝热的饮品。

在宝宝活动范围内不放置热的东西

宝宝开始会爬以后，碰触熨斗、电饭煲、热水壶、水壶等引发的事故也会增多，因此将这些物品放置在宝宝够不到的地方。

危险的地方安装围栏

正在使用的厨房、火炉、电暖气等容易引发烫伤的场所最好设置围栏，防止事故的发生。

注意低温烫伤

宝宝睡觉的时候不要使用暖水袋和电热毯。

不要使用桌布

当宝宝能够用手抓东西的时候，在吃饭的时候用手拉扯桌布引起的烫伤事故也很多。因此请勿使用桌布。

就诊参考

呼叫救护车，迅速前往医院
- □烫伤部分在体表的10%以上（整条胳膊或整只脚及更大范围）
- □呼叫无反应

需要马上就医的情况
- □起水疱
- □皮肤颜色变为黑或白的重度烫伤
- □出现大小为硬币大小的烫伤
- □低温烫伤
- □脸部、头部、性器官、关节部位的烫伤

可选择门诊时间就医的情况
- □小于硬币大小的烫伤，皮肤略微发红的程度

在家护理即可
- □轻度烫伤，父母可以处置，烫伤后还可以玩耍的情况

跌倒

婴儿的跌倒事故根据不同的发育阶段情况也各不相同。重要的是日常生活中做好预防潜在危险的安全对策。

考虑到跌倒的情况有所准备

婴儿和大人相比头部较重，并且平衡感尚未发育完全，因此，在走动的过程中经常发生跌倒事故。考虑到日常生活中婴儿容易发生跌倒事故，因此在物品较多的地方、楼梯等危险场所安置围栏，防止宝宝进入，在容易碰撞的家具角部安置保护套等，在事故发生前做好预防工作非常重要。如果一旦发生摔倒，立即确认摔伤情况，进行恰当的处理。

首先要做的事情

1. 确认意识
2. 确认全身情况

应急处置

处理伤口

先确认伤口和出血情况，然后用流动水冲洗伤口。如果伤口较深并出血，用干净的纱布进行止血，立即送往医院。

发生骨折或脱臼的情况需要绑夹板固定

手脚或胳膊不能用力并疼痛大哭的时候，可能是出现了骨折或脱臼。在摔伤处夹以硬的东西，并用毛巾进行固定后，立即送往医院。

摔伤处降温

在碰撞到脸部、头部或者手部，腿部出现皮下出血的情况，需要对摔伤处进行降温。当日不要洗澡，观察2 ~ 3天。

防止跌倒、跌落事故的发生

不让宝宝在沙发上睡觉

因为无法翻身，所以让宝宝在沙发等高的地方睡觉非常危险，宝宝突然翻身导致的跌落事故时有发生。因此将宝宝放在有围栏的婴儿床或铺在地板上的褥子上睡觉。

一定要系好安全带

利用自行车、婴儿车带宝宝的时候，一定要使用安全带。

在楼梯等有落差的地方安装围栏

当宝宝会爬以后，慢慢地能够扶物站立，随之而来的从楼梯跌下的事故就会增多。为了防止事故的发生，安装防护围栏，防止宝宝进入楼梯等危险地方。

为桌子和柜子加上保护套

宝宝活动增多，撞上家具的角的事故会随之增加，因此要添加家具保护套。

就诊参考

呼叫救护车，迅速前往医院
- □ 无意识
- □ 脸色差，无力
- □ 意识模糊
- □ 不停呕吐
- □ 引发痉挛
- □ 耳鼻出血

需要马上就医的情况
- □ 胳膊或腿部弯曲
- □ 手腕、肘部、手指等下垂，无法握住东西

可选择门诊时间就医的情况
- □ 精神不好
- □ 动起来会疼

在家护理即可
- □ 在停止哭泣后，受伤处痕迹消失，情绪稳定

其他应急处置

事先学习各种受伤的应急处置，以备在发生突发事故时能够冷静处理。

头部撞伤

用冷毛巾或冰袋为撞伤处降温。如果撞到后宝宝虽然大声哭泣，但是和平时相比并无太大变化，就没问题。但为以防万一，受伤当天不要洗澡，并且注意观察一段时间是否出现异变。如果数日后宝宝出现脸色不好、无意识、呕吐、痉挛等症状，请立即到脑外科就诊。

鼻出血

让宝宝坐下来，脸朝下，不要让血液进入嗓子内。捏住鼻翼，不要让宝宝用鼻子呼吸，安静观察15分钟。如果出现过一会儿仍然流血，或者流血量多、出现血块、脸色很差、一天内数次流鼻血等情况，立即到耳鼻喉科或儿科就诊。

牙齿断裂

将折断的牙齿放进牛奶内，不要让折断的牙齿干燥，迅速到牙科就诊。如果牙齿出现晃动，也要就诊。

口腔内割破

可以用纱布按住出血伤口或大人用手指压迫进行止血。如果在医院工作时间内，到经常就诊的医生处就诊。如果口腔内进入了泥土或沙子等，为了防止细菌感染，用脱脂棉等取出后进行止血。如果流血不止，请尽早就医。

割伤、擦伤

不要对伤口进行消毒，用自来水冲洗掉脏东西。这是因为如果伤口处残留泥土或沙子，会有化脓的危险。如果伤口较浅，为防止伤口干燥，将涂有凡士林的保鲜膜盖在伤口处。如果伤口过深并出血，用干净的纱布或毛巾用力按压伤口5分钟以上进行止血，并且立即前往医院。让伤口高于心脏的高度有利于止血。

夹手

用流动水或冰袋等给夹伤的手指降温。数日后如果手指肿起，请就诊。如果夹伤处变为青黑色或者肿胀不能动，可能是骨折或者内出血，立即请医生诊治。

眼睛、耳朵、鼻子进入异物

强硬地取出进入眼睛的东西，会伤害到眼角膜和结膜，因此按住内眼角下方，用眼泪将异物冲洗出。无法取出的东西可以用水冲洗。进入鼻子内部的异物，可以用纸捻等刺激鼻子，通过打喷嚏喷出。进入耳朵内部的异物，容易损伤鼓膜，因此要到耳鼻喉科接受治疗。

事先学会这些没有坏处

孩子突然陷入心肺停止的状态，在救护车到达之前进行心肺复苏非常重要。

婴幼儿心肺复苏法

1 确认反应

当孩子失去意识的时候，首先要大声地呼叫，然后刺激肩膀、脚心等部位确认孩子的反应。如无睁眼、表情变化、应答等反应，可以判定为无意识。拜托周围人拨打120。

周围有人 → 拨打120　　除自己以外无人 → 进行❷～❹

2 10秒钟内确认呼吸

马上确认呼吸道是否畅通。在10秒钟内确认胸部和腹部是否起伏、能否听到呼吸音。将脸部靠近孩子的口、鼻确认能否充分吸气等。如果尚有呼吸，可安静观察情况。如无呼吸或呼吸微弱，立即进行心脏按压。

① 确保呼吸道畅通

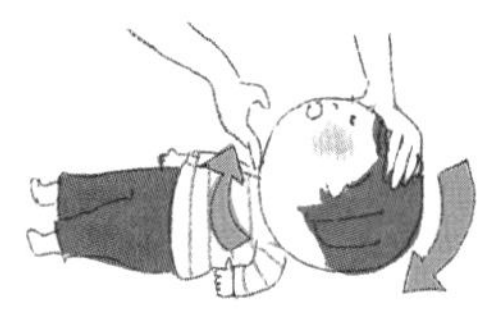

用一只手按住额头，另外一只手将下巴抬起，抬到鼻孔朝向天花板的角度。

② 如果有呼吸，恢复体位

让孩子侧躺，上方的肘部保持弯曲状态放向前面，头部稍微朝后仰起，开放呼吸道。

3 心脏按压（压迫胸骨）

不满1岁

在左右两乳头连接线下方一根手指的地方，大人用单手的食指和中指，每间隔1秒钟进行约2次的按压，按压程度为胸部高度的1/3，按压30次。

1～8岁

左右两乳头连接的中间部位稍向下处为按压部位。大人用单手或两手的手掌根部，肘部垂直按压30次。

不满1岁

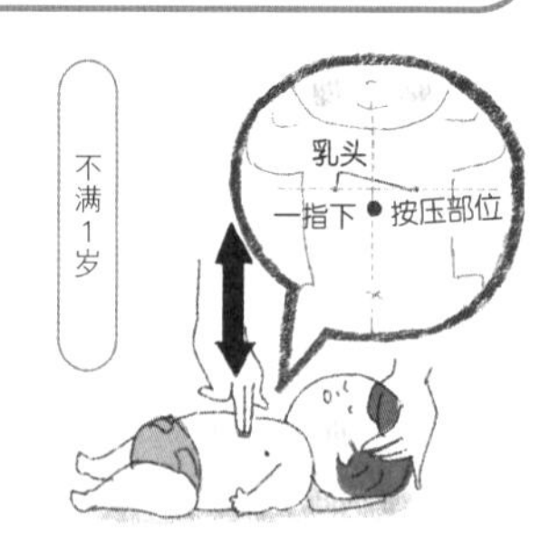

4 人工呼吸

不满1岁　在确保呼吸道畅通的情况下，大人用口部包住孩子的口部和鼻子，进行2次吹气。

1～8岁　在确保呼吸道畅通的情况下，大人捏住孩子的鼻子，用口部包住孩子的口部，进行2次吹气。

❸～❹反复进行5次

*现场没有其他人时，完成之后拨打120。

终止时间　持续到孩子恢复呼吸或急救人员赶到。

如何呼叫救护车

1 迅速传达紧急情况

拨打120。告诉接线员是急救（使用手机拨打的时候也要告知）。

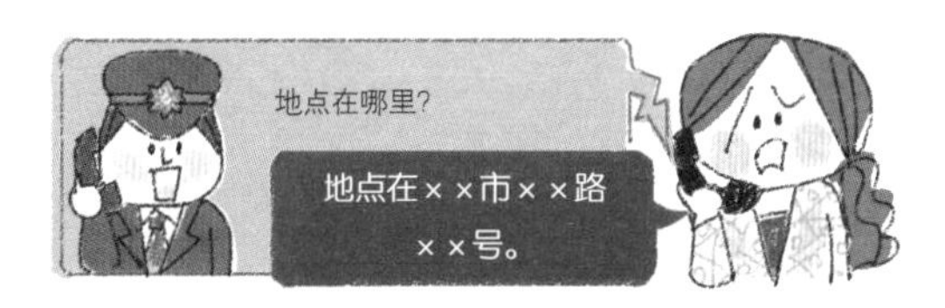

2 告知住址或地点

清楚正确地告知地址。如果是在外出的时候，附近有标志性的建筑要一同告诉给接线员，有利于救援人员的顺利到达。

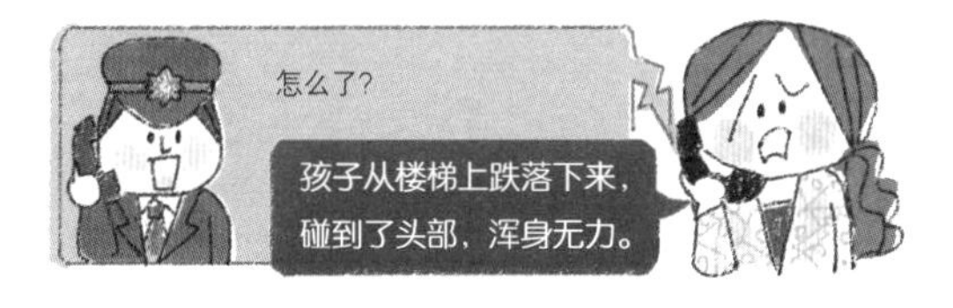

3 告知身体不适的人的症状

简洁地告知什么时候、在哪里、谁、怎么样、现在是什么状态。

4 告知身体不适的人的年龄

如果是孩子，包括出生多长时间在内，向对方告知年龄。

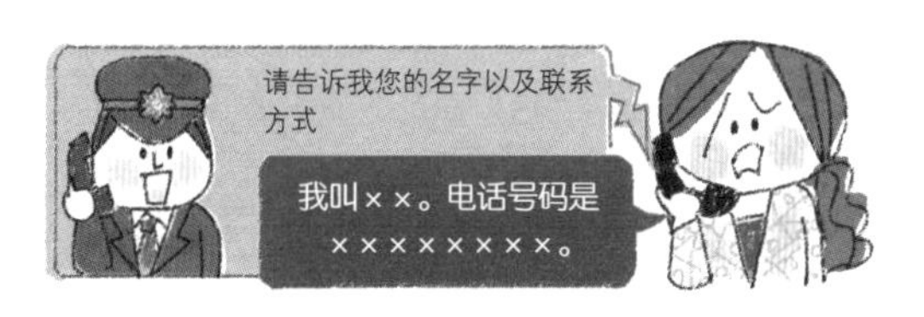

5 告知你的名字、联系方式

最后将你的名字和电话号码告诉对方，然后挂电话。

*以上为一般的询问内容。除此以外，还可能被询问到详细的状况、病史和经常就诊的医院等。

病毒或细菌进入宝宝体内，很快会引起高热。

伴随发热的疾病

幼儿急疹

- 高热
- 长出红色疹子
- 腹泻

在2岁之前突然发生的出生后第一次发热

出生后4个月到2岁左右，婴儿会突然高热到38～39℃。多数为出生后的第一次发热，一般会持续3～4天，主要特征为情绪不佳。当高热退却后，以腹部为中心全身出现红色疹子，并伴随腹泻。疹子不会传染给他人，持续2～3天后消退。

感染的原因主要为人疱疹病毒6型和7型两种，有时一年会感染2次。为整年中都有可能发生的疾病。

注意补给水分，静养等待自然痊愈

宝宝在发高热的时候会出很多汗，因此要勤为宝宝补充水分。另外，在发热期间，衣物和被褥等要换为较薄的，让宝宝感到凉快。

这种疾病不需要处方药，几乎都会自然痊愈。有的时候发高热，如果宝宝很难受，医院会开出退热药，请听从医生的指示。在出疹子的期间，要在房间内安静地休息。

再次就诊的时间

1 引起抽搐（痉挛）
2 不愿意喝水，没有精神

急性上呼吸道感染

- 流鼻涕、鼻塞
- 咳嗽、嗓子红肿
- 发热

病毒引起的上呼吸道炎症，出现各种症状

急性上呼吸道感染是指由病毒感染引起的上呼吸道（鼻子或嗓子）炎症。感染后1～3天会出现流鼻涕、鼻塞、咳嗽、嗓子红肿、发热等症状。症状的高峰持续2～3天，过后将逐渐减轻，约1周后痊愈。免疫尚未健全的婴儿一年中将会感冒数次。多为在保育园、幼儿园等集体生活中被传染，但每次感冒后免疫力都将被增强。

勤喝水，在家庭中轻松愉快地休息

没有对抗感冒病毒的特效药物。在家中安静地休息，等待自然恢复。如果发热会大量出汗，很可能会引起脱水症状。用水、离子饮料、果汁等补充流失的水分和电解质。

如果宝宝有食欲，可以喂宝宝吃母乳或配方奶到八分饱。可以喂宝宝吃一些粥、汤、果冻状食物等口感好又易消化的食物。

再次就诊的时间

1 频繁地用手摸耳朵，不停地哭
2 咳嗽严重
3 发热几天不退

流感

- 突发高热
- 乏力
- 头痛
- 嗓子痛
- 关节痛
- 流鼻涕
- 肌肉痛
- 咳嗽

流感病毒为主要原因，秋冬季节到初春易传染

流感和普通感冒的初期症状很相似，但并不是普通感冒，而是由流感病毒引起的感染。流感病毒的传染性强，从秋冬季节到初春易流行。

由咳嗽、喷嚏释放的病毒进入体内引起飞沫传染。

世界范围内流行的流感病毒分为甲型和乙型两种。如果分别感染两种病，有可能会在一个季节患病两次。

因为病毒会不停地发生变异，导致病毒性质发生改变，因此只要是和既往感染过的病毒类型不同，就会再次感染。

比平时感冒严重的症状和突然的38℃以上突发性发热是流感的特征

突然发热到38℃以上、头痛、关节痛、肌肉痛、乏力等症状出现，之后出现嗓子痛、流鼻涕、咳嗽等和感冒类似的症状。但是，即便是有关节等部位的疼痛，婴幼儿也无法表达，很多时候是通过突发的发热发现的。退热不久，又会反复，再一次发热，是流感的特征。

除了发热以外，恶心、呕吐、腹泻等胃肠症状也是流感的特征。婴幼儿全身症状严重，可能引起中耳炎、严重的支气管炎、肺炎等并发症，因此要特别注意。

如果宝宝情绪尚佳，并且有食欲，可以第二天到医院就诊。但当出现痉挛、意识障碍等症状时，请立即就诊。

被确诊后，立即通知保育园、幼儿园，防止传染范围扩大

是否感染流感，可以用棉棒擦拭鼻涕通过快速筛查进行判断。

遵医嘱服用医生开出的抗病毒药物或解热镇痛药，在家里安静修养。由于高热容易引起脱水症状，因此要记得勤补水。

有时需再次就诊，检查是否引起中耳炎、肺炎等并发症。

传染性强的流感在学校保健安全法中被规定为二类传染症。患流感后，需要向保育园、幼儿园、学校请假。并且规定在发现症状5天内，并且在退热后2天内（上保育园或幼儿园为3天内），不建议上学。如果在医疗机构被诊断为流感，一定要通知保育园、幼儿园、学校，防止传染范围的扩大。

病休在家时间示例

出现症状	第一天	第二天	第三天	第四天	第五天	第六天
发热	发热	退热	退热后第一天	退热后第二天	退热后第三天	可以上学

在感染流感后，再次上保育园、幼儿园、学校的条件是，在出现症状经过5天且退热3天后方可。

再次就诊的时间

1. 剧烈咳嗽
2. 无力
3. 发育滞后
4. 痉挛
5. 萎靡
6. 食欲不恢复

咽结合膜热

- 嗓子红肿、疼痛
- 白眼球充血、眼眵
- 突发高热

通过感染了病毒的孩子的分泌物传染

咽结合膜热是由于感染腺病毒引起的，症状为咽喉炎症、结膜炎、高热。过去曾经被称为游泳池病毒热，但现在通过游泳池内的水感染的病例已经几乎没有，一般通过感染了病毒的儿童的眼眵、咽喉分泌物、大小便等，以毛巾、手指为媒介进行传染。

咽喉红肿疼痛的同时，白眼球以及眼睑的内侧发红引起结膜炎，随后4 ～ 6天内持续高热40℃左右。这是一种感染性非常强的疾病，在有集体生活的保育园、幼儿园的儿童经常感染。

勤补给水分，
让周围环境更舒适

没有直接对抗腺病毒的特效药物。在室内安静修养的同时，等待自然痊愈。高热会引起脱水症状，因此，要进行充分的水分补给。母乳和配方奶可以和平时一样。食物最好为容易下咽且易消化的东西。大概1星期左右将会痊愈，但之后的1个月左右，唾液、大小便中都会含有病毒。因此，家人和宝宝的毛巾要分离，在照顾宝宝之后勤洗手，防止传染。

再次就诊的时间

1. 嗓子疼痛，摄入水分、食物少
2. 高热持续3天以上
3. 身体无力，没有精神

疱疹性咽峡炎

- 突发高热
- 悬雍垂侧面出现水疱
- 咽喉疼痛

多发生在夏季，喉部的水疱为该疾病的特征

疱疹性咽峡炎多发生在婴幼儿群体。伴随突发的高热，悬雍垂周围生出水疱是疱疹性咽峡炎的特征。39 ～ 40℃的高热在1 ～ 2天会退热，但嗓子内长出的水疱周围发红，水疱破裂后，形成黄色的溃疡。因此会产生刺痛，宝宝不愿意吃奶和进食。

主要原因是由A类柯萨奇病毒引起的。但发病的原因还可能是B类柯萨奇病毒或埃可病毒等，因此，可能会数次患病。

勤补水，不刺激溃疡，
食用容易下咽的食物

发热会在1 ～ 2天内自然消退，但嗓子内的水疱和溃疡需要1星期自然消退。在此之前，请在室内静养。

防止由于高热引起脱水，切记勤补水。带有酸味的饮料等会刺激嗓子的溃疡处，使疼痛加剧，因此喂宝宝离子饮料或凉开水等刺激性较弱的饮品。当水疱破裂形成溃疡时，嗓子会剧烈疼痛，因此食物应选择易下咽的清凉的果冻状食品。

再次就诊的时间

1. 水分补给不上
2. 高热不退
3. 不停呕吐
4. 食欲不恢复

溶血性链球菌感染

- 突发高热
- 嗓子发红
- 身体或手脚出现红色疹子
- 舌头出现草莓粒状突起

嗓子变红并疼痛，为细菌感染引起

溶血性链球菌感染发生的原因主要是被称为A类溶血性链球菌的细菌，通过体内含该种细菌的人的喷嚏或咳嗽传播。经过5天左右的潜伏期，出现39 ~ 40℃的高热以及嗓子疼痛等症状，嗓子内部严重变红。与普通感冒不同，该种疾病无咳嗽、流鼻涕的症状。

溶血性链球菌感染症多见于2 ~ 10岁的儿童，不满2岁的婴幼儿感染该病的病例非常少。感染该病后，舌头会出现像草莓粒一样的疙瘩，全身出现红色细小的疹子。发疹后，手指和脚趾会脱皮。

溶血性链球菌彻底消失前，坚持服用医生开出的抗生素

有可能感染溶血性链球菌的时候，可以前往医疗机构，蘸取喉咙黏液，使用专用工具进行迅速的判断。在疑似感染或确诊感染溶血性链球菌后，医生将会开出服用较长时间消除溶血性链球菌的抗生素。服药1 ~ 2天后，症状将会得到改善，但要将体内的溶血性链球菌完全消灭，还需坚持服药。

溶血性链球菌残存在体内会引发急性肾炎、风湿等严重的并发症。因此，在服完药后，也应根据医生医嘱接受尿检查等。

该链球菌传染性强，因此要注意防止家人间的传染。多加关注身体的变化情况。

再次就诊的时间

1. 即使服用处方药，症状也不见改善
2. 发热不退

流行性腮腺炎
（流行性耳下腺炎）

- 发热
- 耳朵下方到下颌下方出现肿胀疼痛

从耳朵下方到下颌部分肿胀，发热38 ~ 39℃

腮腺炎是由腮腺炎病毒引起的疾病，可以通过疫苗进行防治。耳朵下方的腮腺以及下颌下腺发生肿胀，高热38 ~ 39℃。流行季节为冬天到春天，多发生于4 ~ 5岁儿童。

腮腺炎患病一次后，将获得终身免疫。但有时普通感冒也会引起腮腺肿胀，因此很难区分。

感染病毒后经过2 ~ 3周的潜伏期，开始发热，耳朵下方肿胀疼痛。有的情况是一侧肿胀。发热持续2 ~ 3天后会自然消退。在宝宝发病后，让宝宝休息5天再上保育园或幼儿园。

即便症状轻微，也要注意脑膜炎或听力损伤等并发症

因为没有直接对抗腮腺炎病毒的特效药物，原则上建议患者在家静养等待自然恢复。食物要避免刺激肿胀部位而产生疼痛，应避免酸味的食物，选择容易下咽的食物。如果疼痛强烈，伴有头痛、呕吐等症状时，请到儿科就诊。由于腮腺炎病毒容易感染全身脏器，因此要注意病毒性脑膜炎（参照192页）和听力损伤等并发症。如果疑似腮腺炎且耳朵听不清的时候，尽早到耳鼻喉科就诊。

再次就诊的时间

1. 强烈的头痛、呕吐
2. 呼叫无反应等耳朵听力不好的时候
3. 睾丸疼痛
4. 发热持续5天以上
5. 耳朵下方的肿胀发红

急性脑膜炎

- 高热不退
- 食欲下降
- 不停呕吐
- 情绪不佳
- 颈部不能向前弯曲

伴随高热、呕吐等症状，颈部也变得僵硬

急性脑膜炎是由附着在脑部或脊髓的脑膜被细菌感染所引起的疾病。细菌或病毒通过鼻子、嗓子、气管黏膜等进入体内，引起类似于感冒的症状。随后由于某种原因细菌或病毒通过血液进入脑膜，引发脑膜炎。一些细菌性脑膜炎可以通过接种疫苗进行预防。

症状除高热、频繁呕吐外，颈部僵硬无法弯曲为该疾病的特征。如果是婴儿，会表现出情绪不佳、不愿意被抱起或替换尿布等。

病情可能恶化的细菌性脑膜炎，需住院接受检查、治疗

与病毒性脑膜炎相比，细菌性脑膜炎病情容易恶化。初期为发热和呕吐等类似于感冒的症状，因此多在痉挛、意识障碍等症状发生后才能判断。通过脑脊液或血液检查进行诊断。

被诊断为细菌性脑膜炎后，应入院接受检查、治疗。10 ~ 20例中约有1人丧命，即便挽救回生命后，也可能留下脑萎缩、脑水肿、听觉损伤、运动、智力障碍等后遗症。通过HIB疫苗、小儿肺炎疫苗进行预防。

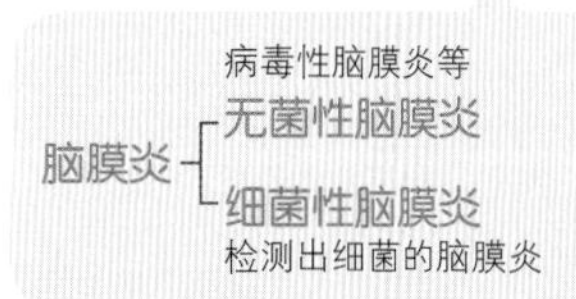

再次就诊的时间

1 意识障碍
2 痉挛

急性脑炎

- 高热不退
- 食欲不振
- 频繁呕吐
- 情绪不佳
- 肢体出现奇怪动作、无力感

初期症状为高热、呕吐，还会引起痉挛等症状

急性脑炎是病毒或细菌进入脑内并增殖引起脑内炎症的疾病。急性脑炎的病因有病毒或寄生虫等多种。根据病因不同，症状也各异，主要为初期高热、呕吐，慢慢变得意识不清，或引起痉挛等。另外，还可能出现身体的动作异常或身体一部分的痉挛或无力。婴儿患病表现为，即便抱起或逗弄都会激烈地哭泣。如果脑炎压迫大脑，会引起大脑囟门肿胀。

不同的原因可能导致病情的恶化，切记遵医嘱

诊断为急性脑炎后，需入院进行病因检查。急性脑炎多为疱疹病毒引起的单纯疱疹性脑炎，病情易发生恶化，因此需多加注意。儿童多发生在不满6岁期间，入院后接受抗病毒静脉注射治疗。虽然随着抗病毒药物的发明，死亡率已经降低到10%，但3人中有1人会留下后遗症，因此不容忽视。另外，有20% ~ 30%的概率会复发，在出院后也要多加注意宝宝的状况。当觉察到宝宝和平时不同时，即便是医院工作时间外也要前往就诊。

再次就诊的时间

1 意识障碍
2 痉挛

扁桃体炎

- 咽喉肿胀
- 高热
- 吞咽时疼痛
- 乏力

通过扁桃体肿大防止细菌、病毒的侵入

扁桃体炎是在咽喉两侧的扁桃体感染细菌或病毒后引起的炎症。病原主要为腺病毒、流感病菌、黄色葡萄球菌、肺炎球菌等多种。

患扁桃体炎后，扁桃体红肿，表面覆盖白色的脓。通过扁桃体的红肿，预防病毒、细菌进入身体内部。

儿童会患数次扁桃体炎。症状一般为高热40℃左右，扁桃体肿大，此外，还有可能颈部淋巴结肿大。儿童患扁桃体炎时，可能会伴有中耳炎发生，耳朵会剧烈疼痛。

在家中静养，
选择不刺激扁桃体，
容易下咽的食物

扁桃体炎多数为病毒引起的炎症。对于扁桃体炎引起的发热、嗓子疼痛，可以服用与治疗感冒相同的退热镇痛药，自然等待恢复。

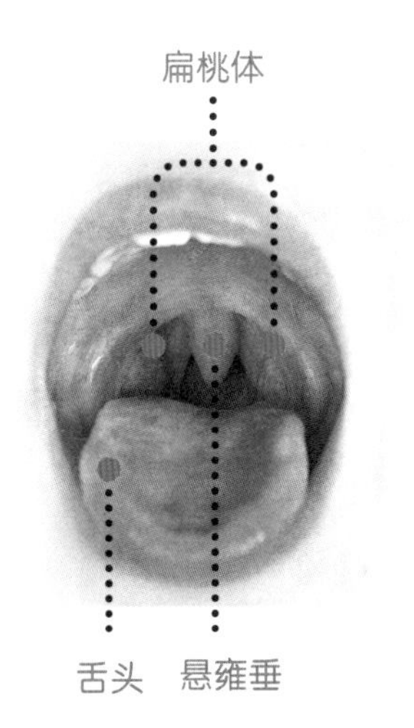

另外，由溶血性链球菌或肺炎球菌等细菌引发的扁桃体炎，需要由医疗机构开具抗生素治疗。服用抗生素能够迅速退热。然后在家中静养，等待痊愈。请勤补充水分，选择容易咽下的食物。

再次就诊的时间

1 高热不退
2 没有食欲，摄入水分少

咽炎

- 咽喉肿胀
- 发热
- 吞咽时疼痛
- 乏力
- 食欲不振

通过咽喉肿大抵挡细菌、病毒的侵入

咽炎是被称为咽喉和口腔深处，受到细菌或病毒的感染所引起的炎症。出现咽喉肿胀、发热等症状。另外，因为耳朵与咽喉连接在一起，所以可能会并发中耳炎。

勤补充水分，
进食容易下咽的食物，
静养非常关键

服用与治疗感冒相同的药物，在家中安静修养。为防止发热引起脱水，需要勤补充水分。并为宝宝准备易消化、易下咽的食物。

再次就诊的时间

1 高热不退
2 没有食欲，摄入水分少

儿童常见疾病

通过咳嗽、喷嚏的飞沫，入侵的病毒或细菌能够引发剧烈的咳嗽。

伴随咳嗽的疾病

支气管炎、肺炎

- 高热
- 咳嗽剧烈并有痰
- 食欲不振
- 呼吸急促

支气管炎发展严重引发肺炎

支气管炎或肺炎是支气管或肺的黏膜感染细菌或病毒引起炎症的疾病。在流鼻涕、打喷嚏、咳嗽等感冒的症状之后发生，高热达38 ~ 40℃，剧烈的咳嗽并有痰是其特征。支气管较细的婴幼儿会发出呼呼、滋滋的喘鸣音。支气管炎一般一周左右症状会消退，但有引起肺炎的危险，因此在支气管炎的阶段做好治疗非常重要。

细菌引起的支气管炎、肺炎需服用处方抗生素药物，有时需住院治疗

病毒引起的支气管炎，需在家静养，补充水分和营养。保持一定的室内温度和湿度，上身垫高一些会使呼吸更顺畅。细菌引起的支气管炎，可能会病情发展严重。若被诊断为细菌感染，医生将开出抗生素。如果不进食，请入院接受治疗。

再次就诊的时间

1. 呼吸看起来非常困难的时候
2. 胸口部凹陷，肋间有凹陷
3. 呼吸急促
4. 鼻翼颤动

病毒或细菌感染引起的全身性疾病或胃肠道出现异常的问题的多种疾病。

儿童常见疾病

伴随呕吐、腹泻的疾病

胃肠炎
（细菌性、病毒性）

主要症状

- 突然呕吐和腹泻
- 排水便

初期症状为突然的呕吐或腹泻的病毒性胃肠炎

病毒性胃肠炎也被称为胃肠型感冒。引发疾病的病毒有从秋季到初春的诺如病毒、深冬的轮状病毒、主要以夏季为多发但全年都有的腺病毒。

每一种病毒引起的胃肠炎都从突发的呕吐、腹泻开始，偶尔伴有发热。轮状病毒主要以发白的腹泻大便为特征，有的会持续1周左右。诺如病毒引发的严重腹泻将会持续2天，腹痛会长时间持续。

有可能病情严重导致入院治疗的细菌性胃肠炎

细菌性胃肠炎是由于细菌感染引起的胃肠炎。如果细菌是通过食物感染，为食物中毒。成为发病原因的细菌有沙门菌、弯曲杆菌、溶血性弧菌、葡萄球菌、致病性大肠杆菌等。感染以上细菌后，会引起呕吐、腹泻。感染的细菌不同，大便的状态以及症状持续的时间都会有所不同。与病毒性胃肠炎相比，细菌性胃肠炎更容易病情恶化，有的时候甚至需要住院治疗。除了便血、白色大便、黑色大便以外，在腹痛强烈、高热的时候，也需要立即到医疗机构就诊。

治疗与护理

预防脱水症状，
勤补水，
保持臀部清洁

病毒性胃肠炎和细菌性胃肠炎都出现持续呕吐和腹泻，容易造成水分流失，引发脱水症状。因此要勤喂给宝宝口服补水液、凉开水等容易吸收、刺激又小的饮品。如果宝宝有食欲，可以做一些容易消化的粥或乌冬面。如果宝宝不喝水，并且浑身无力，请即刻就诊。

细菌性胃肠炎容易严重，因此当觉得宝宝情况异常时，请立即就诊。使用止泻药会导致细菌不易排出体外，因此不要使用止泻药，主要使用整肠药物、止吐药物，让细菌随腹泻一同排出体外。

病毒性胃肠炎和细菌性胃肠炎都是可以预防的疾病。通过将食物认真加热、热水消毒餐具等方法，日常生活中做好环境的清洁，保证安全。特别是奶瓶和玩具等需要保持干净的东西。另外，将冰箱中打扫干净，回家后将手洗干净，养成做好日常的清洁工作的习惯，保持整洁的环境，能够预防疾病的发生。

再次就诊的时间

1. 浑身无力
2. 便血、白色大便、黑色大便

肥厚性幽门梗阻或狭窄

- 每次喂奶都会吐奶
- 呕吐时向喷泉一样喷出
- 体重不增长

由于奶汁逆流，所以每次喂奶都会吐奶

胃部出口幽门的肌肉暂时性肥厚，导致食物到达十二指肠的过程受阻。奶汁没有被运送到十二指肠内，产生逆流，导致吐奶。如果吐奶次数增多，并且体重不增长的情况出现，请前往医院就诊。

可以使用内窥镜进行腹腔镜手术

在医院接受超声波检查等进行诊断，一般将进行切除过厚肌肉的手术。现在使用内窥镜进行的腹腔镜手术也在增加。5天左右便可出院，术后不会复发。

再次就诊的时间

1. 出现脱水症状
2. 皮肤、白眼球发黄出现黄疸

胆道闭锁

- 皮肤为黄色
- 大便发白
- 小便发黄

有致死的危险，因此及早发现非常重要

由肝脏向肠内运送胆汁的胆道阻塞，胆汁无法排入肠管内。黄疸、大便发白（比便色卡中第四种颜色更淡的颜色）、黄色尿液为该病的特征。有引发肝硬化的危险，及早发现非常重要。

如果进行疏通胆汁手术未能改善症状，需要进行肝脏移植

在医院通过超声波检查等进行诊断，然后切除胆管阻塞部位，进行疏通胆汁的手术。如果在术后黄疸症状还未改变，将需要进行肝脏移植。

再次就诊的时间

腹部肿胀

*母子健康手册中带有便色卡

贲门弛缓症

- 呕吐

从口中不断向外流淌的呕吐方式

位于胃部上端入口的贲门的肌肉天生较弱，喝下的奶汁从胃部倒流，造成吐奶。少数病例会引发肺炎和窒息。当贲门部位的肌肉发育到1岁左右时，会恢复正常。

等待自然恢复，少量多次的喂奶

让宝宝一点一点喝奶。为了防止从胃部逆流，在喂奶后将宝宝抱起一会儿。如果一天中吐奶多次，并且伴有腹泻，请及时就诊。

再次就诊的时间

1. 一天内吐数次
2. 腹泻

有可以早期治疗的疾病，也有伴随成长慢慢治愈的疾病。

骨骼、肌肉、关节疾病

先天性髋关节脱位

◎ 跛行步态

左右腿部张开程度以及腿的长度会出现差异

大腿的股骨的前段脱离了骨盆的状态。仰卧姿势下，除伸直腿时髋关节会发出声音外，腿部张开程度以及腿的长度会出现左右的差异。

先天性髋关节脱位发生的原因有很多，如腹中胎儿时期发病、遗传因素、骨盆的凹陷处（髋臼顶）浅、关节松弛等。先天性髋关节脱位如果被忽视或者治疗不顺利，会导致走路发育的迟缓，单侧脚拖地走路。

有的会随着髋关节的发育自然痊愈，
早期就诊及早期治疗非常关键

如果先天性髋关节脱位程度较轻，可以用厚尿布来矫正腿部张开的问题，随着髋关节的发育，有的会自然痊愈。

另外，出生3～4个月后，采用Pavlik约束带的治疗方法，或者进行牵引、手术治疗。

先天性髋关节脱位一定要在婴幼儿健康检查时请医生进行检查。并且接受关于尿布穿法、抱婴儿的方式、工具的利用等的指导。

再次就诊的时间

髋关节或腹股沟部位处的大便不容易清理

先天性足内翻

◎ 脚向内侧弯曲

骨骼、韧带先天性异常，脚向内侧弯曲

骨骼、韧带等组织存在先天性异常，两侧或单侧的脚部，从脚腕以下发生变形。

先天性足内翻发生的概率为约1000人中出现一例，多发生于男孩子。脚向内侧扭曲，站立时脚心不能着地。如不进行治疗，正常走路会很难。

基本上是石膏矫正，
有时候也会手术，
让脚背的位置恢复正常

先天性足内翻在接受检查或触诊后，通过X射线检查进行确诊。被诊断为足内翻后，尽量早期使用石膏绷带进行矫正。每周约1次，每一周定期替换石膏绷带，持续2～3个月坚持矫正。在矫正有效果后，用矫正器等维持形状。

如果矫正未获得预期效果，可在1岁前后局部麻醉，进行跟腱切除手术。

仅在骨关节变形较大的情况下，使用石膏绷带进行矫正。

再次就诊的时间

经常摔倒

桡骨头脱位
（牵拉时）

- 手臂疼痛
- 手臂不能动

是一种在2岁前后常见的症状，突然手臂不能动

主要为被父母拉扯到手或胳膊，导致肘部的骨头和韧带错位。在2岁左右，关节和韧带都很柔软的时期经常发生。剧烈的疼痛导致胳膊不能活动，或整只手臂耷拉下来。

修复骨骼和韧带的位置，
当天手臂可以上抬

请儿科或整形外科医生将肘部与韧带发生错位的骨骼复原，很快就能恢复。不需要进行康复治疗，但要注意防止反复发生。

再次就诊的时间

1 手臂无法活动的情况一再发生
2 疼痛持续的时候

O形腿、X形腿

- 腿部形状异常

两膝盖与两脚踝之间有空隙

O形腿为并腿站立时，两膝盖间存在5cm以上空隙；X形腿为并腿站立时，两脚踝处有5cm以上空隙。在3岁前，O形腿很常见。疑似维生素D不足引起的佝偻病时，请进行血液检查。

原则上无须治疗，
到7岁左右自然改善

O形腿、X形腿如果发生的是生理上的变化，发育到7岁左右会得到改善。如果伴随骨骼的发育异常、韧带松弛或步态变形，有的时候需要进行矫正或手术。

再次就诊的时间

1 有身高过矮等可疑内分泌疾病的体征时
2 经常性摔倒

斜颈

- 颈部僵硬
- 朝向同一个方向

婴儿的颈部僵硬，转动困难

出生后不久的婴儿颈部倾斜，转动颈部困难的疾病。主要因为颈部肌肉僵硬导致转动困难，但并没有找到明确的原因。约1年左右会自然恢复。

大部分都会自然恢复，
无法恢复的情况可进行手术

被诊断为斜颈，在出生后1个月内，婴儿还很小，因此不要进行颈部的按摩。如果到了3～4岁仍未恢复，可以进行手术。

再次就诊的时间

诊断为斜颈，到了3～4岁还是无法痊愈

儿童常见疾病

黏膜较多的部位更容易被病毒或细菌感染。

眼睛、鼻子、嘴部疾病

先天性鼻泪管阻塞

- 溢泪、眼分泌物多

鼻泪管阻塞无法打开，经常处于眼睛湿润和眼分泌物很多的状态

从眼角通往鼻子的鼻泪管处于闭锁状态。眼泪无法通过鼻腔，造成溢泪、眼分泌物多。残留的眼泪感染细菌，会引起泪囊炎。

眼分泌物多持续多日，需尽早到医院就诊

眼科会开出减少眼分泌物的抗生素眼药水。如果通过冲洗泪囊或进行按摩并未改善症状，将会使用细针状工具（探针）进行治疗。

结膜炎

- 眼分泌物多、充血

眼睛的结膜发生炎症，会出现眼分泌物多和眼部充血

上下眼睑和覆盖眼睛的结膜发生了炎症，出现充血、眼分泌物多、溢泪等症状。分别有细菌性结膜炎、病毒性结膜炎、过敏性结膜炎。

根据不同原因使用开具的不同眼药水，防止传染

细菌性结膜炎使用含有抗生素的眼药水，病毒性结膜炎、过敏性结膜炎使用抑制发痒及过敏症状的眼药水。眼分泌物用蘸湿的纱布轻轻擦拭。

倒睫

- 眼分泌物、溢泪
- 不停揉眼睛
- 怕光

婴儿的睫毛向内侧生长，刺激眼球

睫毛朝向眼球生长，经常出现在出生后6个月左右。睫毛碰触眼球会对眼球造成伤害，出现眨眼次数增多、溢泪等症状。

在睫毛朝向恢复正常的3 ~ 4岁之前，修复眼球划伤

到了3 ~ 4岁的时候，眼睑的脂肪渐渐消退，睫毛的朝向将恢复正常。在此之前，使用眼药水护理受伤眼球，并且注意观察情况。如果没能恢复正常，可以进行手术治疗。

眼睑下垂

- 上眼睑不能抬起

眼睑不自然下垂，覆盖住黑球

是指上眼睑下垂，眼睛不能完全睁开的状态。如果是先天性发生，是因为抬起眼睑的肌肉没有形成，或发育不良。有的发生在单侧眼睛，有的为两侧。

视线被遮挡，可能对视力的发育产生不好的影响

在正面相对的状态下，上眼睑遮住瞳孔，即视为眼睑下垂。因为会对视力的发育造成影响，请向眼科医生咨询是否需要进行手术。

斜视

- 眼球朝向异常

单侧眼球错位被称为斜视

是指单侧眼球偏向于脸的内侧或外侧，或是偏上偏下的情况。偏向内侧的称为内斜视，偏向外侧的称为外斜视。偏向上侧为上斜视，偏向下侧为下斜视。斜视的大部分原因为调节眼睛转动的肌肉或者神经出现异常或远视。

通过进行两眼同视练习，改善症状

根据斜视的种类，分别进行两眼的视力强化。有的时候要让眼睛的位置平直需要动手术，但最终都需要进行双眼同时看东西的同视练习，改善斜视。在出生6个月内的斜视无须担心。但如果过了1岁以后仍然斜视，请到眼科就诊。

屈光不正

- 看不清东西

姿势或者眼神的异常是看不清东西的信号

不能在视网膜上结成清晰的物像，导致看不清东西。屈光不正包括远视、近视、散光。婴儿很难向大人表达视力异常，因此需要大人特别注意。如果不进行视力矫正，很可能导致弱视。

矫正屈光不正能够促进正常视力的发育

儿童视力的发育在8岁之前。为了防治弱视，尽早地矫正屈光不正非常关键。过了8岁以后，矫正已经形成的视力非常困难。因此早期通过眼镜进行视力矫正，训练用眼，对于提高视力非常重要。

外耳道炎

- 耳朵发痒
- 碰触耳朵感觉疼痛
- 耳溢液体

由于掏耳朵时造成的伤口被细菌感染引起

耳朵的入口处到鼓膜间的外耳道，由于清理耳朵时或指甲伤害产生伤口，并且被细菌感染引起炎症的疾病。包括轻轻碰触耳朵就会觉得疼痛或者出现耳朵向外溢出液体等症状。严重的话，疼痛会让人难以入睡。

认真使用处方药物，
注意不要过度进行耳垢清洁

到耳鼻喉科就诊，首先清除耳垢，进行外耳道消毒。根据各种状况，医生会开出口服药物、软膏、滴耳液等。平时如果过度清洁耳朵，会导致复发。耳朵入口处可以在家中进行清理，但耳垢的清理要每年一次到耳鼻喉科进行。

急性中耳炎

- 突然发热
- 耳朵溢液
- 晃动头部

病毒或细菌进入中耳引起炎症

附着于鼻子或咽喉黏膜上的病毒或细菌进入中耳引起的炎症即为急性中耳炎。儿童从耳咽管的构造来看，比大人更容易患中耳的炎症。

会出现耳朵疼痛、耳朵溢液的症状。

因容易复发，
请按照医生的医嘱完成治疗

到小儿科或耳鼻喉科就诊。被诊断为急性中耳炎后，将进行鼻道冲洗、服用祛痰药物等治疗。

病情严重的情况，可能会需要进行鼓膜的切开。因为可能会慢性发展，成为渗出性中耳炎，并且容易复发，因此请按照医生的医嘱认真做好治疗。

渗出性中耳炎

- 无视呼叫
- 近处观看电视

由急性中耳炎发展而来，常见于婴幼儿

鼓膜内侧液体积留，不伴随急性炎症的中耳炎。是容易鼻子、嗓子引发炎症的婴幼儿的常见疾病。由于无疼痛感，因此很难被发现。患急性中耳炎后，呼叫时反应迟钝，请引起注意。

拖延可能转为听力损伤，
听力很难恢复，
千万不可掉以轻心

治疗引起中耳炎的鼻子或咽喉疾病，让耳咽管通畅后，液体会自然流出。如果3个月以上仍未减轻，需进行手术放置软管向内输送空气。如果不治疗忽视不管，几年后很可能引发耳聋。

慢性中耳炎

- 发热
- 耳朵溢液
- 听力下降

急性中耳炎持续，将会发展为慢性中耳炎

急性中耳炎持续3个月以上将发展为慢性中耳炎。由急性中耳炎引起的鼓膜穿孔，内部积留脓液，致使听力下降。与急性中耳炎不同，几乎无疼痛感，听力下降以及耳朵溢液是该疾病的特征。

为治疗鼓膜穿孔，有时需进行手术

使用抑制中耳炎症的抗生素。鼓膜的穿孔引起中耳的细菌感染和流脓，会导致听力下降，因此有时需要进行手术。在流鼻涕时，为了不让细菌进入中耳，用吸鼻器将宝宝鼻涕吸出。

地图舌

◎ 舌头呈斑驳状

舌头上斑的形状每天都会发生变化

舌头的表面发炎，形状呈现红、白斑驳的地图状。该疾病在婴幼儿中很常见，但病因并未探明。被认为是与发热、体力下降、B族维生素缺乏或压力过大等有关系。

舌头上的斑会消失，如果不疼痛，可以不做治疗

如果没有疼痛等自觉症状而未感到不适，无须治疗。如果食物会刺激到舌头，请避免选择刺激性食物。肝脏、纳豆等含有丰富B族维生素的食物能够护理口腔，改善症状。有的时候症状会持续2～3周，舌头上的地图形斑会自然消失。

口腔炎

◎ 口腔内发生炎症，产生疼痛

食物或饮料渗入溃疡或水疱时会感到疼痛

口腔内黏膜发炎。婴儿经常患的口腔炎为溃疡性口腔炎、疱疹性口腔炎。溃疡性口腔炎会形成米粒大小的白色溃疡。由疱疹病毒引起的疱疹性口腔炎除了会引发高热外，口腔内还会出现溃疡或水疱。

保持口腔内清洁，
等待恢复，
注意营养不良问题

无论是溃疡性口腔炎，还是疱疹性口腔炎，一般都会自然痊愈。严重的疱疹性口腔炎，医生会使用抗病毒药物。勤补充水分，冲洗细菌，保持口腔内清洁，有助于炎症的消退。患口腔炎后宝宝会不愿意吃奶，因此要注意出现营养不良或脱水症状。

鹅口疮

◎ 口腔内变白

通过奶瓶或母亲乳头感染

被称为念珠菌的真菌在口腔内感染，脸颊内侧的黏膜、舌头表面形成像牛奶渣一样的白色斑点。白色斑点被摩擦，很容易出血，感觉疼痛。因为会感到刺痛，因此宝宝不愿意吃奶。

与宝宝口腔接触的奶瓶或乳头等要进行消毒，保持清洁

在医院确认念珠菌的存在后，将医生开出的抗真菌药物涂抹于口腔内侧。这些药物即使宝宝吞咽下去，也没有关系。念珠菌是日常生活中常见的细菌之一。出生4个月前患鹅口疮，要将与宝宝口腔直接接触的奶瓶或乳头进行消毒。

病毒为出疹的原因。发病后产生抗体，几乎不会再复发。

出疹性疾病

麻疹

- 发热
- 咳嗽
- 发疹
- 咽部充血
- 流鼻涕

有可能引起脑炎、肺炎等严重并发症，甚至导致死亡

由麻疹病毒引起的感染症。经过10 ~ 12天的潜伏期后，发热38℃左右，出现咳嗽、流鼻涕等上呼吸道感染的症状。在高热的同时，咳嗽也会更加严重，全身长出红色疹子。

麻疹容易引发支气管炎、中耳炎等并发症，病毒入侵大脑后，引起麻疹脑炎，有的情况会留下后遗症。也可能在数年后引起亚急性硬化性全脑炎（SSPE）这种危险疾病。是具有发展性，能够导致死亡的恐怖疾病。

主要以对症治疗为中心，当全身症状严重，可能需要入院治疗

如果全身症状恶化，医生会建议住院治疗。若在家中休养，在家中静养等待退热、疹子退去。医生开出的药物要按照医生的医嘱进行服用。退热后3天内也尽量不要外出。

宝宝在1岁后接种MR（麻疹－风疹混合疫苗）可有效预防感染。

再次就诊的时间

1 咳嗽剧烈
2 浑身无力
3 发育迟缓
4 痉挛
5 喝水进食困难

风疹

- 发热
- 出疹

比麻疹相对较轻的症状是风疹的特征

风疹病毒通过喷嚏、咳嗽的飞沫进行传播。经过14 ~ 20天的潜伏期后，在发热38℃左右的同时，全身出疹。颈部和耳朵下面的淋巴结肿胀是风疹的特征。发热和出疹在2 ~ 3天会治愈，因此也被称为“三天麻疹”。

特别要注意的是母子感染。没有抗体的孕妇如果在怀孕初期感染风疹，婴儿有得耳聋、白内障、先天性心脏病等疾病的危险。

由于传染性强，所以在出疹期间尽量避免与人接触

在发高热期间，为了防止脱水症状的发生，要给宝宝及时补充水分。在退热、疹子消退前，请在家中静养。风疹病毒的传染性很强，因此，在发疹期间避免与朋友或孕妇进行接触。

风疹被确认是定期发生的传染病。为了进行预防，在孩子1岁生日时接种MR非常关键。另外，有考虑再生一胎的母亲，最好也事先进行MR的预防接种。

再次就诊的时间

1 没有精神，浑身无力
2 持续3天以上高热

手足口病

- 出疹

病毒导致的手、足、口中出现疱疹

通过咳嗽、喷嚏、大小便中的病毒被感染并发病。多为5岁以下婴幼儿在夏季感染。

感染后在口腔中、手心、脚心等处长出2 ~ 3mm的水疱。可能会发热37 ~ 38℃，3天左右消退。手足上的疱疹不疼也不痒，约1周左右消退。口腔炎如果症状轻微，也没有太大问题。最近全身出疹类型的手足口病开始流行。经常被误认为是水痘，需要注意。有一些病例可能会引起脑膜炎、小脑失调症、脑炎等并发症，因此要多加注意。当觉得宝宝出现异常时，请及时就诊。

治愈后也不能疏忽，为防止传染给其他人，避免毛巾的共同使用

没有针对手足口病的特效药物。在高热的时候使用退热药，对于出现的症状进行针对性治疗。口腔内的水疱破裂后会形成溃疡，在吃饭和喝水时会产生刺痛。因此为宝宝准备酸味和盐分少且容易咽下的汤或果冻状食物。如果宝宝没有食欲，记得勤补充水分。

手足口病即便治愈后，病毒也会在体内残留一定时间再被排出体外。避免家人共用毛巾，平时养成洗手的习惯，注意防止传染扩大。重症手足口病可通过疫苗接种进行预防。

再次就诊的时间

1. 高热
2. 头痛
3. 呕吐
4. 尿量明显减少

水痘

- 发热
- 出疹

像被蚊虫叮咬过的红色疹子转变为带有强烈痒感的水疱

水痘带状疱疹病毒是引起水痘的主要原因。传染性强，感染者体内的病毒通过咳嗽、喷嚏、接触发疹部位等传播。

经过2个星期的潜伏期，出现1 ~ 2个像蚊虫叮咬的红色疹子，在一天时间转变为非常痒的水痘。水痘约1周时间自然破裂，流出白色的脓，然后结痂。出水痘的同时，发热37 ~ 38℃。

少量病例会引起水痘脑炎等并发症。当发现宝宝出现无意识、痉挛等异常情况时，请及时就诊。

在结痂前，传染性很强，因此避免外出

就诊后医生会开出止痒的软膏或口服药物。注意不要抓破水痘。在感染初期就诊，医生会开一些抗病毒药物。

口腔内的水痘破裂后会形成溃疡，感觉刺痛。因此避免喂宝宝一些刺激伤口的热的或者酸的食物，准备容易咽下的食物。

水痘的传染性很强，因此在所有的水痘都结痂之前，最好向保育园、幼儿园、学校请假。

水痘的预防接种在2014年10月被日本定为定期接种，能够接种2次。在水痘流行前接种很重要。1岁后立即进行接种。

再次就诊的时间

1. 浑身无力
2. 痉挛

川崎病

- 高热不退
- 眼部充血
- 淋巴结肿大
- 杨梅舌
- 出疹

血管类综合征，是一种原因不明的疾病

川崎病于1967年由川崎富作博士发现。多发于出生后6个月～4岁的婴幼儿，原因尚未探明。

发病后，突发高热到39℃左右，持续5天以上。之后，眼部充血、手足浮肿、全身出现红色疹子、舌头像杨梅一样出现细小颗粒、颈部淋巴结肿大、卡介苗接种疤痕红肿等症状逐一出现。发热后10～12天，手指和脚趾的皮肤脱皮。因为是全身的血管出现炎症，因此有引起心脏冠状动脉并发症的危险。认真接受治疗，接受医生的观察，就不会危及生命。

确诊后入院，防止心脏冠状动脉瘤发生

一年中约有1万人患川崎病。被诊断为川崎病后一般需入院治疗。注意在确诊之前不要过多服用退热药，并且及时补充水分，为宝宝准备容易消化的食物。入院期间，为预防心脏冠状动脉瘤的发生，使用抑制血管炎症、防止血液凝固的免疫球蛋白或阿司匹林等药物，观察心脏的情况。通过接受恰当的治疗，3周～1个月可以出院。被诊断为川崎病，治愈出院后也要定期检查心脏是否出现异常。川崎病的复发率为2%～3%。

再次就诊的时间

1. 医生指定的就诊日期
2. 浑身无力，没有精神

出生后由性器官未发育引起的疾病，有的能够自然恢复。

儿童常见疾病

腹部、性器官疾病

脐疝

◎ 肚脐变大凸出

即常说的“凸肚脐”，宝宝哭的时候能够发现

肠子的一部分从肚脐凸出。出生后1 ~ 3个月期间，当宝宝剧烈地哭泣，腹部产生压力时，肚脐就会突出出来。

腹部的肌肉形成后，
肚脐会自然凹回

一般持续到出生后3个月，当宝宝腹部肌肉形成后，就会自然恢复。如果过了1岁以后仍然没有恢复，肚脐处的皮肤堆积，请到儿科就诊。

腹股沟疝

◎ 大腿根部肿胀

肠子从筋膜的空隙间露出，造成腹股沟肿胀

腹膜或肠子的一部分，从大腿根部的腹股沟部位的筋膜之间，皮肤下层疝出。宝宝感到不舒服会哭，因此可以判断腹股沟部分肿大。

如果按压仍不复原，
可能发生脏器坏死的情况，
要迅速赶往医院

如果按压后仍不回归原位，有可能是肠坏死，要迅速赶往医院。如果宝宝没有表现出疼痛，可以暂时观察情况。但是如果担心有肠坏死的可能，还是尽早到医院接受手术。

鞘膜积液

◎ 阴囊肿大透亮

阴囊中积留液体导致肿大

婴儿期表现为阴囊肿大适量。是在发育过程中精索处未闭合，腹水进入阴囊引起肿大。肿大处无痛感。

随着成长发育，到1岁左右阴囊
的肿胀会自然消失

几乎大部分的情况，阴囊的肿胀都会在宝宝1岁前自然恢复。但如果疼痛、肿胀变大，有腹股沟疝气的危险，请及时就诊。

隐睾病

◎ 阴囊中未触及睾丸

睾丸未下降至阴囊，在出生后6个月左右复位

是指本来在出生前就应该进入阴囊内的睾丸，由于某种原因并未进入阴囊。婴儿出生后6个月左右，睾丸会自然降到阴囊内。

1岁后仍未归位，建议进行手术

如果睾丸一直未进入阴囊，制造精子的能力就会下降，甚至引发不孕。过了1岁仍未进入阴囊，可通过手术让其归位。

儿童常见疾病

皮肤疾病

皮脂分泌旺盛的婴儿肌肤应经常进行清洁和保持舒适，预防皮肤病。

婴儿湿疹

- 红色丘疹

从脸部到身体很多部位出现红色丘疹

过敏、干燥是引起湿疹的主要原因。如果从脸部扩展到身体，应尽早学会护理宝宝肌肤的方法。

清洗时不要擦破湿疹，
保持皮肤清洁，
做好保湿

预防婴儿湿疹，要保持皮肤的湿润。要经常擦拭汗液、污渍等。洗澡时用易起泡且对皮肤温和不刺激的香皂清洗，不要忘记做好保湿。

婴幼儿脂溢性皮炎

- 黄色结痂状皮炎

发际、眉毛下端出现的结痂状渗出

头发生长部位、眉毛下端等皮脂分泌多的地方，出现黄色结痂状渗出。在新生儿到出生后4个月的婴儿中间较为常见。

在洗澡前轻轻涂抹油脂进行护理，让其渐渐消退

婴幼儿脂漏性皮炎可以在洗澡之前轻轻涂抹橄榄油等进行护理，会慢慢恢复。如果患处向外渗出液体，请到医院就诊。

痱子

- 红色丘疹
- 发痒

汗腺被汗液堵塞，引发炎症后出现的红色丘疹

汗液不容易蒸发部位的汗腺被堵塞，引起炎症，出现红色的湿疹，并且发痒。颈部、手脚的褶皱部位、腋下、后背、屁股等部位容易出现。

保持皮肤的清洁，
尽量不让宝宝出太多汗，
适时增减衣物

勤擦汗，保持皮肤的清洁能够预防痱子。建议选择吸汗、透气好的衣物。出汗范围大，或不容易恢复等情况，要到儿科或皮肤科就诊。

荨麻疹

- 出疹
- 发痒

发痒、发红的疹子反复出现和消失

皮肤上出现发痒并发红的疹子。疹子会在数小时内消退，但有时会在数日后复发。可能是食物过敏、口服药、日光等各种原因造成的。

如果荨麻疹病情反复，又找不出原因，请向儿科医生咨询

在家可以冷敷止痒。如果到医院就诊，医生会开抗过敏和抗组胺的药物。如果一再复发，请向儿科医生咨询。

虫咬

- 发痒
- 红肿
- 疼痛

感觉被蚊虫叮咬后在皮肤出现的症状

被蚊虫叮咬的地方发痒、疼痛并红肿。如果将被叮咬处抓破而形成伤口，并且被细菌感染，会发展成皮炎。如果被金环胡蜂叮咬后，可能会引起过敏反应，甚至导致休克，因此要注意。

防止伤口化脓，
在室外使用防蚊虫喷剂

一般情况，涂抹市面上的蚊虫叮咬药都可以治好。注意不要将伤口抓破而引起化脓。如果被毛虫咬伤出现大范围出疹，请到皮肤科就诊。患有过敏性皮肤炎等皮肤敏感的宝宝在室外玩耍时，要用驱蚊虫手环或喷雾进行预防。

尿布皮炎

- 溃烂
- 皮疹

在尿布包裹中形成的皮肤炎症

尿布遮盖处的皮肤发生的炎症。是在尿布的闷热环境中皮肤长时间与大小便接触所导致的。皮肤出现出疹、发红溃烂、疼痛并发痒。小月龄的婴儿容易患病，要注意。

保持尿布内侧透气、清洁和干燥

经常替换尿布，通过洗澡冲洗掉脏东西，防止大小便残留在皮肤上。用毛巾擦干后，为宝宝涂抹凡士林。

如果宝宝屁股的清洁做得很好，但皮炎却一直持续，有可能是皮肤念珠菌病，请到儿科或皮肤科就诊。

丘疹性荨麻疹

- 水疱
- 糜烂（脱皮）
- 结痂

水疱破裂会导致感染范围扩大，
因此不要碰触水疱，不要弄破

丘疹性荨麻疹主要流行于夏季。是由蚊虫叮咬或湿疹的伤口感染金黄色葡萄球菌或链球菌等细菌引起的强烈发痒的水疱。

水疱破裂后，里面含有细菌的液体扩散，引发新的水疱。这时候就像火星四射一样，一瞬间水疱就会扩大范围，因此该疾病也被称为“飞火”。破裂的水疱结痂，一段时间后会消失无痕迹。

传染性强，因此会传染给周围的人。当宝宝皮肤上的伤口出现水疱后，尽早到儿科或皮肤科就诊。

在结痂脱落之前不能游泳，
避免共用毛巾

在医院就医并诊断为丘疹性荨麻疹，医生会开出含有抗生素的软膏。如果痒感过于强烈，还会使用含抗组胺的口服药。

碰触水疱后，水疱会通过碰触的手传染到全身上下。为了防止不小心将水疱弄破，事先将指甲剪短，并且用指甲锉将指甲磨平滑。

虽然保持皮肤清洁很重要，但如果家里还有其他孩子，最好不要让患病的宝宝在浴缸内洗澡，用喷头淋浴即可。另外，在结痂完全脱落之前不要游泳。家庭内部的毛巾也不要混合使用。

再次就诊的时间

1 高热
2 经过2～3天仍不减轻
3 皮肤红肿

遗传性皮肤炎

- 发痒
- 皮疹

好转、恶化不断反复，皮疹很痒

是指在过敏体质的婴儿身上出现的伴随发痒的慢性出疹。出生后3个月左右，额头、下巴、耳垂根部出现左右对称的发疹。从头部、脸部开始，出疹扩散到全身范围。与婴儿湿疹相比，痒感更强烈，皮肤更为干燥。好转、恶化不断反复，持续约2个月以上。

耳朵根部、肘部、膝盖等部位不仅会出现溢液的出疹，有的时候还会出现皮肤变硬的情况。如果无法忍耐发痒而抓挠患处，该部分的皮肤就会干燥变硬。因此，注意尽量不要碰触。

使用保湿剂进行护理，
医生开具的涂抹药物按照医嘱使用

遗传性皮肤炎的治疗以每天的皮肤护理为主。

在家里洗澡的时候使用温水，不要刺激皮肤，使用起泡沫多的肥皂清洗身体时，一定要冲洗干净。如果因为香皂使皮肤干燥加剧，请停止使用香皂。一天早晚两次洗澡，然后涂抹医生开的保湿剂或含有激素成分的软膏。

含有激素成分外用药是治疗遗传性皮肤炎的主要药物，按照医生的医嘱使用，无须担心出现不良作用。症状缓解后，不要随意停止药物的使用，逐渐地减少使用的次数。痒感剧烈的情况，还可以同时使用抗过敏物。

食物有可能会让遗传性皮肤炎恶化，但不要通过自己的判断随意排除某种食物。如果涂抹药物后仍不见好转，请向医生咨询。

胎记

◎ 皮肤在发育过程中出现的突变

有些胎记会自然消失，有些不会

胎记是由于皮肤的色素细胞、毛细血管先天出现的异常或增生引起的。胎记的颜色、形状、大小、位置都各种各样。胎记与遗传或怀孕期间的状况无关，是胎儿在母亲腹中时，由于某种变异造成的。有一些胎记在刚出生时看不出来，随着发育会越发明显。有的胎记在1岁前会消失，也有的胎记随着生长会发生恶性变化，需要注意。胎记突然数量增多或范围变大，很有可能潜伏着某种恶性疾病。

发现宝宝的胎记后，先请医生进行判断。

消失可能性很小的胎记

太田痣是青色的斑痕，多见于额头、眼睛周围等面部一侧。可以通过激光治疗。

斑痣是皮肤不凸起的茶色斑痕。多数斑痣为出生就带有，但也有在青春期出现的斑痣。

咖啡斑是斑痣的一种，儿童有超过6个直径1.5cm以上的斑痣时称为咖啡斑。因为患遗传性神经纤维瘤病的可能性很大，因此要前往就诊。

鲜红斑痣是平坦的红色斑痕，颜色一致，界限清晰。出现在单侧脸颊、单只手臂、单侧腿部等部位，有患疾病的可能，请到儿科、皮肤科就诊。

色素痣是类似黑痣的黑色斑，形状、大小各异，出生时就有。直径5cm以上的色素痣有恶化的危险，需尽早到皮肤科就诊。

有可能消失的胎记

粉红胎记是额头、眼部周围、上嘴唇等面部中心附近出现的红色斑痕。颜色呈粉色，平坦，界限不明显。在3～4岁之前自然消失。

草莓样血管瘤是出生后几周内出现的显眼的红色斑，突出皮肤表面，像草莓一样凹凸不平。有的会留下痕迹，多数在5～6岁前自然消失。

海绵状血管瘤是平坦的红色斑痕，一般出现在后头部或后脖颈部位。约一半以上患者的斑痕会伴随到成年，但一般被头发遮挡，并不明显。

蒙古斑是婴儿腰部到臀部出现的斑痕。多数在5～6岁前会消失。

异位蒙古斑是在臀部以外生长的蒙古斑。斑痕出现在面部、手臂、腹部、背部等地方，面积、颜色各异。颜色较淡的斑痕会自然消失。明显部位的斑痕可以通过激光治疗。

有一些胎记可以通过早期的激光治疗得到改善

胎记中的一部分可以通过激光治疗变淡或消失。激光治疗是通过激光照射破坏形成胎记的色素或血管。可以通过局部麻醉进行，有的仅需一次激光治疗。多少会感到疼痛，但不会留下痕迹。

一些面部明显位置上的胎记即便不会发生恶化，从美观的角度来讲也需要接受激光治疗。一些头发遮挡住的斑痕，很多人都不进行治疗。

婴儿出生1个月后即可接受激光治疗，但能够进行激光治疗的医院较少，请先向医生进行咨询。

再次就诊的时间

1 胎记突然出现变化
2 胎记出血

早期发现及早期治疗非常重要。注意到可疑的症状，立即前往医院就诊。

儿童肿瘤、其他

急性白血病

- 发热
- 出血
- 关节痛

骨髓异常造血的“血癌”

异常的血液细胞增多，导致无法正常造血。除皮下出血、流鼻血、牙床出血等症状外，还会出现淋巴结、肝脾肿大、关节肿大反复感染等症状。

除抗癌药物治疗外，还可进行骨髓移植

一般以抗癌药物治疗为主。很难治愈并容易复发的白血病可以进行骨髓移植或末梢血干细胞移植。

肾母细胞瘤

- 腹部发硬
- 呕吐
- 尿血
- 发热
- 情绪不佳

肾脏上生长的恶性肿瘤，
出现腹部肿胀并尿血

一般多发生在5岁以下的儿童身上的肾脏恶性肿瘤。出现腹部发硬、腹痛、尿血等症状。有很多是在洗澡时通过观察到儿童腹部的肿胀发现病情。

容易转移的疾病，但早期发现能够治愈

手术摘除发现恶性肿瘤的肾脏，进行抗癌药物治疗。有可能会向肺部、淋巴结等部位转移，早期发现非常重要。发现腹部异常肿胀发硬，请立即就医。

热性惊厥

- 高热
- 惊厥

高热导致脑细胞兴奋引起的疾病

38℃以上的高热时出现的惊厥。据表明，在发育过程中的婴儿脑细胞会因为高热诱发过度兴奋引起惊厥。一旦发生过一次惊厥，之后便很容易再次发作，甚至每次发热都会发生痉挛。如果家人中有热性惊厥病史，婴儿也容易发生。

热性惊厥会出现白眼珠翻出、牙关紧闭、身体抽搐的症状。多数会在1 ~ 3分钟内平静下来。当患者意识恢复后，会不记得发生过什么。在惊厥停止、意识恢复后，要确认孩子的手脚是否有麻痹。

平躺并解开衣物，
等待惊厥自行停止，
在5分钟内发作结束，就不必担心

发生热性惊厥后，首先让宝宝平躺，将衣物解开。观察孩子样子的同时，计算发作持续的时间。热性惊厥一般为一次性，如果在5分钟内平息下来，就不需要担心。不要在宝宝发作期间大声呼叫名字或者摇晃身体。也不需要着急往宝宝嘴里塞进东西保护舌头。在发作平息后，确认口中是否有呕吐物。如果是初次发生，要及时就医，并且要请医生诊断是否有脑部疾病的原因。发生后数日内要观察是否有其他症状。

再次就诊的时间

1 发作持续5分钟以上
2 意识不恢复
3 一天内发生2次以上
4 手脚出现麻痹

SIDS
（婴儿猝死综合征）

主要症状

◎ 突发死亡

在睡眠中呼吸停止，原因不明的疾病

SIDS（婴儿猝死综合征）是一种健康的婴儿在睡觉时突然死亡的疾病。并不是因为事故或窒息，是因为在睡觉时呼吸突然停止，并且不会恢复呼吸。

SIDS多发生于出生后2～6个月。在日本大概6000～7000人中会出现一例。2011年，日本全国共计有148名婴儿因此病死亡。

SIDS的原因尚不明确，有人认为是在睡眠中进入无呼吸状态时，刺激诱发呼吸的觉醒反应低下所导致的。现在仍不能找到SIDS的原因，也发现不了预兆，但无须过度担心。

治疗与护理

虽然原因不明，
但为防止SIDS的发生，
有几点注意事项

为防止SIDS的发生，需要注意以下几点。

首先避免趴着睡觉。在婴儿睡觉地方的周围不要放置一些会压迫婴儿面部的玩偶或塑料袋。父母吸烟的婴儿SIDS发病率为不吸烟的4.7倍。吸烟会对呼吸中枢或觉醒反应造成不好的影响，因此避免在婴儿的周围吸烟。

另外，穿衣过多以及暖气等加热工具使用过度引起的“热积聚”也是风险之一。宝宝睡觉的时候不要穿袜子，防止过热。

除此以外，据报告，母乳喂养的婴儿和人工喂养的婴儿相比，SIDS的发病率更低。并不是说人工喂养会引起SIDS的发生，但如果母乳出奶情况好，宝宝又喜欢喝，最好进行母乳喂养。

药物是帮助宝宝恢复健康的好帮手。接下来为您介绍一些喂药小技巧以及常见处方药。

儿童药品指南

不要太过期待速效，遵医嘱服用

孩子从出生到长大，会患各种疾病。有的时候要服用缓解疾病症状和不适的药物，孩子也通过得病慢慢获得免疫力。也就是说，真正治疗疾病的是孩子自身，药物对与疾病“作战”的孩子的身体起辅助作用。

什么时候吃药?

一天3次的药物，最理想的是在宝宝不睡觉的时间进行三等分的时间点（早上8点，中午14点，晚上20点）服用，也可以在早饭、午饭、晚饭后服用。请遵医嘱。

粉状药物

粉状药物一般为加少量水搅拌后涂在婴儿口腔粘膜内侧，或者用水冲开服用。如果宝宝不配合，也可以和喂药果冻或者宝宝喜欢的食物混在一起，让宝宝服用。

❶ 搅拌均匀后涂于口中

将一次的药量放入小的器皿内，加入几滴水，用手指迅速搅拌。用水进行调节，硬度约为耳垂的硬度。

用手指将药物涂在不容易感觉到味道的颊部粘膜内侧和上颌处。立即喂给宝宝一点水。

❷ 冲开喂药

将一次的药量用一次能喝下的量冲开。用小勺或滴管一点一点喂到口中。

如果宝宝不配合

❸ 用果冻包起来

用大勺取喂药果冻，将粉状药物撒入后，送入宝宝嘴里。可以选择宝宝喜欢的口味。

滴眼药的使用方法

将宝宝身体固定住，迅速滴入

让宝宝仰面躺下，大人用两腿夹住宝宝的肩膀进行固定，然后在内眼角部位滴入1滴眼药。为防止眼药引起眼部周围红肿，用浸湿的毛巾擦拭眼部周围。用手指按着宝宝的内眼角，让药物充分接触眼球。

糖浆的喂药方法

在平整的地方测量糖浆量，用滴管等喂药

糖浆的成分有的时候可能会发生沉淀，因此在使用前必须上下轻轻摇晃。将容器放置在平整的地方，正确测量取出一次的药量。使用滴管慢慢地滴入宝宝嘴中，注意不要呛到。

滴耳液

拉住耳垂的同时滴入

冷藏保存的滴耳液要在恢复到常温后使用。让宝宝侧躺，拉住宝宝的耳垂，向耳朵眼内滴入1滴。一直保持侧躺的姿势，一直到药物到达耳朵深处。

找到更容易喝的方法

用奶瓶的奶嘴

使用与喝奶不同的奶嘴，在奶嘴里装入药物，让宝宝吸入。

用勺子

已经开始辅食的宝宝可以使用勺子。

小酒盅等

会用杯子喝水的宝宝可以用小的容器喝药。

注射器

不要注入舌头的上部，注射到两颊内侧。

栓剂的用法

将头比较尖的一侧插入

用手将栓剂尖的一侧焐热，然后使其更圆一些，涂抹上凡士林后塞入肛门。塞入肛门后要用手按一会儿，防止栓剂出来。用纸巾等东西按住肛门30秒。

干糖浆的喂法

用水稀释

干糖浆呈粉末状，但不能像粉状药物一样搅拌。要用水等稀释后喂给宝宝。宝宝特别不愿意喝的时候，可以混一些喂药果冻等一起喂下。

灌肠药的使用方法

慢慢地插入3～4cm

将灌肠工具放入热水中加热到体温的温度。不满1岁的宝宝仰卧，1岁以上的宝宝侧卧，将喷嘴放入肛门内3～4cm注入药剂。完成后拔出灌肠器，用纸巾等按住肛门，让孩子忍耐片刻。

外用药

涂抹医生指示的量

通过洗澡等方式清洁患部后，用干净的手指取出一次的药量。按照医生的指示将药物涂于患处。为了能够获得更好的药效，按照医生指示的量使用很关键。

抗生素

直接杀死细胞或抑制细菌增殖，但对病毒没有效果。适用于由细菌引起的疾病。近年来使用抗生素的指征越来越严格。

- 服用到什么时候

一直到身体内没有细菌，症状消退后，也要按照医生的医嘱服药。

- 忘记喂药怎么办

想起来时立即给宝宝吃药。然后按照规定时间服用。

- 不良作用

有时会出现腹泻、出疹等症状。

- 保存

不要放置在日光照射的地方，常温保存。

解热镇痛药（1岁以上使用）

退热的同时，缓解头痛、牙痛等疼痛。适用于发热、疼痛等症状，但并不是治疗病因的药物。

- 服用方法

发热38.5℃以上时，间隔6小时，最多一天3次。如果高热，但宝宝很精神，就不需要服用。

- 马上吐出来怎么办

如果宝宝吃下药马上又吐出来，先观察1小时。如果发热不退，到规定时间再次服用。

- 不良作用

婴幼儿的体温可能会下降到36℃以下。

- 保存

栓剂需冰箱保存。其他的药物避免日光直射，常温保存。

抗病毒药

防止病毒增殖的药物。适用于流行性感冒、水痘等病毒引起的疾病。在发病不久服用，可以让症状不恶化。

- 服用到什么时候

根据各种病毒有所不同。请遵照医生的医嘱。

- 忘记喂药怎么办

想起来时立即给宝宝吃药。然后按照规定时间服用。

- 不良作用

有时会出现恶心、出疹等症状。

- 保存

不要放置在日光照射的地方，常温保存。

止咳药

抑制上呼吸道感染、百日咳等咳嗽的药物。

- 服用到什么时候

根据症状和药物有所不同。按照医嘱服用。

- 忘记喂药怎么办

如果到下一次喂药中间的时间不足3小时，可以暂停一次。

- 不良作用

发困、便秘、口渴。

- 保存

避免日光直射，常温保存。糖浆要密封，放在低温处保存。

化痰药

祛除普通感冒、支气管炎、中耳炎等产生的痰。

- 服用到什么时候

根据症状和药物有所不同。按医生医嘱服用。

- 忘记喂药怎么办

注意到后立马给宝宝喂药，下一次在规定的时间服用。

- 不良作用

无让人担心的不良作用。

- 保存

常温保存。糖浆要密封，放在低温处保存。

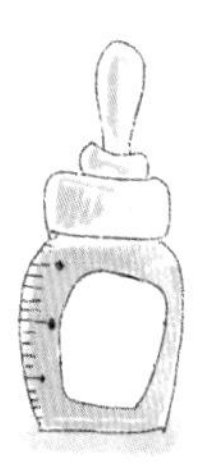

调整胃肠

配合双歧乳杆菌等有益菌，改善肠胃状况。

- 服用到什么时候

根据症状及有无其他药物有所不同。按照医生医嘱服用。

- 不良作用

无让人担心的不良作用。

- 食疗重点

药物只能够缓解便秘、腹泻等肠胃不适的症状。不要依靠药物，要通过调节饮食，让肠胃恢复正常状态。

抗过敏药物

改善过敏反应药物。缓解哮喘、遗传性皮肤炎、花粉症等过敏性鼻炎引起的症状。

- 服用方法

按照医生医嘱服用。

- 服用到什么时候

在症状平息之前，从数月到数年。

- 不良作用

一些药物有诱发惊厥的危险，要十分注意。向医生咨询。

- 保存

避免日光直射，常温保存。

支气管扩张剂

患哮喘、支气管炎时，能够扩张支气管，让呼吸变得轻松。有吸入类药物、片剂、贴剂等。

- 服用到什么时候

症状得到改善后，也要按照医生的医嘱服用。

- 忘记喂药怎么办

如果距下次喂药时间还有4小时，可以当时给宝宝喂药。

- 不良作用

手部颤抖、心率增快、头疼。

- 保存

避免日光直射，避免高温多湿的地方，常温保存。

湿疹、遗传性皮肤炎等 外用药

在患湿疹、遗传性皮肤炎、蚊虫叮咬等皮肤疾病时使用的软膏。有含激素类药膏和不含激素药膏两种。

○ 涂法

听从医生的指示，将药物涂抹于清洁后的患部。

○ 涂到什么时候

听从医生的指示。即便症状好转，也不可随意停止使用。

○ 不良作用

会出现皮肤发红、炎症。

○ 保存

避免日光直射，避免高温多湿的地方，常温保存。

尿布皮炎等 外用药

因皮肤接触大小便后引起的炎症被称为尿布皮炎。症状较为严重时，使用含激素药膏或抗念珠菌等真菌的软膏。

○ 涂法

涂抹次数听从医生的指示，在清洁后的患处薄薄涂一层。

○ 涂到什么时候

听从医生的指示。即便症状好转，也不可随意停止使用。

○ 不良作用

皮肤会出现发肿、发痒等症状。

○ 保存

避免日光直射，避免高温多湿的地方，常温保存。

滴眼液

含有抗生素的眼药水。能够杀死引发结膜炎、麦粒肿的细菌。

○ 使用方法

听从医生的指示，每日按规定次数使用。注意眼药瓶的瓶口不要接触眼睛。

○ 使用到什么时候

使用到症状消退，症状得到改善后停止使用。

○ 忘记使用滴眼液怎么办

想起来后立即给宝宝使用滴眼液。下一次的时间按原计划即可。

○ 不良作用

可能会出现刺激眼睛、发痒、充血等。

○ 保存

避免日光直射，避免高温多湿的地方，常温保存。

通便药物

在大便不通畅时使用的药物。有儿童易于服用的甜味液体状药物、滴入水中数滴饮用的药物，还有栓剂。经常出现过度使用的情况，要注意不要让原来的排便功能下降。

○ 服用到什么时候

通便得到改善后停止。不要依靠药物，通过饮食调节改善症状。

○ 不良作用

出现腹痛、肛门不适等。

○ 保存

避免日光直射，避免高温多湿的地方，常温保存。

抗惊厥药物

用于治疗高热引起的出现抽搐的热性惊厥、癫痫。常用有镇静止惊的栓剂。栓剂通过直肠的黏膜迅速被血液吸收，传递到脑神经。

服用到什么时候

为了预防热性惊厥，在4～5岁前，宝宝发热时使用。

不良作用

嗜睡、头晕。

保存

栓剂要保存在冰箱里。糖浆避免日光直射，常温保存。